U0161902

智能制造类产教融合人才培养系列教材

智能制造数字化注塑模具设计向导

郑维明　李　志　李大平　仰建武　张荣语　编

机 械 工 业 出 版 社

本书作为智能制造类产教融合人才培养系列教材，以西门子工业软件相关技术平台为支撑。西门子工业软件注塑模向导（NX Mold Wizard）是市场上主流的注塑模设计软件，本书以注塑模向导为教学实践软件，分为绪论、塑料制品及注塑工艺性、模具项目准备和分型、模具结构设计、浇注系统设计、滑块和斜顶结构设计、脱模机构、注塑模温度控制、详细设计、模具工程图设计、注塑模向导客制化、工作流程管理、注塑过程模流分析、电极设计和模具设计实例共 15 章，介绍了先进的注塑模设计理念和实践内容，具体讲解了模具设计对塑料制品设计的影响，注塑过程流动分析和模拟，模具结构设计和自动化方法，面向智能制造的设计信息集成等。每个章节先介绍设计原理和方法，然后使用具体案例在 NX 注塑模向导中实现，并提供学习案例和微课视频，供学生参考和快速学习，做到理论与实践相结合。学生通过每个章节逐步学习，掌握整个注塑模设计过程和先进的设计理念，并通过案例实践掌握所学内容。

本书可以作为高等职业院校和职业本科院校机械、模具、汽车类相关专业教材，也可供从事产品设计和制造的技术人员使用。

本书配套资源丰富，提供所有案例的模型文件和微课视频，凡使用本书作为教材的教师可登录机械工业出版社教育服务网（http://www.cmpedu.com），注册后免费下载。

图书在版编目（CIP）数据

智能制造数字化注塑模具设计向导/郑维明等编. —北京：机械工业出版社，2023.9
智能制造类产教融合人才培养系列教材
ISBN 978-7-111-73528-1

Ⅰ.①智… Ⅱ.①郑… Ⅲ.①智能制造系统-应用-注塑-塑料模具-计算机辅助设计-应用软件-高等职业教育-教材 Ⅳ.①TQ320.66-39

中国国家版本馆 CIP 数据核字（2023）第 132311 号

机械工业出版社（北京市百万庄大街 22 号　邮政编码 100037）
策划编辑：黎　艳　　　　　责任编辑：黎　艳
责任校对：贾海霞　张　薇　封面设计：张　静
责任印制：任维东
北京圣夫亚美印刷有限公司印刷
2023 年 10 月第 1 版第 1 次印刷
210mm×285mm・19 印张・635 千字
标准书号：ISBN 978-7-111-73528-1
定价：59.80 元

电话服务　　　　　　　　　网络服务
客服电话：010-88361066　　机　工　官　网：www.cmpbook.com
　　　　　010-88379833　　机　工　官　博：weibo.com/cmp1952
　　　　　010-68326294　　金　书　网：www.golden-book.com
封底无防伪标均为盗版　　机工教育服务网：www.cmpedu.com

西门子智能制造产教融合研究项目
课题组推荐用书

编写委员会

特此致谢以下专家对本书编写提供的帮助：

王倩茹　　王京美　　蒋宏范　　王立文　　周顺顺　　高博鹏

林佳莹　　李凤旭　　熊　文　　张　英　　许　淏

编 写 说 明

为贯彻中央深改委第十四次会议精神,加快推进新一代信息技术和制造业融合发展,顺应新一轮科技革命和产业变革趋势,以智能制造为主攻方向,加快工业互联网创新发展,加快制造业生产方式和企业形态根本性变革,同时,更好提高社会服务能力,西门子智能制造产教融合课题研究项目近日启动,为各级政府及相关部门的产业决策和人才发展提供智力支持。

该项目重点研究产教融合模式下的学科专业与教学课程建设,以数字化技术为核心,为创新型产业人才培养体系的建设提供支持,面向不同培养对象和阶段的教学课程资源研究多种人才培养模式;以智能制造、工业互联网等"新职业"技能需求为导向,研究"虚实融合"的人才实训创新模式,开展机电一体化技术、机械制造与自动化、模具设计与制造、物联网应用技术等专业的学生培养;并开展数字化双胞胎、人工智能、工业互联网、5G、区块链、边缘计算等领域的人才培养服务研究。

西门子智能制造产教融合研究项目课题组组建了教材编写委员会和专家指导组,在专家和出版社编辑的指导下有计划、有步骤、保质量完成教材的编写工作。

本套教材在编写过程中,得到了所有参与西门子智能制造产教融合课题研究项目的学校领导和教师的积极参与,得到了企业专家和课程专家的全力帮助,在此一并表示感谢。

希望本套教材能为我国数字化高端产业和产业高端需要的高素质技术技能人才的培养提供有益的服务与支撑,也恳请广大教师、专家批评指正,以利进一步完善。

西门子智能制造产教融合研究项目课题组　郑维明

2020 年 8 月

随着模具行业的快速发展，要求模具质量越来越高，制造成本越来越低，交货期越来越短，单纯的三维 CAD 设计已经不能满足客户的要求。因此，新技术和新方法不断被引入注塑模设计和制造过程。注塑模设计从基于经验的三维手工设计向基于流动分析、面向智能制造的集成化方向发展。注塑模向导（NX Mold Wizard）是基于 NX 软件平台基础之上，集塑料流动分析、产品注塑性分析、三维实体装配建模、自动化结构设计、模具标准件库、模具运动模拟、干涉检查分析、加工数据准备于一体的注塑模专用设计软件。注塑模向导涵盖了整个模具设计过程，并搭建好装配模型框架，支持先进的设计理念和协同化设计和加工过程。

党的二十大报告中指出"实施科教兴国战略，强化现代化建设人才支撑"，将"大国工匠"和"高技能人才"纳入国家战略人才行列，本书以技能培养为主线来设计内容，介绍了模具设计对塑料制品设计的影响，注塑过程流动分析和模拟，模具结构设计和自动化方法，面向智能制造的设计信息集成等。每章先介绍设计原理和方法，然后使用具体案例在 NX 注塑模向导中实现，做到理论与实践的结合。通过每个章节的逐步学习，使学生掌握整个注塑模设计过程和先进的设计理念，并通过案例实践消化所学课程。

本书的特点之一是关于注塑模设计和制造的理论知识是系统化的，用通俗易懂的语言让读者最快理解注塑模业务；特点之二是所有实践操作是循序渐进的，从基本的操作到简单的配置，都有详细的说明。

模具行业是产品设计和大规模产品制造之间的桥梁，也是现代制造业中的支柱产业。作为制造业大国，我国对模具人才的需求很大。本书可作为高等职业院校和职业本科院校机械、模具、汽车类相关专业教材，也可供从事产品设计和制造的技术人员使用。

由于编者水平有限，书中不妥之处在所难免，恳请读者批评指正。

编　者

目录 CONTENTS

第1章
CHAPTER 1

绪论

随着现代化工业的发展，模具已被广泛应用于汽车、家电、仪器仪表、航空航天和医疗器械等领域，其中 60%~80% 的零部件需要依靠模具加工成型。模具成为制造业支柱产业，在世界各国经济发展中具有重要的地位，已成为衡量一个国家产品制造水平的重要标志之一。各类模具中大约一半为注塑模。塑料产品以其批量大、成本低、性能好而广泛应用于各种行业。

模具注塑成型是批量生产某些形状复杂零部件时用到的一种加工方法。其具体原理是：将受热熔化的塑胶原材料由注塑机螺杆推进，高压射入注塑模的模腔，经冷却固化后，得到塑胶成型产品。合理设计注塑模，对于提高产品质量、降低成本有着重要的意义。随着工业技术的发展，产品对模具的要求越来越高，传统的模具设计和制造方法已经不能适应工业产品及时更新换代和高质量的要求。因此，基于复杂曲面造型的三维注塑模计算机辅助设计和制造系统在国内外被广泛应用。

本课程面向制造行业中，从事注塑模设计和分析、塑料成型加工工作的应用型高级技能人才，完成本课程的学习后，可以达到助理设计师的水平。

1.1 注塑产品生产流程

注塑模设计不是一个孤立的过程，它与塑料产品结构、塑料性能、加工工艺、注塑过程紧密结合。设计过程需要和各个部门协调，以达到最佳设计效果。图 1-1 所示为注塑产品的生产流程。

下面对注塑产品的生产流程做简单介绍，以使学习者对这一流程有一个全面了解。在以后的章节中，则会详细介绍模具设计的具体方法。

1.1.1 塑料产品设计和分析

塑料产品小到瓶盖，大到汽车保险杠，千差万别，复杂程度不同。从模具设计流程来看，产品在满足功能需求的前提下，应尽量简化结构，以节省模具成本。

现在的产品大多数由 CAD 软件三维造型，模具厂家可能和产品设计人员使用不同的 CAD 系统，通常需要进行格式转换。STEP、Parasolid 等通用三维格式文件能够被大多数 CAD 系统所接受。图 1-2 所示为一个三维实体模型。掌握三维造型软件的使用方法是对模具设计人员的基本要求。

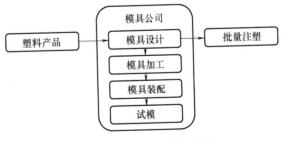

图 1-1　注塑产品的生产流程

从流程上看，产品厂家要将塑料产品模型和需求提交给模具厂家进行报价，具体需求包括塑料产品材料属性、外观要求、批量等。模具厂家通常会安排有模具设计经验的工程师根据产品大小、结构和其他需求，估算模具结构，并给出报价。当报价被产品厂家接受后，设计任务就会被分配给设计人员，并进行立项。

为了保证注塑产品的质量，在模具设计开始之前，要进行注塑过程分析。通过注塑过程分析，可以模拟注塑流动过程，及早发现可能出现的问题，并指导模具流道设计、排气设计、冷却设计和注塑工艺参数设置等工作。

图 1-2　三维实体模型

1.1.2　模具设计

设计人员在设计模具之前，首先要对塑料产品进行分析，检查模具产品加工性和注塑性，如产品厚度是否均匀、脱模斜度、大致分型线。设计人员需要和客户及主管充分交流意见，大多数情况下需要改善产品形状以满足模具设计需求，节省模具生产成本，改善产品质量。

模具设计过程是一个从概念设计到详细设计的过程。首先根据客户需求和产品形状，决定需要的模具结构、型腔布置、进料方式、大致分型线和分型面等。现在的模具设计大多数在三维 CAD 系统中完成，模具设计流程如图 1-3 所示。

立项 → 分型设计 → 装配设计 → 详细设计 → 设计检验

图 1-3　模具设计流程

1. 立项

立项主要涉及一些资源分配工作，包括安排设计人员、工期、加工人员等，并建立总体模具装配结构形式。

2. 分型设计

由于模具产品多由自由曲面造型，结构复杂，并且加工也需要三维数控系统完成，所以分型基本上都是在三维设计软件中完成。具体来说，分型是指运用三维 CAD 软件，根据产品模型，把一块坯料分成容纳产品模具的型腔和型芯，如图 1-4 所示。

根据产品形状，型腔和型芯通常要进一步分解为镶块、滑块工作部件。分型是模具设计最重要的环节之一。根据产品形状复杂程度不同，分型过程有可能非常复杂，例如，汽车面板模具的分型过程可能占整个模具设计时间的 1/3。分型的好坏直接决定了模具质量和产品质量，对加工成本和工期均有重要影响。

3. 装配设计

一副模具往往由成百上千个零件装配而成。只有这些零件在模具注塑过程中相互配合，才能顺利完成几十万次的注塑过程。这要求所有零件在空间中位置合理、间隙适当，所有零件的位置、大小等都是在装配设计过程中确定的。

在装配设计过程中，需要选取模架，确定滑块、斜顶尺寸和位置，顶出结构，浇注系统及冷却方式等。

图 1-5 所示为一个完成装配设计的注塑模。

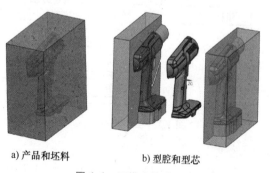

a) 产品和坯料　　　　b) 型腔和型芯

图 1-4　三维实体分型

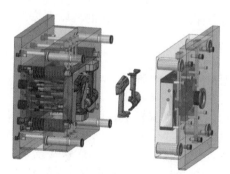

图 1-5　注塑模装配实例

4. 详细设计

详细设计是指进一步完善装配设计，完成注塑模自上而下的设计过程，形成完整的模具设计资料。

详细设计数据包括所有装配零件的孔、槽大小和配合要求，产生物料清单（BOM）及生成二维设计图样。孔、槽尺寸决定了加工方法和手段。物料清单用于备料以及采购标准件和坯料。二维设计图样用于审核、加工车间需要。现在越来越多模具厂家采用无纸化操作，所有设计和加工信息都由计算机管理，在需要时直接从计算机中调入二维或三维设计模型，保持了信息的一致性，减少了中间环节的错误。

5. 设计检验

设计完成的模具需要进行审核和检验，以审查设计合理性，发现设计中可能存在的问题。通常模具公司有一个检查项目表，其中列出了公司设计规范检查项目，设计人员需要逐一检查设计内容。

在所有设计检查中，静态和动态干涉检查是最常见的项目。随着三维设计软件的应用，干涉检查变得比较容易实现。静态干涉检查包括所有零件孔、槽，零件之间的最小距离；动态干涉检查需要模拟模具的整个运动过程，以便发现运动位置上的干涉。

1.1.3 模具加工

模具公司都有加工车间，模具加工车间常用设备如图1-6所示。模具设计和加工是紧密结合的过程，也是需要反复修改和互动的过程。设计合理的模具便于加工和降低成本。

学员在模具车间实习时，应熟练掌握这些设备的操作方法，了解加工过程对合理设计模具非常有帮助。

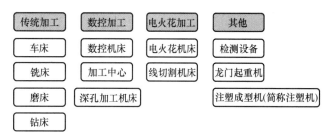

图1-6 模具加工车间常用设备

1.1.4 模具装配

零件加工完成后，需要由钳工在车间进行装配，又称配模。这项工作需要操作人员非常耐心和细心才能完成。装配钳工通常要求具有丰富的配模经验。由于模具配合间隙比较小，装配调试有一定的顺序，而且要防止碰撞，因此目前这个过程只能由人工来完成。

1.1.5 试模和注塑过程

装配好模具之后，在交付客户之前必须试模。将模架安装在注塑机上，进行小批量注塑成型，生产出一些塑料件，以发现模具设计和注塑工艺中的问题。根据问题性质，有时要拆开模具，修改设计再加工，再重新装配。只有试模合格，生产出合格的塑料产品后，才能将模具交付给客户。

注塑过程原理如图1-7所示。

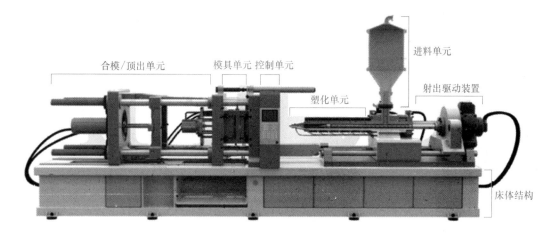

图1-7 注塑过程原理图

注塑成型过程主要包括合模、填充、保压、冷却、开模、脱模六个阶段，这六个阶段是一个完整的、连续的过程，注塑过程影响着模具质量，并决定了塑料产品的成型质量。

1. 合模

合模是指模具在注塑机上运动到闭合状态，开始一个注塑过程循环。

2. 填充

填充是整个注塑循环过程中的第一步，指塑料熔料从开始被注射、填充至型腔容积的90%～95%，即接近充满的过程。

3. 保压

保压阶段的作用是持续施加压力，压实熔体，增加塑料密度，以补偿塑料的收缩行为。

4. 冷却

在注塑成型模具中，冷却系统的设计非常重要。这是因为塑料成型制品只有冷却固化到一定刚度，脱模后才能避免其因受到外力而产生变形。由于冷却时间占整个成型周期的70%～80%，因此设计良好的冷却系统可以大幅缩短成型时间，提高注塑生产率，降低生产成本。

5. 开模

开模是指模具在注塑机上运动到打开状态，便于取出塑料产品。

6. 脱模

脱模是一个注塑成型循环中的最后一个环节。虽然制品已经冷固成型，但脱模还是对制品的质量有很重要的影响，脱模方式不当，可能会导致制品在脱模时受力不均，顶出时引起制品变形等缺陷。脱模的方式主要有两种：推杆脱模和脱料板脱模。设计模具时，应根据产品的结构特点选择合适的脱模方式，以保证产品质量。

1.1.6 注塑模常用结构和术语

注塑模常用结构和术语如图1-8所示。在模具行业，这些术语可能有所不同，这里仅供参考。

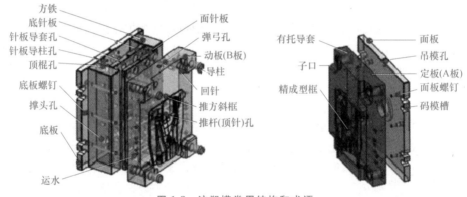

图1-8 注塑模常用结构和术语

1.2 三维智能模具设计软件

模具设计和制造涉及很多三维计算和空间构型。利用三维智能模具设计软件，可使设计和制造工程师将精力集中于设计与创新，而实际计算、建模等由软件完成。这样既能缩短模具制造周期，提高工作效率，又能保证模具质量。

由于模具设计具有关联性，设计过程中会产生许多能够被下游流程充分利用，这样不仅能够提高整个生产流程的效率，而且可以保证设计同步，大幅度提高质量。

西门子工业应用软件——注塑模向导（NX Mold Wizard）是市场上应用较为广泛的一款注塑模设计软件。本书采用该软件作为教学实践软件，每个章节在讲解模具设计理论的基础上，通过案例进行练习，加深对模具设计理论的理解，同时提高实践动手能力，做到学了就会，会了就懂，懂了就能做。每个章节还提供了案例学习模型文件和微课视频，以供参考和快速学习。

1.3 注塑模向导

1.3.1 注塑模向导介绍

注塑模向导涵盖了整个模具设计过程，并搭建好装配模型框架，支持先进的设计理念和协同化设计与加工过程（图 1-9）。

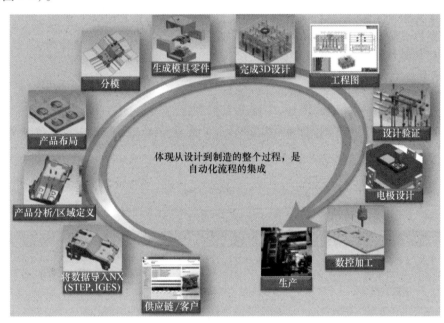

图 1-9 注塑模向导流程

注塑模向导具有如下特点：

1）基于 NX 平台。包括支持同步建模、曲面设计、装配、WAVE 等功能。

2）支持注塑模完整设计周期。包括能够完成模具设计、流动分析及检验、运动模拟、电极设计与加工。

3）支持并行设计。如支持装配及 WAVE 功能。

4）提供自动化设计工具。如分型、推杆、流道、冷却水道、开槽等。

5）提供概念化设计。

6）提供产品及设计检验。

7）提供关联性设计。尽可能保持全流程关联，但局部可以进行去参数化处理，在关联变更和运算速度之间找到最佳平衡点。

8）提供设计变更。包括产品比较及互换、可视化管理及冻结/变更、WAVE 变更控制。

9）提供开发式系统及定制化功能。包含所有模板、模架和标准件库。

10）提供系统集成。包括与 TC 集成、CAM 集成。

1.3.2 注塑模向导设置

注塑模向导是以 NX 软件平台和工程数据库为基础进行注塑模设计的。NX 软件平台是由 NX 安装完成建立的，同时需要安装 NX 软件使用许可。本书中的所有案例用 NX 1899 版本生成。

注塑模向导工程数据库需要单独下载安装，工程数据库包含多种标准件库、模架库，以及常用的典型结构。注塑模向导工程数据库是一个 ZIP 文件，推荐解压后单独存放在一个目录里，如 D：\ data \ moldwizard，建议不要和 NX 软件安装在同一个目录中。工程数据库安装后需要设置以下环境变量：

1）set MOLDWIZARD_DIR = D：\ data \ moldwizard。

2）在 NX 启动之后，建立一个新文件，单击【菜单】→【应用模块】→【注塑模】，此时将出现一个新的菜单页面【注塑模向导】。

3）在模具设计中有一些用户默认设置，如透明度显示、加减实体颜色等，注塑模向导有一个自动设置程序，如图 1-10 所示，在【重用库】中双击【MW_Setting】，系统将自动完成注塑模专用设置，图形区会出现具体设置完成信息窗口。重新启动 NX 之后，这些设置就会起作用。

1.3.3 注塑模向导功能一览

打开一个模型文件，在 NX 菜单栏的【应用模块】→【特定于工艺】组中单击【注塑模】，进入【注塑模向导】选项卡，如图 1-11 所示。

注塑模向导模块基本上按照模具设计流程组织，其主要功能组见表 1-1，后面的章节会结合实际案例详细介绍每个工具在模具设计流程中的应用。

图 1-10　注塑模向导专用设置

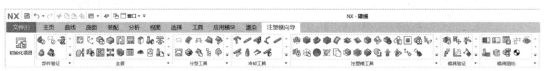

图 1-11　【注塑模向导】模块

表 1-1　注塑模向导的主要功能

图标	工具功能
初始化项目	模具项目初始化
部件验证	部件验证 ✓ 模具设计验证 ✓ 检查区域 ✓ 检查壁厚 ✓ 运行模流分析 ✓ 显示模流分析结果
主要	主要 ✓ 多腔模设计 ✓ 模具坐标系 ✓ 收缩 ✓ 工件 ✓ 型腔布局 ✓ 模架库 ✓ 标准件库 ✓ 设计顶杆 ✓ 顶杆后处理 ✓ 滑块和浮升销库 ✓ 子镶块库 ✓ 设计填充 ✓ 流道 ✓ 腔 ✓ 物料清单 ✓ 视图管理器 ✓ 未用部件管理 ✓ 概念设计
分型工具	分型工具 ✓ 检查区域 ✓ 曲面补片 ✓ 定义区域 ✓ 设计分型面 ✓ 编辑分型面和曲面补片 ✓ 定义型腔和型芯 ✓ 交换模型 ✓ 备份分型片/补片 ✓ 分型导航器

（续）

图标	工具功能
 冷却工具	**冷却工具** ✔ ↑ 水路图样 ✔ ╱ 直接水路 ✔ ◈ 定义水路 ✔ ╱ 连接水路 ✔ ╱ 延伸水路 ✔ ◈ 调整水路 ✔ ◈ 冷却接头 ✔ ◈ 冷却回路 ✔ ◈ 冷却标准件库
 注塑模工具	**注塑模工具** ✔ ◈ 包容体　　　　　✔ ◈ 合并腔 　 ◈ 分割实体　　　　✔ ◈ 转换 ✔ ◈ 拆分体　　　　　✔ ◈ 设计镶块 ✔ ◈ 实体补片　　　　✔ ◈ 复制实体 　 ◈ 曲面补片　　　　✔ ◈ 颜色表达式 ✔ ◈ 修剪区域补片　　✔ ◈ 特征引用集 ✔ ◈ 扩大曲面补片　　✔ ◈ 引用复制 ✔ ◈ 引导式延伸　　　✔ ◈ 修剪实体 ✔ ◈ 延伸片体　　　　✔ ◈ 替换实体 　 ◈ 编辑分型面和曲面补片　✔ ◈ 延伸实体 ✔ ◈ 拆分面　　　　　✔ ◈ 参考圆角 ✔ ◈ 对象属性管理　　✔ ◈ 计算面积 ✔ ◈ 面颜色管理　　　　 ◈ 线切割起始孔 ✔ ◈ WAVE 控制　　　✔ ◈ 修边模具组件 　 ◈ 加工几何体　　　✔ ◈ 设计修剪工具 ✔ ◈ 坯料尺寸　　　　✔ ◈ 定义定位特征 　　　　　　　　　　✔ ◈ 部件族工具
 模具验证	**模具验证** ✔ ◈ 静态干涉检查 　 ◈ 分型检查 ✔ ◈ 预处理运动 ✔ ◈ 定义滑块 ✔ ◈ 定义斜顶杆 ✔ ◈ 用户定义运动 ✔ ◈ 运行仿真
 模具图纸	**模具图纸** ✔ ◈ 装配图纸 ✔ ◈ 组件图纸 ✔ ◈ 孔表 ✔ ◈ 自动尺寸 ✔ ◈ 孔加工注释 ✔ ◈ 顶杆表 ✔ ◈ 图纸拼接 ✔ ◈ 重命名和导出组件 ✔ ◈ 孔基准符号

第2章
CHAPTER 2

塑料制品及注塑工艺性

塑料作为钢材和木材的替代品，因其物美价廉而被广泛应用于各个领域。塑料的性能和塑料制品结构对模具结构与注塑过程起着决定性作用。本章介绍常用塑料及其性能指标，概述塑料性能对模具设计的影响；同时介绍塑料制品结构和模具结构之间的关系，通过具体案例，学习如何分析塑料制品结构，为模具设计提供指导。

2.1 注塑材料

在注塑模设计过程中，模具材料的选择、流道系统的布置、冷却方案和顶出方案的制定，都与塑料性能密切相关。掌握塑料的一些特性，如流动性、力学性能、物理性能、化学性能及成型工艺性等，对塑料制品和模具设计将有很大的帮助。

2.1.1 塑料的分类

塑料是指以树脂为主要成分，以增塑剂、填充剂、润滑剂、着色剂等添加剂为辅助成分，在加工过程中能流动成型的材料。塑料按用途大体可以分为通用塑料、工程塑料和特种塑料。适合注塑成型的塑料见表 2-1。

表 2-1 适合注塑成型的塑料

分类	定义	特性	主要品种
工程塑料	一般被用于工业领域，作为结构件使用，是强度、耐冲击性、耐热性、抗老化性均优的塑料，可以在较宽的温度范围内承受较大的机械应力	1. 热变形温度高，可以长期在高温（大于 100℃）下使用，热膨胀系数小 2. 高强度、高硬度、高韧性、耐磨、耐疲劳、抗变形，主要用于汽车、航空航天、建筑、工程设备等领域 3. 耐蚀性、绝缘性、耐燃烧性、耐候性好，尺寸稳定	尼龙 PA 聚碳酸酯 PC 聚甲醛 POM 聚对苯二甲酸丁二醇酯 PBT 聚苯醚 PPO
通用塑料	一般是指产量大、用途广、成型性好、价格便宜的塑料	1. 热变形温度在 100℃ 以下，一般在常温或温度不超过 70℃ 的环境下使用 2. 力学强度不如工程塑料，但也具有比较好的刚韧平衡性，主要用于家电产品、电子产品中 3. 具有一定的耐蚀性，大多数材料的耐候性、耐燃烧性均较差	聚乙烯 PE 聚丙烯 PP 聚氯乙烯 PVC 聚苯乙烯 PS 丙烯腈-苯乙烯-丁二烯共聚物 ABS

塑料按受热后的性质不同，分为热固性塑料和热塑性塑料。

1）热固性塑料第一次加热时可以软化流动，加热到一定温度后，发生化学反应——交联固化而变硬，这种变化是不可逆的；再次加热时，不能再变软流动。正是借助这种特性进行成型加工，利用第一次加热时的塑化流动，在压力下充满型腔，进而固化成为确定形状和尺寸的制品。热固性塑料多用于隔热、耐磨、绝缘、耐高压电等恶劣环境中，如制作炒锅把手和高低压电器等。主要的热固性塑料包括酚醛树脂（PF）、不饱和聚酯树脂（UF）、三聚氰胺树脂（MF）、环氧树脂（EP）等。

2）热塑性塑料是加热后软化至流动，冷却后硬化，再加热后又会软化流动的塑料，即通过加热及冷却，可以不断地在固态和液态之间发生可逆的物理变化的塑料。日常生活中使用的大部分塑料都属于这个范畴。常见的热塑性塑料包括聚氯乙烯（PVC）、聚乙烯（PE）、聚丙烯（PP）、丙烯腈-苯乙烯-丁二烯共聚物（ABS）等。

常用塑料的性能和应用领域可以参考附录 A 和附录 B。

2.1.2 塑料的性能

塑料的性能影响着注塑过程中工艺参数的设置和塑料制品的质量，流动分析模块能够利用这些分析注塑过程。影响塑料制品性能的因素比较多，这里重点介绍几种影响较大的因素。

1. 流动性

不同形态的塑料具有不同的工艺性能、物理性能、力学性能等。一般对于结晶性塑料，当加工温度高于其熔点时，其流动性较好，能很快充满型腔，所需的注射压力较小。而无定型塑料的流动性较差，因此，充满型腔的速度较慢，所需的注射压力也就较大。在模具设计时，可根据塑料的流动性设计合理的流道系统尺寸，一方面，应避免流道系统尺寸太大，造成材料浪费和注塑成型周期延长；另一方面，应避免流道系统尺寸太小，导致充填、保压困难。

反映流动性的指标通常有熔融指数（Melt Flow Rate，MFR）和表观黏度（Apparent Viscosity）。熔融指数是指一定的温度和压力（各种材料标准不同）下，在一定时间（10min）内，熔体从标准毛细管（直径为 2.1mm）中流出的质量，单位是 g，其值越大，表示材料的加工流动性越佳，反之则越差。对于高分子聚合物，在通常的注塑成型条件下，其流动行为大多不服从牛顿流动定律，属于非牛顿流体，其流动剪切应力与剪切速率的比值称为表观黏度。表观黏度在一定温度下并不是一个常数，可随剪切应力、剪切速率而变化，有些甚至还随时间而变化，只能对流动性好坏做一个大致的比较。

2. 流变性

高聚物的流变性是指加工过程中，应力、形变、形变速率与黏度之间的关系。其大小受温度、压力、时间、分子量大小、分子结构和分子分布等因素的影响。根据流变性，塑料又可分为剪敏性塑料和热敏性塑料。黏度对剪切速率的依赖性越强，黏度随剪切速率的提高而迅速降低，这种塑料属于剪敏性塑料。常见的剪敏性塑料有 ABS、PS、PE、PP、POM 等。黏度对温度的依赖性越强，黏度随温度的上升而迅速下降，这种塑料属于热敏性塑料。常见的热敏性塑料有 PC、PA、PMMA 等。

对于高分子聚合物，剪切速率对以上两种材料的黏度都有影响，剪切速率的提高可以在不同程度上降低熔体的黏度，可使熔体产生"剪切变稀"现象。因此，设计流道系统时，并不是流道尺寸越大，压力降就越小，适当小的流道尺寸可以提高熔体的剪切速率，从而降低黏度，进一步减小压力降，这种效果对剪敏性塑料明显些。较小的浇口尺寸可以增加熔体的剪切速率，产生大量的摩擦热，熔体温度明显上升，熔体黏度随之下降，流动性增加。所以，采用小浇口对于剪敏性塑料往往是成功的。但当制品的壁厚较大时，应该考虑到保压而适当加大浇口尺寸，以延长浇口的凝固时间。

3. 收缩性

热塑性塑料由熔融态到凝固态，都要发生不同程度的体积收缩。而结晶性塑料一般比无定型塑料表现出更大的收缩率和收缩范围，且更容易受成型工艺的影响。结晶性塑料的收缩率一般为 1.0%~3.0%，而无定型塑料的收缩率为 0.4%~0.8%。对于结晶性塑料，还应考虑其后收缩，因为它们脱模以后在室温下还可以因后结晶而继续收缩，其后收缩量随制品厚度和环境温度而定，厚度越大，收缩量越大。常见塑料的成型收缩率见表 2-2。

表 2-2　常见塑料的成型收缩率

塑料名称	收缩率(%)	塑料名称	收缩率(%)
HDPE	1.5~3.5(2.0)*	POM	1.8~2.6(2.0)*
LDPE	1.5~3.0(1.5)*	PA6	0.7~1.5
PP	1.0~3.0(1.5)*	PA66	1.0~2.5
GPPS	0.4~0.8(0.5)*	SPVC	1.5~2.5(2.0)*
HIPS	0.4~0.6(0.5)*	TPU	1.2~2.0(1.6)*
ABS	0.4~0.7(0.5)*	PMMA	0.5~0.7(0.5)*
PC	0.5~0.7(0.5)*	PBT	1.3~2.2(1.6)*

注：带"＊"的参数为推荐值。

4. 取向效应

影响塑料制品性能的因素还有塑料熔体在流动过程中的取向效应。塑料熔体的大分子在外力的作用下被拉伸，从而顺着流动方向互相平行排列，这种排列在塑料冷却凝固之前来不及消除而冻结在固态制品中，便形成了取向效应。取向效应会使制品的均一性受到削弱，表现为各方向的物理性能和力学性能不一致，也可能导致各方向收缩不均匀，从而可能导致制品翘曲变形。按熔体中大分子受力的形式和作用的性质不同，可将取向效应分为剪切应力作用下的"流动取向"和拉伸作用下的"拉伸取向"。取向效应受熔体温度、模具温度、注射压力、浇口尺寸和制品厚度等因素的影响，通常熔体温度和模具温度的下降会加强取向效应；较大的浇口尺寸会加强取向效应；注射压力的增加可提高剪切速率和剪切应力，会加强取向效应；制品厚度越小，取向效应越强。实际生产中，有时会利用取向效应得到所需的产品，这时会采取某些特别的措施增强取向效应，使取向方向的拉伸强度和弯曲强度得到提高，如拉伸薄膜、铰链等。

2.2 注射件结构及其工艺性

注射件结构会影响注塑工艺、模具设计和产品装配等。如果注射件结构不合理，通常会造成模具制造和注射件成型困难。实际设计中，模具工程师应对注射件结构提出改进方案，并和产品设计人员一起改进产品设计。注射件产生收缩凹陷、气烘、困气、变形、烧焦等工艺性问题，往往是受其壁厚、浇口设置和冷却方式等的影响。分析注射件结构的工艺性应从以下方面进行。

2.2.1 壁厚

注射件的壁厚对产品质量的影响很大。壁厚过小，成型时流动阻力大，大型复杂制品难以充满型腔。注射件壁厚的最小尺寸应满足以下几方面的要求：首先是使用要求，即具有足够的强度和刚度，脱模时能经受住脱模机构的冲击和振动，装配时能承受紧固力。注射件最小壁厚值随塑料的种类和注射件大小不同而异。壁厚过大，不但会造成原料浪费，而且对热固性注射件增加了压塑的时间，且易造成固化不完全；对热塑性注射件则会延长冷却时间。通常注射件壁厚增加一倍，冷却时间将延长四倍，使生产率大大降低。另外，壁厚过大也影响产品质量，容易产生缺陷。热固性塑料的小型注射件，壁厚宜取1.6~2.5mm，大型注射件取3.2~8mm。热塑性塑料易成型薄壁制件，流动性好的塑料，其制件壁厚能薄到0.25mm，但一般不宜小于0.9mm，常选用2~4mm。热塑性注射件最小壁厚及推荐壁厚见表2-3。

表2-3 热塑性注射件最小壁厚及推荐壁厚 （单位：mm）

塑料种类	制件流程50mm的最小壁厚值	一般制件壁厚	大型制件壁厚
聚酰胺（PA）	0.45	1.75~2.60	2.4~3.2
聚苯乙烯（PS）	0.75	2.25~2.60	3.2~5.4
改性聚苯乙烯	0.75	2.29~2.60	3.2~5.4
有机玻璃（PMMA）	0.80	2.50~2.80	3.0~6.5
聚甲醛（POM）	0.80	2.40~2.60	3.2~5.4
软聚氯乙烯（LPVC）	0.85	2.25~2.50	2.4~3.2
聚丙烯（PP）	0.85	2.45~2.75	2.4~3.2
氯化聚醚（CPT）	0.85	2.35~2.80	2.5~3.4
聚碳酸酯（PC）	0.95	2.60~2.80	3.0~3.5
硬聚氯乙烯（HPVC）	1.15	2.60~2.80	3.2~5.8
聚苯醚（PPO）	1.20	2.75~3.10	3.5~6.4
聚乙烯（PE）	0.60	2.25~2.60	2.4~3.2

另外，注射件壁厚还与熔体充型流程有密切关系。熔体充型流程是指熔料从浇口起流向型腔各处的距离。在常规工艺条件下，流程大小与注射件壁厚成正比关系。注射件壁厚越大，则允许的最大流程越长。

同一个塑料制品的壁厚应尽可能一致，避免突变和横截面厚薄悬殊的设计，厚薄相差不能太大，一般不超过3倍，且厚薄连接处应采用适当的结构缓慢过渡，否则会引起收缩不均，使注射件表面或内部产生气泡、缩孔、裂纹、翘曲等缺陷。热塑性塑料在壁厚处易产生缩孔等缺陷，热固性塑料会因未充分固化而鼓包或因交联程度不一致而发生性能差异。注射件壁厚不合理或不均匀应加以改进，改进的方法常常是将厚的部分挖空等，尽可能减小注射件各部分的壁厚差，尽量控制在30%以内。图2-1a所示注射件壁厚不均匀，易产生气泡、缩孔、凹陷等缺陷，使注射件变形；图2-1b所示注射件壁厚均匀，能够保证质量。图2-2所示为了保证注射件顶部质量，增加顶部厚度，使熔体流动畅通，避免熔接痕产生于顶部。

塑料制品实体厚度检验可以在注塑模向导中使用检查壁厚功能实现。检查壁厚功能提供三维实体的自动厚度计算，模具设计人员可以检查最大厚度、厚度变化等，建议通过产品变更或模具结构设计变更来满足塑料制品质量的要求。请参照第2.6.2节所提供的案例，学习厚度分析功能。

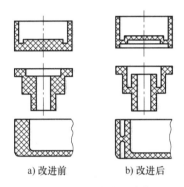

图2-1 改善注射件壁厚的典型实例

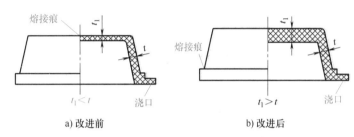

图2-2 增加顶部厚度避免熔接痕

2.2.2 加强筋

多数塑料的弹性模量和强度较低，受力时易变形甚至破坏。单纯采用增加壁厚的方法来提高塑料制品的强度和刚度是不合理的，厚壁注射件成型时易产生缩孔和凹痕，此时可以在不增加壁厚的情况下设置加强筋。加强筋不但增加了注射件的强度，而且增加了注射件的刚度，减少了成型时变形翘曲的情况。若注射件壁厚为t，具体的设计尺寸如图2-3所示。

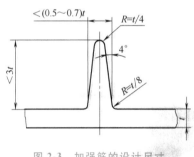

图2-3 加强筋的设计尺寸

加强筋的设计要求如下：

1）加强筋不宜太厚。加强筋的厚度应小于注射件的厚度，且加强筋与注射件壁连接处应采用圆弧过渡。

2）加强筋端面高度不应超过注射件高度，宜比注射件高度低0.5mm以上。

3）加强筋设计得矮一些、多一些为好。尽量采用数个高度较小的加强筋代替孤立的高加强筋，两筋的中心距应大于两倍壁厚，如图2-4所示。

4）加强筋的设置方向应与受力方向一致，并尽可能与熔体流动方向一致。若注射件需设置许多加强筋，其分布排列应相互错开，尽量减少塑料的局部集中，以免产生气泡和缩孔或由收缩不均匀引起的破裂。图2-5所示为容器的底部或盖部加强筋的布置情况。图2-5a所示结构因塑料局部集中，所以不合理；图2-5b所示结构形式较为合理。

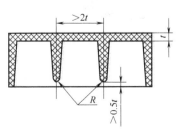

图2-4 加强筋的设计要求

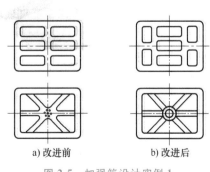

图2-5 加强筋设计实例1

按照加强筋的设计原则，加强筋的一些设计实例如图 2-6 所示。

分析注射件结构是否符合模具成型和脱模的要求，可从以下方面进行：脱模斜度、擦碰位、行位、斜顶、尖/薄钢位、出模。

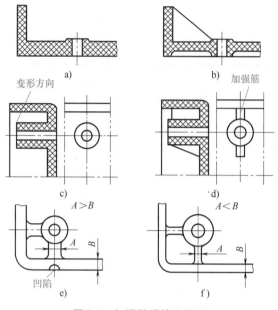

图 2-6　加强筋设计实例 2

2.2.3　脱模方向

在塑料制品结构设计中，除了要满足塑料制品功能上的需求，还要考虑其在注塑模中的顶出方向，又称脱模方向，如图 2-7 所示。这是塑料制品和模具设计中最为重要的指标之一，决定了模具的结构和成本。脱模是为了保证制品能顺利从模具中脱出，减少制品上的倒扣。后面章节中提到的脱模斜度、分模面、倒扣等都是相对脱模方向而言的。

图 2-7　脱模方向

2.2.4　脱模斜度

塑料制品上所有面相对脱模方向的夹角称为脱模斜度。在注射件的内外表面沿脱模方向应设计足够的脱模斜度，否则会发生脱模困难，如加大推出力推出时易拉坏或擦伤注射件，出现"顶白""顶伤"和"拖白"现象。脱模斜度与塑料性能、注射件形状、表面质量要求等有关。注射件脱模斜度的常用值，热塑性塑料制品为 0.5°~3.0°，热固性塑料制品取 0.5°~1°。当然，注射件外观表面要求光面或纹面，其脱模斜度也不同，斜度值如下：

1）外表面为光面时，小注射件的脱模斜度为 1°，大注射件的脱模斜度为 3°。

2）外表面为蚀纹面时，表面粗糙度值≤$Ra6.3\mu m$ 时，脱模斜度为 3°；>$Ra6.3\mu m$ 时，脱模斜度为 4°。

3）外表面为火花纹面时，表面粗糙度值≤$Ra3\mu m$ 时，脱模斜度为 3°；>$Ra3.2\mu m$ 时，脱模斜度为 4°。

只有当塑料质地较软且具有自润滑性、注射件高度不大时，方可考虑不设脱模斜度。一般情况下，若脱模斜度不妨碍制品的使用，则可将斜度值取得大一些。有时为了在开模时让注射件留在凹模内或凸模上，会有意将该侧斜度减小，或将对侧斜度放大。对于有公差要求的尺寸，斜度值可在制品的公差范围内，也可在公差范围之外，设计时需要注明。但应注意，在设计注射件脱模斜度时，需要保证注射件的装配关系和外观要求。

2.2.5　碰面

模具中的碰面分为擦碰面和靠碰面，如图 2-8 所示。其中靠碰面是最不易失效的结构，但实际上为了满足不同产品不同部位的结构需要，并不是所有场合都可以用靠碰面解决，有时需要通过擦碰面来实现。擦碰面应有斜度，否则模具极易磨损，其使用寿命将大大缩短。擦碰面的斜度有两个作用：一是防止溢胶，因为竖直贴合面不能加预载；二是减少磨损。

分析擦碰面和靠碰面可从以下方面考虑：保证结构强度；防止产生飞边、溢边、溢料等，即防止产生"披锋"；便于模具加工和维修。

2.2.6 倒扣面

塑料制品上侧壁有凹凸形状时易形成倒扣（图2-9），倒扣会使塑料制品不能从模具型芯中顶出，在开模顶出注射件前，必须使用滑块或斜顶让出倒扣部分钢料，这样才能将塑料制品从模具中取出。

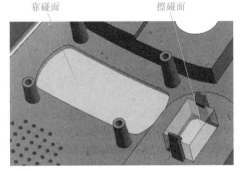

图2-8 模具中的靠碰面和擦碰面

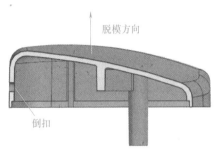

图2-9 倒扣

2.2.7 分型面

分开模具取出注射件的面，通称为分型面。注塑模可能有一个或多个分型面。分型面的位置有垂直于开模方向、平行于开模方向以及倾斜于开模方向几种。

2.2.8 尖、薄钢位

模具上产生尖、薄钢位的原因有两方面：注射件结构和模具结构。所以在注射件和模具设计中应尽量避免出现薄钢和尖钢。模具上的尖、薄钢位一方面会影响模具的使用寿命和强度，另一方面因为钢料太尖，像刀刃一样锋利，容易伤及模具制造人员。一般尖、薄钢位在注射件上不易反映出来，应结合注射件的模具情况对其进行分析。

2.2.9 注射件顶出

注塑模必须设有准确可靠的脱模机构，以便在每一循环中将注射件从型腔内或型芯上自动地脱模，脱出注射件的机构称为脱模机构或推出机构。注射件的出模通常使用推杆（顶针）司筒和推板顶出。若注射件上有特殊结构或表面质量要求较高时，需要采用其他方式出模，如顶块顶出、斜向顶出、螺纹旋转出模、二次顶出等。对某些透明注射件的顶出，还需要注意顶出痕迹不能外露。

2.3 表面要求

注射件的表面质量包括表面粗糙度和外观质量等。其中外观质量又可细分为注射件表面的文字、图案、纹理、外形及安全标准要求等。

2.3.1 表面粗糙度

注射件的外观质量要求越高，表面粗糙度值应越小。为了保证注射件的表面质量，除了在成型工艺上尽可能避免起皮、银纹、熔接痕等质量缺陷外，主要取决于模具成型零件的表面粗糙度。对注射件的表面粗糙度有要求时，一般模具的表面质量要求比注射件要高。对注射件的表面质量要求不高时，模具的表面粗糙度和注射件的表面粗糙度可相同。透明注射件要求型腔和型芯的表面粗糙度相同，而不透明注射件则根据具体情况而定。非配合表面和隐蔽的面可取较大的表面粗糙度值。另外，还可以利用表面粗糙度的差异，使注射件在开模时留在表面粗糙度值较大的型芯上或留在凹模中。

2.3.2 外观质量

注射件外形应符合各类型产品的安全标准要求。注射件上不应出现锋利的边、尖锐的点；对拐角的内外表面，可通过增加圆角来避免应力集中，提高注射件强度，改善注射件的流动情况。注射件 3D 造型，若表面出现褶皱或细小碎面，应制订改善表面质量的方案，或者在制造中通过修整电极来满足光顺曲面的要求。

注射件上需模塑出文字、图案时，若客户无要求，可采用凸形文字、图案。注射件的文字、图案为凹形时，模具上则为凸形，此时模具制作相对复杂。

针对注射件表面的浮雕，常用雕刻的方法加工模具。由于注射件 3D 文件中不会有浮雕的造型，2D 文件中浮雕的大小也是不准确的，其浮雕的形状是以样板为标准。因此，模具设计和制造人员应了解雕刻模的制作过程，雕刻模的制作、配合以及定位都应在分析中确定。

2.4 常见成型缺陷

当塑料经由注塑过程转化成最终产品时，仍需考虑产品缺陷的问题。塑料制品在注塑成型制造过程中，主要经过冷却定型后产品才能逐渐成型，通常塑料离开模具的产品接近完成品。但是，当塑料制品有缺陷时，就需要分析可能导致产品缺陷产生的原因，并分门别类地去探讨如何加以解决。

塑料制品成型缺陷可以在模具设计之前，通过 CAE 流动分析功能，模拟出缺陷位置和原因，为修改塑料制品设计、模具设计以及设置注塑工艺参数提供指导。

以下介绍常见的注塑成型缺陷。

2.4.1 欠注

如图 2-10 所示，欠注，又称短射（Short Shot），是由于生产过程后，熔胶仍然无法将模穴完全填满，造成最后塑料制品外形有缺陷的现象。欠注最容易发生在厚度较小的区域或是流动末端，主要原因为塑料不足或熔胶本身流动性不佳，使得在充填过程中熔胶流动状态中止。因此，只要是影响熔胶在模穴中流动的因素，都可能造成欠注缺陷的产生。

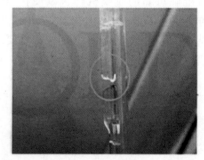

图 2-10 欠注

欠注常见的成因除了熔胶及模壁的温度太低，还有可能是厚度太小或浇口的位置及长度不适当，导致塑料流动性不佳，无法充满模穴。此外，排气孔设置不良也可能造成欠注。当发生欠注时，应该先确认料斗中是否有足够的塑料，接着确认料筒是否受到阻塞或止回阀是否失效而造成射压过低或漏料，检查塑料内是否有未熔化的塑料颗粒或杂质。如果欠注仍旧发生，可以试着将射速、料筒温度调高，以避免塑料在充满模穴之前就凝固而造成欠注。注塑时间过长也有可能造成欠注现象。除了以上原因，生产人员为了缩短产品的生产周期，有可能会刻意缩减充填时间及冷却时间，此时如果控制不好，很有可能造成欠注缺陷。

2.4.2 翘曲

翘曲（Warp）是指塑料制品在注塑成型后的完成品与原来设计的产品外观不同，完成品外观产生扭曲或变形（图 2-11）。翘曲是注射件最常发生的缺陷之一，当产品是配合件而其变形量超过允许范围时，会因无法正常组装而造成产品不合格，所以必须严格控制产品允许的翘曲量。

塑料存在热胀冷缩现象，当熔融塑料进入模具（穴）开始冷却固化时，在模穴内降温固化过程中会产生收缩现象。当产品的收缩率分布均匀时，不会发生翘曲，仅会导致尺寸缩小。然而，由于外在因素（如成型条件、模具冷却设计）以及注射件外形设计和塑料本身的特性（如分子链和纤维的配向性等）许多因素的交互影响，注射件成型品要达到均匀收缩或收缩率低是一件非常困难的事。

2.4.3 飞边

塑料注塑成型过程中，因为模具的分型面处产生空隙，导致熔融塑料溢出模穴而产生飞边（Flash），如图 2-12 所示。

图 2-11　翘曲

图 2-12　飞边

飞边的主要成因是锁模力过小。注塑成型过程中，熔融塑料会对模具产生推挤压力，尤其是模穴中央区域压力太大，容易使模具从分型面分开，如果注塑机的锁模力过小，不能在成型过程中将模具锁紧以对抗熔融塑料的推挤压力，就会产生飞边。此外，如果分型面不能完全接触而导致模具存在间隙，也会导致飞边的产生。可能原因包括分型面有缺陷，使得两模分型面不平行；或是分型面上有杂物，导致分型面间有间隙等。另外，成型条件不当，如注塑机选用不当、熔胶温度过高、注塑压力过大、排气系统不当、缺乏足够的排气或排气沟过深等都会产生飞边。

2.4.4 凹痕和空洞

凹痕（Sink Mark）和空洞（Void）是厚度较大的区域在冷却时没有得到足够的塑料补偿而产生的现象，如图 2-13 所示。

在接触模壁的塑料冷却和硬化以后，内部塑料才开始冷却，造成收缩拉扯表面塑料而形成凹痕，当表面强度足够时，则可能出现空洞而不是凹痕。因此，凹痕和空洞经常出现在筋部或凸起部的背面。总之，当塑料制品局部区域在外部和内部的收缩不一致时，非常容易形成凹痕和空洞。产生凹痕和空洞的原因：熔胶温度或成型温度过高、保压及冷却时间过短、充填速度过慢、注塑压力过低、塑料制品局部几何形状不合适等。

2.4.5 包封

包封（Air Trap）是指熔胶前沿将模穴内的空气包覆，而使空气无法从排气孔或镶埋件的缝隙逃逸的现象，如图 2-14 所示。

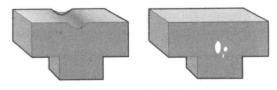

图 2-13　凹痕和空洞

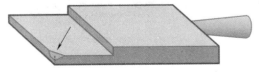

图 2-14　包封

一般情况下，大部分包封发生在最后充填区域，当这些区域未设置排气孔或排气孔太小时，就会造成包封，导致塑料制品内部产生空洞或气泡、欠注或表面瑕疵。此外，如果塑料制品厚度差异太大，熔胶会因为流动阻力而向厚度较大的区域流动，从而产生竞流效应（Race-tracking Effect），这是造成包封的主要原因。

2.4.6 焦痕

焦痕（Burn Mark）和包封形成的原因非常相似，也是模穴内的空气无法逃逸，受到压缩造成高热，塑料被高热的空气烧焦而形成焦痕，如图 2-15 所示。模穴内的空气受到压缩后，压力与温度快速升高，使得流动路径末端的制品表面的塑料裂解而造成焦痕。

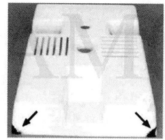

图 2-15 焦痕

2.4.7 表面剥离

表面剥离（Delamination）形成的主要原因为将互不兼容的材料混合使用或成型时使用的材料种类过多，如图 2-16 所示。另外，熔胶温度过低、材料湿度过大、流道及浇口不顺畅等都可能产生塑料制品表面剥离缺陷。

2.4.8 鱼眼

鱼眼（Fish Eye）缺陷通常是因料筒温度、螺杆转速及背压过低，导致未熔化的塑料颗粒出现在塑料制品中。此外，也可能是由于再粉碎料太多或塑料受到污染，如图 2-17 所示。因此，如果能避免以上情况发生，便可以有效地降低鱼眼发生的概率。

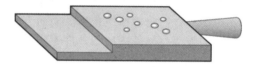

图 2-16 表面剥离   图 2-17 鱼眼

2.4.9 流痕

造成流痕（Flow Mark）缺陷的主要原因是熔融塑料的温度分布不均匀，或者黏度过高，其中过低的温度会使塑料和模穴的表面发生摩擦、推挤而导致塑料太快凝固，从而产生流痕，如图 2-18 所示。除此之外，如果浇口附近的熔胶由于冷却而凝固，或者保压时无法提供足够的塑料作为补偿，也有可能产生流痕。

2.4.10 应力痕

如果塑料制品本身的厚度变化较大，造成其各部位的冷却速度不同，此时未冷却的熔胶将会对已冷却的塑料产生应力，产生图 2-19 所示的应力痕（Stress-Mark）缺陷。

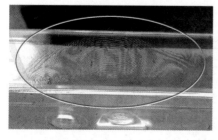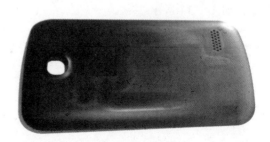

图 2-18 流痕   图 2-19 应力痕

2.4.11 迟滞

当进行模穴充填时，熔胶会倾向于向厚度较大的区域及阻力较小的区域流动，这些区域会先被填满，然后再填充厚度较小的区域。这种情况通常会造成停滞处的熔胶凝固，等到开始往厚度较小的区域流动时，凝固的熔胶很有可能会由于被推到塑料制品表面而产生迟滞（Hesitation），如图 2-20所示。

2.4.12 喷流

喷流（Jetting）通常是熔胶通过狭窄的浇口或流道高速进入模穴时产生的，如图 2-21 所示。喷流通常会促使冷料相互接触，这是由于熔胶以条状喷入模穴中时，条状塑料表面温度下降，条状塑料再彼此叠合接触所导致的。因此，发生喷流时，不仅生产出来的塑料制品强度会降低，也有可能造成其表面及内部缺陷。因此，必须尽量避免喷流现象发生，以保证塑料制品的质量。

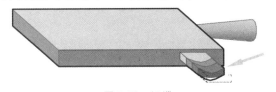

图 2-20　迟滞

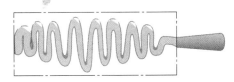

图 2-21　喷流

2.4.13 银痕

银痕（Splays）的形成是因为所使用的塑料掺杂了水气或其他挥发性气体，或者预热温度过高，塑料轻微裂解而产生气体，如图 2-22 所示。如果生产之前未将塑料适当地干燥，在注塑充填时，塑料内的水分就有可能转变为水蒸气，模穴内就会产生与熔胶一同流动的气泡，导致在制品表面出现流动方向的银白色条纹。如果气泡无法在充填完成时全部排出，塑料制品表面也会产生银痕缺陷。此外，当由于温度过高而造成塑料裂解时，也有可能在表面产生银痕缺陷。

2.4.14 熔合线

在注塑过程中，当两股以上的流动熔胶交汇时，两股流动熔胶前沿温度较低者先固化，造成熔胶无法完全熔合，将会产生熔合线（Weld Line），如图 2-23 所示。此缺陷经常出现在成品的孔洞周围或成品的边界交汇处。因此，当竞流效应发生时，通常都会产生熔合线，如壁厚有明显变化时，或者模具有多重浇口等时，都需要特别注意，才能避免熔合线的产生。此外，当塑料制品内有孔洞或镶埋件时，也容易产生熔合线。

图 2-22　银痕

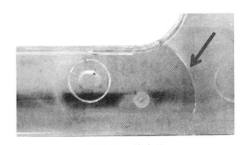

图 2-23　熔合线

在熔合线产生处，塑料无法达到完全熔合，因此塑料制品强度较低。在无法避免产生熔合线时，应调整浇口的位置和尺寸大小，使熔合线尽量产生在不明显的低应力区域。通常当两个不同方向的流动熔胶前沿以小于 135°的夹角汇流时，所产生的缺陷为熔合线。此外，当汇流角度为 120°~150°时，制品表面通常不会出现熔合线缺陷。

2.5   注射件成型典型实例

合理的塑料制品设计可以避免缩孔、翘曲、裂纹等缺陷，以简化模具结构，降低模具生产成本。一些典型的注射件成型实例见表 2-4 和表 2-5。

表 2-4   改变注射件形状以利于模具成型的典型实例

序号	不合理	合理	说明
1	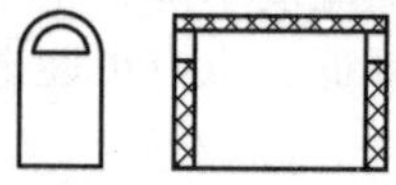	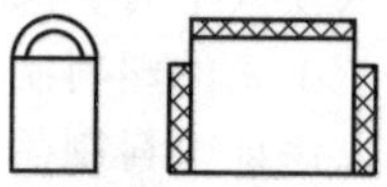	将左图侧孔容器改为右图侧凹容器，则不需要采用侧抽芯或瓣合式分型的模具
2	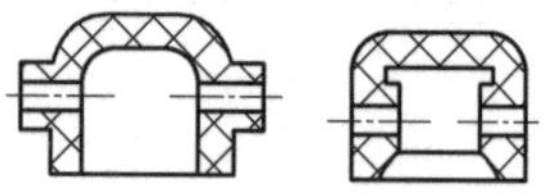	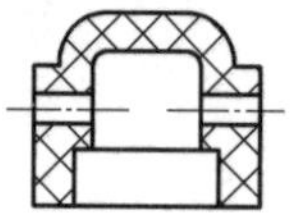	应避免注射件表面横向凸台，以便于脱模
3	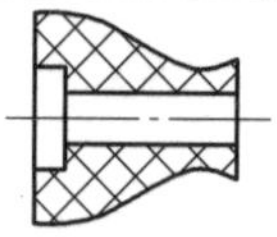	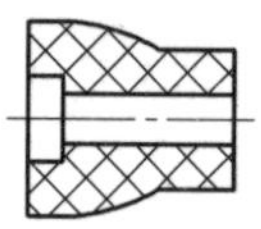	左图中注射件外侧凹，必须采用瓣合凹模，使塑料模具结构复杂，注射件表面有接缝。右图设计较合理
4	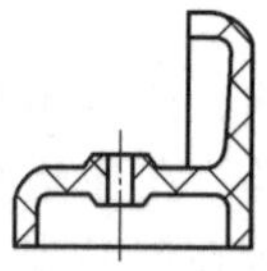	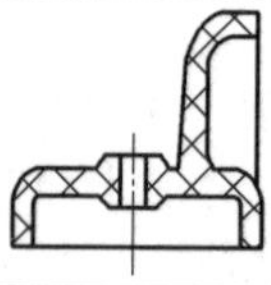	注射件内侧凹，抽芯困难。右图将其改为外侧凹
5	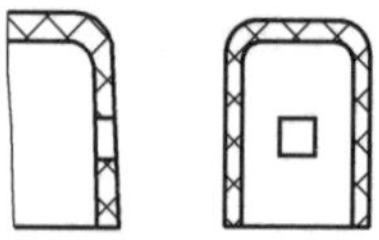		改变注射件形状，以避免侧孔抽芯
6	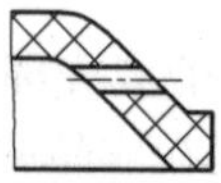	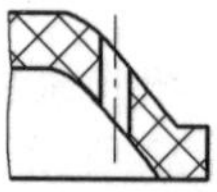	将横向侧孔改为竖直孔，可免去侧抽芯机构
7			左图需采用组合式凹模成型，经改良后，右图可用整体式结构的凸凹模成型

表 2-5   改善注射件壁厚的典型实例

序号	不合理	合理	说 明
1	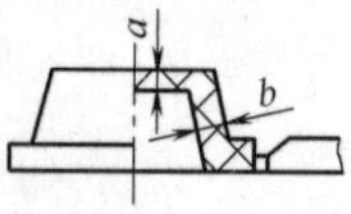	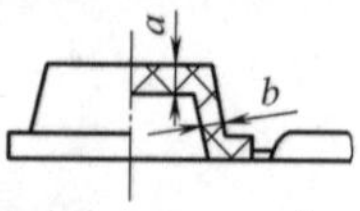	平顶注射件，采用侧浇口进料时，为了避免平面上留有熔接痕，必须保证平面进料通畅，故 $a>b$
2	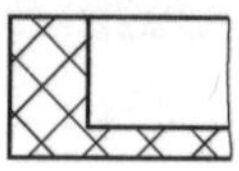	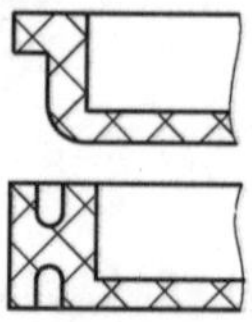	左图壁厚不均匀，易产生气泡及注射件变形；右图壁厚均匀，改善了成型工艺条件，有利于保证质量
3	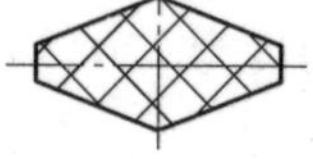	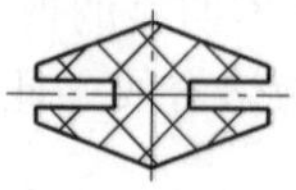	

(续)

序号	不合理	合理	说　明
4			壁厚不均匀注射件,可在易产生凹痕的表面采用波纹形式或在后壁处开设工艺孔,以掩盖或消除凹痕
5			采用加强筋,既不影响注射件强度,又可避免因壁厚不均而产生缩孔或变形

2.6　注塑模向导部件验证

对塑料制品结构进行可塑性分析具有如下意义:

1) 检查模型质量。

2) 了解塑料制品结构。

3) 发现和修正塑料制品结构上的问题,方便和产品设计人员沟通。

4) 确定模具设计方案。

【部件验证】是注塑模向导提供的自动化实体分析工具,这些工具可以应用在塑料制品设计阶段或模具设计早期,结合模具生产流程,为模具设计和报价提供参考。【部件验证】的功能如图 2-24 所示。

图 2-24 【部件验证】
的功能

2.6.1　模具设计验证

【模具设计验证】提供了一组模具设计中常用的功能验证,可以结合 NX 验证和 HD3D 可视示意板,分析塑料制品三维实体,为模具设计提供参考。【模具设计验证】界面如图 2-25 所示,本小节着重介绍【产品质量】选项。

【产品质量】选项包括以下功能:

(1) 模型质量检测　检查产品三维实体质量,发现建模或导入产品模型中出现的问题,如干涉、缝隙等,为修改模型提供参考。

(2) 注塑结构检测(铸模部件质量)　包括拔模角度分析、塑料件拔模倒扣。

(3) 执行检测　选择要检测的项目(勾选),单击【执行 Check-Mate】按钮。

1. 模型质量检测

由于模具产品大多数是 IGES 或 STEP 格式导入的三维模型,经常出现掉面、面干涉、缝隙等问题,及早发现产品模型问题并修改模型,可以节省下游模具设计时间和提高计算机辅助制造质量。

本小节案例模型和微课视频在教学资源包的 MW-Cases \ CH2 \ 2.6 \ 2.6.1目录中。

案例1:

1) 打开 qcase.prt 文件,启动【注塑模向导】应用程序,选择【模具设计验证】功能。

2) 在【模具设计验证】界面勾选【模型质量】选项,选择对象实体,单击【Check-Mate】按钮。

3) 在图形区有红色的问题点标记,在左侧的 HD3D 工具窗口显示有质量问题的面,如图 2-26 所示。该微课视频也演示了修改模型的过程,用到了 NX 取消修剪、删除面、再修剪片体、缝合片体等功能。同时也用到了片体边的检测工具,对缝合体边界进行了有效检测。

图 2-25 【模具设计验
证】界面

2. 注塑结构检测（铸模部件质量）

案例2：

1）打开 v0.prt 文件，启动【注塑模向导】应用程序，选择【模具设计验证】功能。

2）在【模具设计验证】界面勾选【铸模部件质量】选项，选择对象实体，【指定矢量方向】，为拔模方向，单击【Check-Mate】按钮。

3）在图形区有红色的问题点标记，在左侧的 HD3D 工具窗口显示检测结果，如图 2-27 所示。

【底切】（倒扣）显示几个区域和所有的面；【交叉面】在模具设计中要分开；【拔模角】显示产品上面的角度。

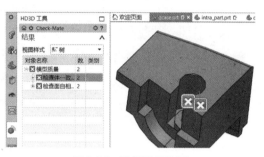

图 2-26　模型质量检测

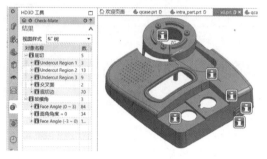

图 2-27　铸模部件质量

2.6.2　检查壁厚

NX 提供了壁厚分析工具，可以快速地对产品模型进行壁厚分析，帮助用户锁定问题区域，及时发现和解决问题。

本小节案例模型和微课视频在教学资源包的 MW-Cases \ CH2 \ 2.6 \ 2.6.2 目录中。

案例3：

打开 intra_part.prt 文件，启动【注塑模向导】应用程序，选择【检查厚度】功能。

（1）操作步骤　选择【选择体】→【计算方法】，单击【计算厚度】按钮，如图 2-28 所示。

（2）计算方法说明

1）射线方法。检测面上每个点法线方向距离，如图 2-29 所示。该方法适合检查复杂实体内部壁之间的最小距离，如检查上模镶块内部小于 5mm 孔的位置。

2）压延球方法。如图 2-30 所示，为内接球的最大直径。该方法适合查找实体内的最大厚度。

自动分析模型并计算厚度之后，系统以彩色云图的形式显示结果，如图 2-31 所示。同时在对话框中显示平均厚度（Average Thickness）和最大厚度（Maximum Thickness），如图 2-32 所示。

在【检查】选项卡中，用户可以通过控制云图颜色、光线矢量以及厚度范围来找出最大厚度区域，如图 2-33 所示。也可以动态显示光标点厚度值，如图 2-34 所示。

图 2-28　【检查壁厚】对话框

图 2-29　射线方法

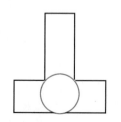

图 2-30　压延球方法

图 2-31 产品厚度分析云图

图 2-32 平均厚度与最大厚度

图 2-33 最大厚度区域

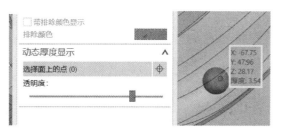

图 2-34 动态检查厚度

在【检查】选项卡中，用户可以自由选择不同的显示方法：选择一个或多个面，具体分析面的厚度；也可以动态查看所选点处的厚度。此外，如果用户不想分析边缘厚度，还可以勾选【排除锐边结果显示】。在【选项】选项卡中，用户可以自定义一些设置，如颜色、范围类型、小数位数等。

2.7 其他

在【部件验证】模块中，还有【检查区域】和【流动分析】模块。【检查区域】将在分型中介绍，【流动分析】将在第 13 章注塑过程模流分析中介绍。

第3章
CHAPTER 3

模具项目准备和分型

本章开始介绍模具设计的具体过程：从模具立项开始，到设计塑料制品模型，然后按照模具厂家存档规范，建立模具编号和目录。

一副模具由几百个到上千个零件组成。为了快速地完成模具设计，应预先规范、定义模具设计流程及零件，在设计时，按照规范流程，调用规范化模板和标准件即可，这样可以快速和高质量地完成设计任务。在设计的同时要考虑到协调设计、设计变更、采购配件与加工配合等。

【注塑模向导】提供了一个优化的设计平台，利用自动化工具，基于装配设计的流程。本章介绍模具设计准备阶段需要完成的工作。

3.1 NX 注塑模向导项目初始化

模具项目文档通常使用目录管理，以项目编号为总目录，目录结构如图 3-1 所示。

3.1.1 项目初始化

从【注塑模向导】项目初始化正式开始模具设计。项目初始化即创建一个新的模具设计项目。通过选择模具装配模板，初始化功能将复制模具装配模板到当前模具设计项目中，并建立新产品模型和模具模板之间的关系，为整个模具设计项目建立一个框架。

项目初始化中有两个常用模板：ESI 模板和 Mold. V1模板。第三模板 Original 是早期项目模板，现在已不推荐使用。当然，这些模板可以通过定制化，进一步满足不同模具厂家或不同产品的需求。

3.1.2 ESI 流程

早期客户交互模型（Early Supplier Involvement，ESI）主要用于项目早期模具设计人员和塑料制品设计人员的相互交流，利用第 2 章介绍的部件验证模块和其他 NX 功能分析产品，进行早期方案设计、报价以及模型修改，并生成 ESI 报告作为交流文档。同时，该模型还可以用于产品设计变更管理。

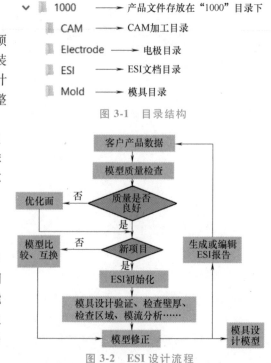

图 3-1　目录结构

图 3-2　ESI 设计流程

ESI 设计流程图 3-2 所示，主要对产品结构合理性以及可模塑性等进行评估，生成 ESI 报告。

1. 优化面

在进行 ESI 分析之前，可以使用【主页】选项卡中【同步建模】组的【优化面】功能，将导入至 NX 模型中的 B 曲面转化为解析面，从而简化曲面类型，合并面，提高边精度以及识别圆角。【优化面】功能一般用于从其他 CAD 系统导入的模型，可以修复和优化导入的模型。

具体案例可以从教学资源包的 MW_Cases \ CH3 \ 3.1.2 目录中获取。

在【主页】→【同步建模】组中单击【优化面】按钮，打开【优化面】对话框，如图 3-3 所示。通过【选择面】选择实体所有面，单击【确定】按钮，结果如图 3-4 所示。

图 3-3 【优化面】对话框

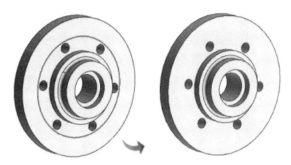

图 3-4 【优化面】结果

2. 建立 ESI 装配

下面将通过一个实例来详细介绍 ESI 在模具设计过程中的应用，本小节案例模型和微课视频在教学资源包 MW_Cases \ CH3 \ 3.1.2 目录中。

打开 intra_part.prt 文件，启动【注塑模向导】应用程序，单击【初始化项目】，弹出【初始化项目】对话框，如图 3-5 所示，其中各选项的功能如下。

【路径】：将 ESI 装配文件放在项目 ESI 目录。

【名称】：项目编号，大多数模具厂家有自己的编号规则，如 1xxxx 项目代表小模具，2xxxx 项目代表汽车零件等。

【材料】：选择"ABS"。

【配置】：选择"ESI"模板。

【设置】：勾选【重命名组件】，单击【确定】按钮后，出现【部件名管理】对话框，如图 3-6 所示，用户可以按照命名规则，定义装配文件名称。

图 3-5 【初始化项目】对话框

图 3-6 【部件名管理】对话框

ESI 模板是一个简单装配，主要用于在项目早期和客户进行交流，分析塑料制品模型，做适当修改等，所有分析和修改结果要生成文档，作为内部以及与客户交流的手段。另外，在产品设计变更时，也会使用 ESI 进行产品比较和互换。在另外一个窗口打开 ESI_Analysis 文件，将在这个文件中进行一起分析。

ESI_Product 是最终修改结果，用于模具装配。

ESI 装配结构如图 3-7 所示。

3. 模具坐标系

ESI 初始化之后，要设置脱模方向。参考第 2.2.3 节中设置脱模方向的原则，使用【模具坐标系】功能，如图 3-8 所示，Z 方向为脱模方向。

对于复杂零件，首先确定 Z 方向，可以使用【当前 WCS】，通过修改 WCS 方位，设定方向。然后进行分析，再设定，找出最佳脱模方向。

图 3-7　ESI 装配结构

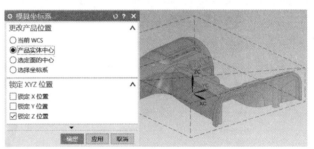

图 3-8　【模具坐标系】功能

4. 分析及验证

ESI 初始化之后，在 ESI_Analysis 文件窗口中，要进行一系列分析与验证工作，并生成 ESI 报告。

其中，斜率分析是模具中常用的脱模角度分析方法，即通过彩色云图可视化塑料制品表面上所有点的曲面的法向平面和垂直于脱模方向的平面之间的夹角。

依次选择【主菜单】→【分析】→【形状】→【斜率】，弹出【斜率分析】对话框，如图 3-9 所示。选择模型上所有的面，指定脱模方向为参考方向，单击【应用】按钮，生成图 3-10 所示的斜率彩色云图。通过调节【比例因子】，进一步分析产品所有面。

图 3-9　【斜率分析】对话框

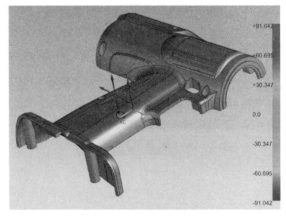

图 3-10　斜率彩色云图

其他分析项目参考第 2.6 节注塑模向导部件验证。具体流程参见案例微课视频。

在完成 ESI 分析之后，在 1000_ESI_Product 装配节点单击鼠标右键，单击【设为工作部件】，在【部件导航器】中选择【取消抑制】，单击【确定】按钮，如图 3-11 所示。

5. ESI 产品比较和互换

ESI 的一个重要功能是进行塑料制品设计变更。在下面的实例中，有一个新的塑料制品模型版本 intra_part_v1. prt，模具设计人员可按下面的步骤发现变更的位置，对设计方案进行修改。

产品比较和互换不仅能够发现变更，更重要的是能够保证产品变更后模具设计的关联性。不论产品模型是从哪个 CAD 系统导入的，通过产品比较和互换，系统内部将自动完成模型上点、线、面、体的标识，这样，在模具设计中的特征会自动关联到新版本模型上。

产品比较和互换过程如下：

1）完整加载 1000_top.prt 模型文件，并确定打开 intra_part.prt 文件。

2）单击【注塑模向导】→【分型工具】→【交换模型】，选择 intra_part_v1.prt。

3）在【替换设置】界面单击【确定】按钮，进入图 3-12 所示的【模型比较】对话框。

4）勾选【着色】选项，调节【新模型透明度】，单击【应用】按钮。

5）比较结果如图 3-13 所示。蓝色代表旧模型面，粉红色代表新模型上变更的面。

6）该功能同时可以进行互换，用户指定新旧模型变更面，系统内部就会完成自动关联。

具体操作过程参见案例微课视频。

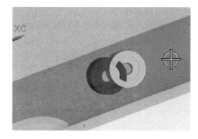
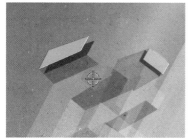

图 3-11　ESI 分析后的设置　　图 3-12　模型比较　　图 3-13　设计变更

6. ESI 报告

ESI 报告是设计人员通过手工抓图，采用 PPT 或 Word 文档，加上分析结果和注解所得的。在本书教学资源包的案例文档中有一份 ESI 样件供参考。

3.1.3　模具装配初始化

本小节案例模型和微课视频在教学资源包的 MW-Cases \ CH3 \ 3.1 目录中。

案例：打开 1000_ESI_product.prt 文件，启动【注塑模向导】→【初始化项目】，具体步骤见表 3-1。

表 3-1　模具装配初始化步骤

操作步骤	图示
1）在【产品】的【选择体】中选择注射件模型,这里可以选择多个实体以及曲线 2）在【项目设置】的【路径】中选择项目下 Mold 目录 3）【材料】在 ESI 中已经选择,这里不再选择。如果没有用 ESI 流程,这里需要选择材料。材料收缩率出现在【收缩】一栏 4）【配置】选择 Mold.V1 作为模具装配模板 5）【项目单位】选择"毫米" 6）勾选【重命名组件】,然后单击【确定】按钮	

（续）

操作步骤	图示
1）在【部件名管理】界面中选择【命名规则】 2）【命名映射模板】选择"中文映射模板" 3）单击【设置所有名称】，名称窗口所有文件按规则命名 4）单击【确定】按钮，系统会自动生成模具装配结构，并建立产品模型和装配结构之间的关系，生成装配结构 5）保存文件，所有文件将存储到 Mold 目录下	
生成模具装配结构，1000_总装配_001 是装配最上面的节点	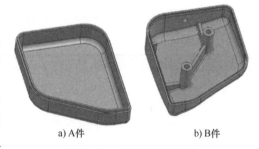

3.1.4　多腔模设计

注塑模向导支持多个产品进行多腔模设计。多腔模设计分为两个步骤：第一步为建立多腔模装配，第二步为设计型腔。

本小节案例模型和微课视频在教学资源包的 MW-Cases \ CH3 \ 3.1.4 目录中。

1. 建立多腔模装配

下面以图 3-14 所示产品为例，建立多腔模装配。

首先建立图 3-14a 所示 A 件模具装配，过程与前面一致，参考对应微课视频建立模具装配。然后增加图 3-14b 所示塑料件，过程与图 3-14a 所示塑料件基本一致：打开 2000_top_001.prt 模型文件，单击【初始化项目】，选择 B.prt，勾选【部件名管理】，单击【确定】按钮，生成图 3-15 所示的装配结构：2000_prod_001 为 A 件子装配，2000_prod_002 为 B 件子装配。

a) A件　　　　　　b) B件

图 3-14　多腔模装配实例

2. 设计型腔

模具装配项目下有两个产品，进行后续操作时，需要知道对哪个产品进行操作。例如，在设置模具坐标系时，是对 A 件，还是对 B 件。这里需要使用【多腔模设计】来激活工作部件：选择【多腔模设计】，选择 B 件，单击【确定】按钮，如图 3-16 所示。

3.1.5　收缩率

由于塑料在被加热填充模具时体积会膨胀，所以在模具设计中要加入材料收缩率。在【初始化项目】中，选择塑料件材料后，系统会自动加入材料收缩率。但在设计过程中，设计人员有时需要根据客户要求调整材料收缩率。整个模具设计的过程都是采用关联性设计，在模具设计的任何阶段，都可以重新调整产品收缩率的大小。

3.1.6　工件

【工件】用于定义型芯和型腔镶件的大小，生成的工件模型将在分型功能中分解为上型和下型，以及镶件、滑块体等。

本小节案例模型和微课视频在教学资源包的MW-Cases＼CH3＼3.1.6目录中。

依次选择【注塑模向导】→【主要】组→【工件】→【确定】，生成图3-17所示的工件形状。

注：如果看不见透明状态，请参考第1.3.2节进行设置，并重新启动NX。

【工件】对话框中提供多种定义工件的方法。

1）在【定义类型】的【草图】下，可以单击【选择曲线】→【绘制草图】，进入NX草绘环境，自由定义工件截面形状。

2）在【定义类型】的【参考点】下，用户可以输入到参考点的距离。

图 3-15　装配结构

图 3-16　【多腔模设计】对话框

3）在【工作方法】中选择【型芯-型腔】或【仅型芯】、【仅型腔】，用户可以选择任何实体作为工件模型。

3.1.7　型腔布局

【型腔布局】工具用于针对现有的产品增加型腔的数量，如创建1模2腔、1模4腔、1模8腔或者1模16腔的模具。

本小节案例模型和微课视频在教学资源包的MW-Cases＼CH3＼3.1.7目录中。

打开2000_top_001.prt模型文件，选择【主要】→【型腔布局】；在【指定矢量】中选择Y+方向；【开始布局】生成两腔布置；选择【自动对准中心】，使布局中心和模具中心对齐。

在图3-18中，通过【产品】中的【选择体】，可以选择一个或几个腔一起布局；【布局类型】中的【矩形】有平衡和线性布局方式，【圆形】有径向和恒定布局方式。

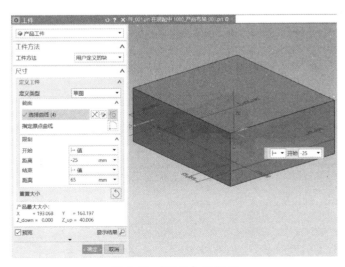

图 3-17　【工件】对话框

图 3-18　【型腔布局】对话框

3.2　分型面的确定

分型面是模具处于闭合状态时动模和定模相接触的曲面，即打开模具取出注射件或取出浇注系统凝料的面。根据注射件情况，一套模具中可以只有一个分型面，也可以同时设定两个或多个分型面。一般取出注射件的主分型面与开模方向垂直，有时也采用与开模方向一致的侧向主分型面。

3.2.1　分型面选择原则

分型面的位置关系到成型零部件的结构形状、注射件的正常成型与脱模，以及模具制造成本，因此，在设计分型面时，应遵守以下原则。

1. 脱模顺畅原则

分型面应选在注射件外形最大轮廓处，这样才能使注射件顺利地脱模，如图 3-19 所示。开模时，使注射件留在有推出机构的一侧，有利于注射件的脱模。在注塑成型时，因推出机构一般设置在动模一侧，故分型面应尽量选在能使注射件留在动模内的地方。

2. 成型容易原则

分型面的选择应有利于熔体的浇注、型腔的排气和冷却系统的设计。

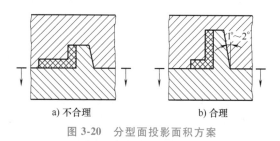

图 3-19　分型面位于注射件外形最大轮廓处

为了可靠地锁模以避免胀模溢料现象的发生，选择分型面时，应尽量减小注射件在合模分型面上的投影面积。例如，图 3-20b 所示分型面的投影面积小于图 3-20a，故较为合理。

一般侧向分型抽芯机构的侧向抽拔距离都较小，故选择分型面时，应将抽芯或分型距离长的一方放在动、定模开模的方向上，而将短的一方作为侧向分型的抽芯。例如，图 3-21a 所示型芯应改为图 3-21b 所示的形式，即较长的型芯置于开模方向上。

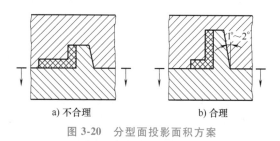

a) 不合理　　　　b) 合理

图 3-20　分型面投影面积方案

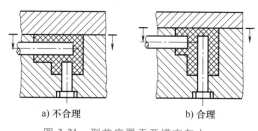

a) 不合理　　　　b) 合理

图 3-21　型芯应置于开模方向上

分型面应尽量与型腔充填时塑料熔体流动末端所在的型腔内壁表面重合，以便排出型腔内的气体，如图 3-22 所示。

3. 加工方便原则

分型面的选择应使模具结构简单，便于模具加工制造，特别是型芯和型腔的加工，如图 3-23 所示。

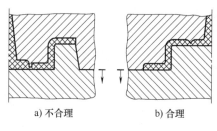

a) 不合理　　　　b) 合理

图 3-22　分型面末端有利于排气

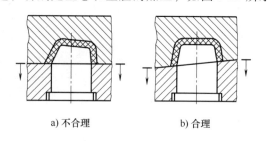

a) 不合理　　　　b) 合理

图 3-23　模具加工制造方案

4. 外观唯美原则

分型面的选择尽量不要影响注射件的成型外观，特别是对外观有明确要求的注射件。因为分型面不可避免地要在注射件上留下痕迹，所以分型面最好不要选在注射件光滑的外表面或带圆弧的圆角处，如图 3-24 所示。

3.2.2 分型面选择注意事项及要求

1. 台阶形分型面

一般要求台阶顶面与根部的水平距离 $D \geqslant 0.25\text{mm}$，如图 3-25 所示。为了保证 D 的要求，一般调整夹角 α 的大小，当夹角影响产品结构时，应同相关负责人协商确定。当分型面中有几个台阶面，且 $H_1 \geqslant H_2 \geqslant H_3$ 时，角度 α 应满足 $A_1 \leqslant A_2 \leqslant A_3$，并尽量取同一角度以方便加工。角度 α 尽量按下面的要求选用：当 $H \leqslant 3\text{mm}$ 时，$\alpha \geqslant 5°$；$3\text{mm} \leqslant H \leqslant 10\text{mm}$ 时，$\alpha \geqslant 3°$；$H > 10\text{mm}$ 时，$\alpha \geqslant 1.5°$。

某些塑料件斜度有特殊要求时，应按产品要求选取。

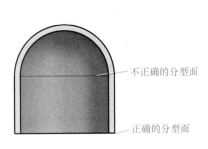

图 3-24 不影响成型外观

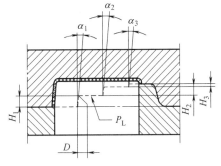

图 3-25 台阶形分型面

2. 曲面形分型面

当选用的分型面具有单一曲面（如柱面）特征时，按曲面的曲率方向伸展一定距离构建分型面，如图 3-26 所示。否则，会形成图 3-27a 所示的不合理结构，产生尖钢及尖角形的封胶面，尖形封胶位不易封胶且易于损坏。

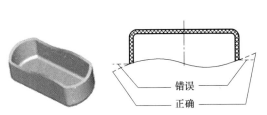

图 3-26 按曲面曲率方向延伸分型面

a) 不合理

b) 合理

图 3-27 曲面形分型面

当分型面为较复杂的空间曲面，且无法按曲面的曲率方向伸展一定距离时，不能将曲面直接延伸到某一平面，否则会产生图 3-28a 所示的台阶及尖形封胶面，应该沿曲率方向建构一个较平滑的封胶曲面，如图 3-28b 所示。

a) 不合理　　　b) 合理

图 3-28 构建平滑的分型面

3. 封胶距离

模具中要注意保证同一曲面上有效的封胶距离。如图 3-29 所示，一般要求 $D \geqslant 3\text{mm}$。

4. 基准平面

在构建分型面时，若含有台阶形、曲面形等有高度差异的一个或多个分型面，必须构建一个基准平

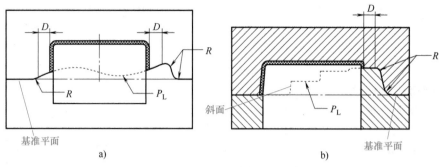

图 3-29 封胶距离和基准平面

面，如图 3-29 所示。

构建基准平面的目的是为后续加工提供放置平面和加工基准。

5. 分型面转折位

如图 3-30 所示，此处的转折位是指不同高度上的分型面为了与基准平面相接而形成的台阶面。台阶面要求尽量平坦，图中的 α 一般要求大于 15°，合模时允许此面避空。圆角 R 优先考虑加工成刀具半径，一般 $R \geqslant 3.0\,\text{mm}$。

6. 平衡侧向压力

由于型腔产生的侧向压力不能自身平衡，容易引起前、后模在受力方向上的错动，一般采用增加斜面锁紧的方式，利用前、后模的刚性平衡侧向压力，如图 3-31 所示，锁紧斜面在合模时要求完全贴合。

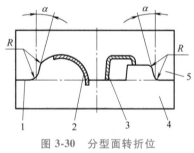

图 3-30 分型面转折位

1—基准平面 2—型腔 I 3—型腔 II 4—后模 5—前模

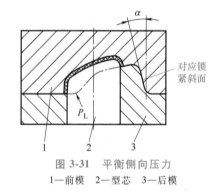

图 3-31 平衡侧向压力

1—前模 2—型芯 3—后模

角度 α 一般为 15°，斜度越大，平衡效果越差。

7. 唧嘴碰面处平坦化

构建分型面时，如果唧嘴附近的分型面有高度差异，则必须用较平坦的面进行连接，平坦面的范围要大于唧嘴直径，一般有效面积应大于 $\phi 18\,\text{mm}$，如图 3-32 所示。

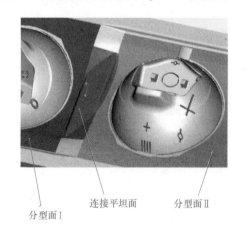

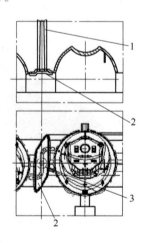

图 3-32 唧嘴碰面处平坦化

1—唧嘴 2—平坦面 3—唧嘴直径范围

8. 细小孔位处分型面的处理

不论小孔还是镶针原留针处，一般采用以下方法对孔位进行构造。为了模具制作简单，建议孔位处镶针，但须经过设计者允许。

（1）直接碰穿 如图 3-33 所示，直接碰穿适用于碰穿位较平坦的结构。但对于键盘类的按键孔（图 3-34a），为了改变有可能产生"披锋"的方向，常采用插穿形式的结构，如图 3-34b 所示。

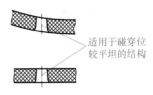

适用于碰穿位较平坦的结构

图 3-33 直接碰穿

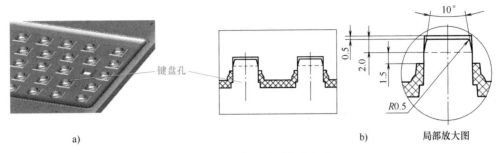

a)

b)

局部放大图

图 3-34 键盘类细小孔位处结构

（2）中间平面碰穿 如图 3-35a 所示，中间平面碰穿适用于碰穿位较陡峭的结构。

采用中间平面碰穿的结构可以有效减小碰穿孔处钢位的高度，改善钢位的受力情况。为了避免前、后模偏位，建议采用图 3-35a 所示的尺寸及结构。在图 3-35b 所示的结构中，由于在碰穿处产生侧向分力，当碰穿孔较小时，在交变应力的作用下，碰穿孔处的钢位容易断裂，会影响模具寿命。

a) 合理结构

b) 不合理结构

图 3-35 中间平面碰穿

（3）插穿 一般不采用，仅用于以下情况。

1）当 a 点与 b 点的高度差小于 0.5mm 时，可采用插穿结构，如图 3-36a 所示。

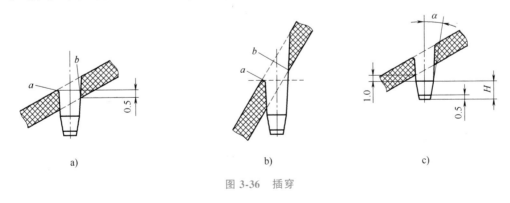

a)

b)

c)

图 3-36 插穿

2）当 a 点高于 b 点时，如图 3-36b 所示，采用插穿结构。

3）采用插穿结构时，常采用图 3-36c 所示的结构及尺寸。封胶面最小距离须保证 1.0mm；导向部位斜度 $\alpha \geq 5°$，高度 $H \geq 2.5mm$。

9. 避免产生尖钢

当分型线须分割一个曲面时，为了避免产生尖钢，分型面的方向应为分型线上任一点的法线方向，如图 3-37 所示。

10. 综合考虑产品外观要求

对于单个产品，当分型面有多种选择时，要综合考虑产品外观要求，选择较隐蔽的分型面。对于有行位分型的成品，行位分型线必须考虑相邻成品的结构，如果相邻成品同样需要行位分型，那么行位分型线应调整对齐，如图3-38所示。如果相邻成品不需要行位分型，在满足结构要求的情况下，行位分型线应尽量缩短，如图3-38d所示。

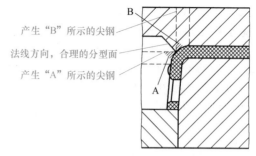

图3-37 避免产生尖钢

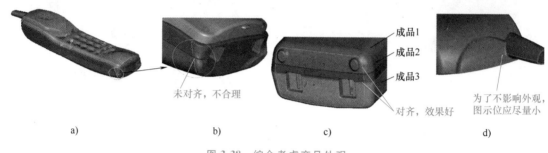

图3-38 综合考虑产品外观

3.3 注塑模向导分型方法

分型是模具设计中比较有挑战性的工作。第3.2节介绍了分型的一些基本原则，本节将结合实际案例，具体介绍如何分型工件。本节介绍的功能大部分在【注塑模向导】→【分型工具】组，根据模具复杂程度，有时会用到【注塑模工具】组里的一些功能。

本小节案例模型和微课视频在教学资源包的MW-Cases\CH3\3.3目录中。

案例：打开2000_top_001.prt文件，启动【注塑模向导】。

3.3.1 检查区域

【检查区域】由一组功能组成，这些功能在产品实体上定义属于上模或下模的所有的面域，上下域的交线为分型线。在产品最外面的分型线为外分型线，在产品内部孔里面的分型线为内分型线。外分型线用于生成分型面，内分型线用于生成靠碰面。

选择【检查区域】，自动打开分型零件窗口，显示分型零件内的特征，第一个坐标系是由【模具坐标系】功能生成的脱模方向，如图3-39所示。

在图3-40所示的【检查区域】对话框中，单击【选择产品实体】，会自动选择产品实体；【指定脱模方向】也会自动指定脱模方向；单击【计算】，计算完成后，将转到下一步骤。

如图3-41所示，在【区域】选项卡中，单击【设置区域颜色】，型腔区域变为黄色，型芯区域变为蓝色。其中未定义区域可以重新【指派到区域】，图3-42中的红线就是内外分型线。设置完成后，单击【确定】按钮。

图3-39 第一个坐标系

3.3.2 曲面补片

塑料制品上通常有很多孔，有些孔比较简单，有些孔则会通过几个面。补片的目的是产生上下模靠

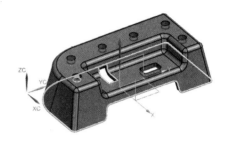

图 3-40 【检查区域】对话框　　　　图 3-41 【区域】选项卡　　　　图 3-42 生成分型线

碰面。【曲面补片】功能提供自动补片方法。对于一些复杂孔，不能应用自动补片，就要用到【注塑模工具】中的一些功能或曲面造型功能。

　　单击【曲面补片】，在弹出的对话框（图 3-43）中选择【类型】中的【体】；单击【选择体】，选择产品实体。产品上的所有孔显示在【环列表】中，透视图如图 3-44 所示。这些孔边界是由【检查区域】功能定义的。单击【确定】按钮，自动生成所有补片，如图 3-45 所示。再单击【保存】按钮。

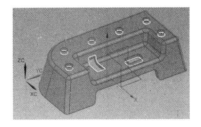

图 3-44 透视图

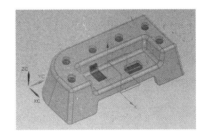

图 3-43 【曲面补片】对话框　　　　　　　图 3-45 生成所有补片

　　【注塑模向导】提供了两种主要的分型方式：实体分型和片体修剪分型。实体分型不需要提取型腔和型芯区域，比较直接和简单，产生的特征比较少。

3.3.3 实体分型

　　本小节案例模型和微课视频在教学资源包的 MW-Cases \ CH3 \ 3.3 目录中。
　　案例：在完全加载状态打开 2000_top_001.prt 文件，启动【注塑模向导】。具体步骤见表 3-2。

表 3-2　实体分型步骤

操作步骤	图示
1）单击【检查区域】，自动打开分型零件窗口 2）单击【取消】，这样做主要是为了自动打开分型零件窗口 3）选择【注塑模工具】中的【延伸片体】，选择一条边界，生成延伸片体 4）如果延伸片体方向不对，则单击【反转延伸侧】 5）单击【确定】按钮 注意：【偏置】距离要足够大，外围要大于工件轮廓，否则分型将失败；每个内孔都要有补片	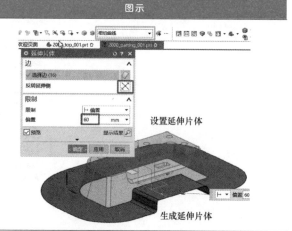 设置延伸片体 生成延伸片体
1）选择【分型工具】中的【定义型腔和型芯】 2）选择【拆分体】，再选择【型腔和型芯】 3）在【选择分割片体】中选择大的延伸面 4）单击【确定】按钮后，生成型腔和型芯体	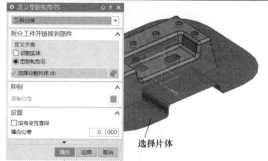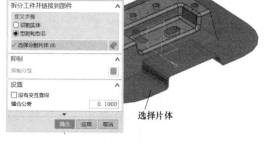 选择片体 选择大的延伸面 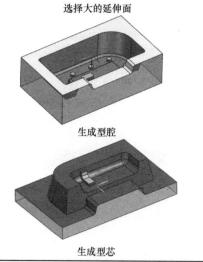 生成型腔 生成型芯

3.3.4　片体修剪分型

片体修剪分型的原理如图 3-46 所示。

分型过程是产生上、下分型片体→修剪工件体→生成型腔体和型芯体。

片体修剪分型过程见表 3-3。

下面继续介绍如何提取型腔和型芯域片体，设计分型面，进一步生成型腔和型芯。

3.3.5　定义区域

【定义区域】用于从产品实体上提取属于型腔和型芯的域，

图 3-46　片体修剪分型的原理
1—型腔体　2—上分型片体　3—产品模型
4—下分型片体　5—型芯体

表 3-3　片体修剪分型过程

步骤	图示
A 为工件体,B 是产品体	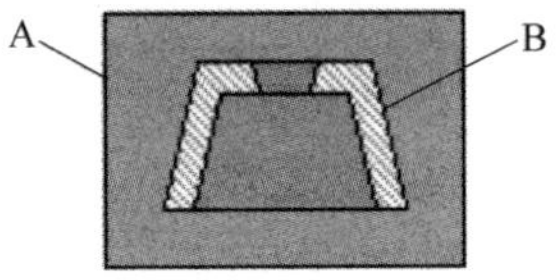
A 为分型面,B 由【曲面补片】自动生成	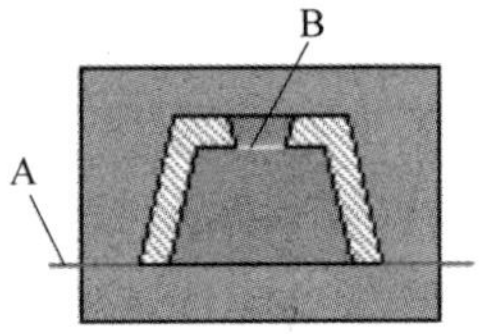
A 是定义和提取的型腔域,B 是定义和提取的型芯域	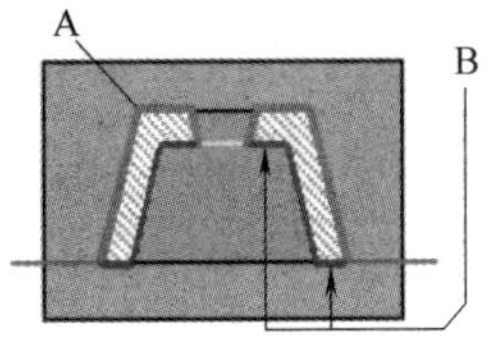
A 是缝合分型面,B 是由【曲面补片】提取的型腔域生成的上模片体	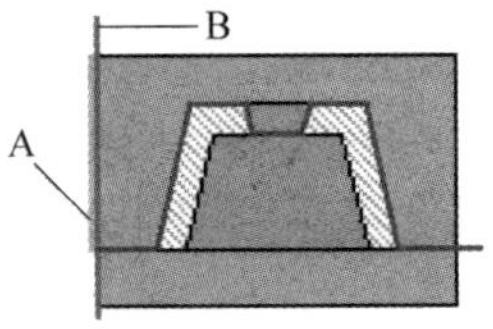
A 是用上面缝合的上模片体,修剪工件生成的型腔。同理产生型芯体	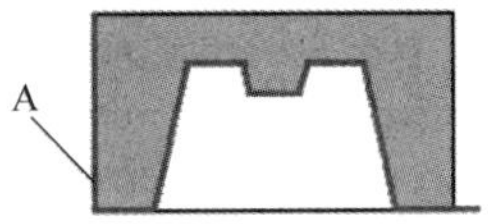

生成片体,该片体和分型面、曲面补片缝合在一起,然后修剪工件,得到型腔体和型芯体。

本小节案例模型和微课视频在教学资源包的 MW-Cases \ CH3 \ 3.3 目录中。

案例:在完全加载状态打开 2000_top_001. prt 文件,启动【注塑模向导】。具体步骤见表 3-4。

表 3-4　【定义区域】的步骤

步骤	图示
1)单击【定义区域】,打开分型零件窗口,在【检查区域】中显示定义好的面 2)用户可以进一步在图形区选择面的区域。复杂产品可以用【搜索区域】,通过定义边界,自动找到型腔和型芯域 3)勾选【创建区域】和【创建分型线】 4)单击【确定】按钮,系统自动生成型腔、型芯域片体和分型线	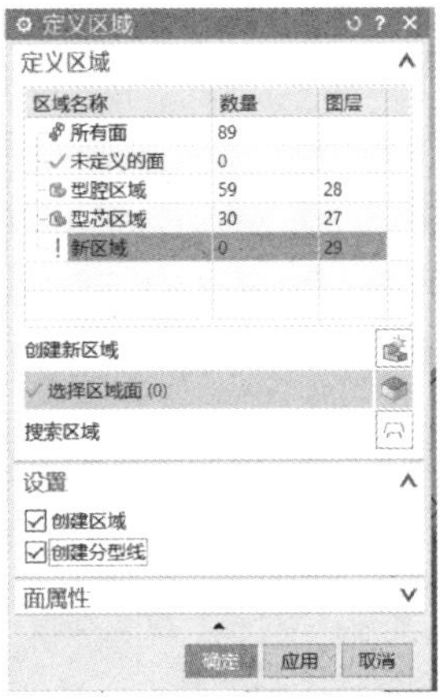

3.3.6　设计流程导航器

【设计流程导航器】是一个综合项目管理工具,在分型中作为管理分型元素,控制可见体。同时,在导航器中显示各个元素的数目,以便用户知道分型进展情况。具体步骤见表 3-5。

表 3-5 【设计流程导航器】的使用

步骤	图示
1)去掉勾选【产品实体】,隐藏产品实体 2)【设计区域】是【定义区域】生成的型腔和型芯片体 3)勾选【型腔】,使其可见 4)勾选【型芯】,使其可见	 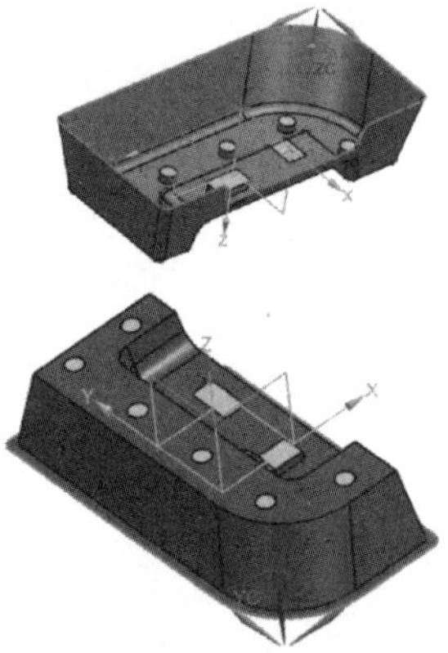 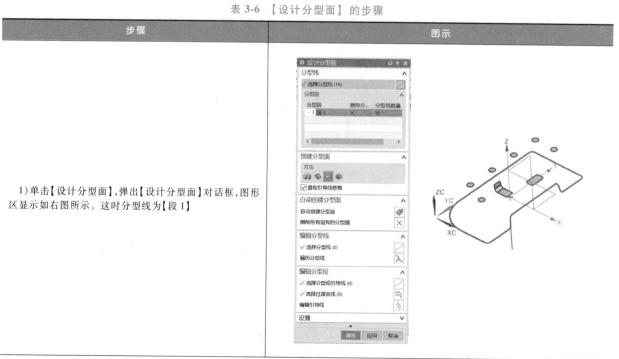

3.3.7 设计分型面

【设计分型面】对话框由【分型线】【创建分型面】【编辑分型线】【编辑分型段】四部分组成。根据产品形状,将分型线分成几段,每一段定义不同的创建分型面的方法以及边界线。具体步骤见表 3-6。

表 3-6 【设计分型面】的步骤

步骤	图示
1)单击【设计分型面】,弹出【设计分型面】对话框,图形区显示如右图所示。这时分型线为【段 1】	

（续）

步骤	图示
2）单击【选择过渡曲线】按钮,弹出【引导线】对话框。【引导线】对话框用于对分型线分段,并产生相邻段分界线 　单击【选择分型或引导线】,可以在图形区分型线上选取一点,产生引导线。也可以选取生成的引导线,进行编辑方向或删除	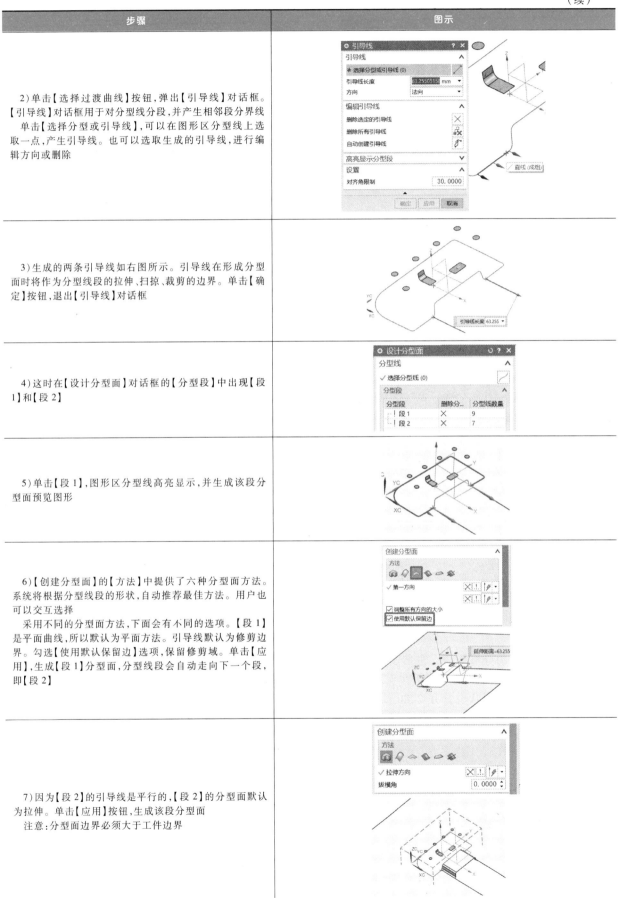
3）生成的两条引导线如右图所示。引导线在形成分型面时将作为分型线段的拉伸、扫掠、裁剪的边界。单击【确定】按钮,退出【引导线】对话框	
4）这时在【设计分型面】对话框的【分型段】中出现【段1】和【段2】	
5）单击【段1】,图形区分型线高亮显示,并生成该段分型面预览图形	
6）【创建分型面】的【方法】中提供了六种分型面方法。系统将根据分型线段的形状,自动推荐最佳方法。用户也可以交互选择 　采用不同的分型面方法,下面会有不同的选项。【段1】是平面曲线,所以默认为平面方法。引导线默认为修剪边界。勾选【使用默认保留边】选项,保留修剪域。单击【应用】,生成【段1】分型面,分型线段会自动走向下一个段,即【段2】	
7）因为【段2】的引导线是平行的,【段2】的分型面默认为拉伸。单击【应用】按钮,生成该段分型面 　注意:分型面边界必须大于工件边界	

3.3.8 定义型腔和型芯

在所有的分型面、曲面补片，以及型腔和型芯域片生成之后，下一步要做的工作就是把所有型腔的片体缝合在一起，自动链接到修剪部件，即型腔部件和型芯部件，完成修剪工件工作。这一过程是通过【定义型腔和型芯】命令完成的。

在执行【定义型腔和型芯】命令之前，可以使用【设计流程导航器】审核所有型腔片体或型芯片体。具体步骤见表3-7。

表3-7　定义型腔和型芯

步骤	图示
1)选择【区域】,定义分型类型,单击【型腔区域】 2)在【选择片体】中显示有11个片体,图形区所有11个片体高亮显示,可以旋转预览 3)单击【应用】按钮,生成型腔体。型腔体是在装配中的型腔部件,从图中可见,分型面和补片的颜色也被传递了过来。颜色属性可以被 CAM 用户所采用,以定义不同的加工方法 4)单击【确定】按钮,返回【定义型腔和型芯】对话框	

使用同样的方法生成型芯。

3.4　实例练习

应用第 3.3 节的分型方法，进行实例练习。

本小节案例模型和微课视频在教学资源包的 MW-Cases \ CH3 \ 3.3 目录中。

案例：在完全加载状态打开 2000_top_001. prt 文件，启动【注塑模向导】。

具体过程参考的微课视频。

第4章
CHAPTER 4

模具结构设计

4.1　模具强度

注塑模在注塑成型时，模具的各部位将受注塑机锁模力和熔料压力的拉伸、压缩和剪切作用。为了保证模具能正常地运转和成型出符合尺寸精度要求的注射件，各模具零件必须具有能承受上述各种作用力的强度，以及使拉伸和压缩变形在允许范围内的刚度。如果模具的强度不够，模板以及成型部位就会产生弹性变形，从而导致制品尺寸不稳定，脱模困难，产品发生变形。为此，在设计模具时必须进行强度计算。计算模具强度时，首先应掌握被注射入型腔中的熔料对模具各部位施加压力的状况，而熔料对型腔内部的成型压力因成型塑料品种、注射件厚度、浇道系统及流程长度等的不同而异，一般值为 30~70MPa。

4.1.1　强度校核

在实际模具设计过程中，由于模具结构形式繁多，计算模具强度时，一般会对模型进行简化。例如，在计算型腔壁厚时，通常的做法是把注射件简化成规则形状，如矩形、梯形零件，如图 4-1 所示。

壁厚的计算公式为

$$S = \sqrt[3]{PAL^4 / (32EH\delta)}$$

式中　P——成型压力；

　　　A——承受塑料压力部分的侧壁高度；

　　　L——侧壁边长；

　　　E——弹性模量；

　　　H——侧壁全高；

　　　δ——最大允许变形量。

对于其他零部件，如镶件、斜顶、行位、导柱等的强度，可根据图 4-2 所示的简化模型计算并校核。

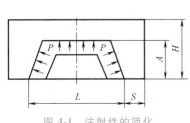

图 4-1　注射件的简化

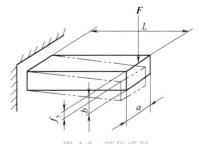

图 4-2　简化模型

校核时，应从强度与弯曲两个方面分别计算，选取较大的尺寸。

（1）强度计算 $\qquad [\delta] = M_{max}/W_z$

式中　$[\delta]$——最大允许抗弯应力，优质碳素结构钢的 $[\delta] = 200\text{MPa}$，预硬化模具钢的 $[\delta] = 300 \sim 350\text{MPa}$；

　　　M_{max}——最大弯矩；

　　　W_z——抗弯模量。

对于方形件，$W_z = ab^2/6$，其中 a、b 为横截面尺寸；对于圆形件，$W_z = \pi D^3/32$，其中 D 为圆形横截面直径。

（2）弯曲计算 $\qquad f_y = FL^3/(3EI_z)$

式中　f_y——弹性变形量；

　　　F——杆件所受的力；

　　　L——杆件长度；

　　　E——弹性模量；

　　　I_z——惯性矩。

对于方形件，$I_z = ab^3/12$，a、b 为横截面尺寸；对于圆形件，$I_z = \pi D^4/64$，D 为圆形横截面直径。

4.1.2　模具强度仿真校核

计算模具强度时，一般会对模型进行简化，计算结果和实际值会有一定的误差，通过 CAE 仿真可以方便、快捷地验证模具强度，而且可以大大缩小计算结果和实际值之间误差，进一步提升模具的可靠性，降低模具成本。

模具强度仿真校核流程见表 4-1。

表 4-1　模具强度仿真校核流程

序号	步骤	图示
1	获取部件。在 NX 建模环境中,导入模具模型组件,或在建模环境中对零部件建模	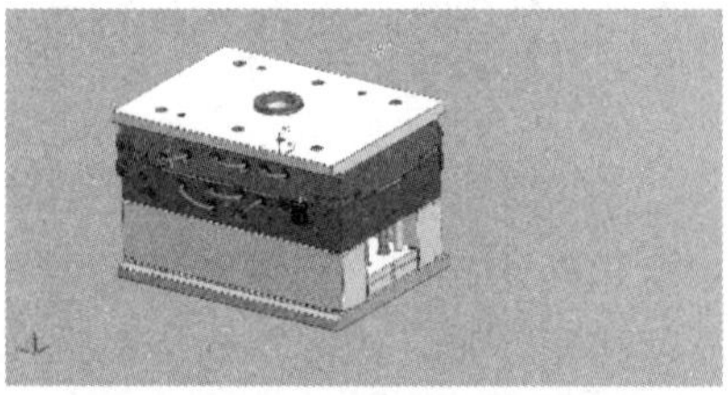
2	快速切换到仿真环境,在理想化模型界面对模具模型进行必要的简化,如去除一些对强度影响不大的特征或圆角等,简化后的模型可以降低后续网格划分的难度,提升网格划分的速度	
3	简化后切换到网格划分界面,其中有很多网格处理工具,可以快速构建 1D、3D 等网格模型,可以选择自动网格划分,也可以手动进行必要的干预。创建网格后,可以通过从材料库中选择相应的材料来定义部件的材料和物理特性	

（续）

序号	步骤	图示
4	根据模具实际运行工况加入相应的约束和载荷,如凹模外侧固定不动,凸模外侧有锁模力;模具中心有注塑压力等,也可以包含温度载荷	
5	设置所有载荷和约束后,可以让程序自动进行检查,然后就可以提交给 NXnastran 的求解器进行求解,求解之前也可以对求解器做一些简单的设置,如求解结果输出设置、求解器所需 CPU 和内存的设置等	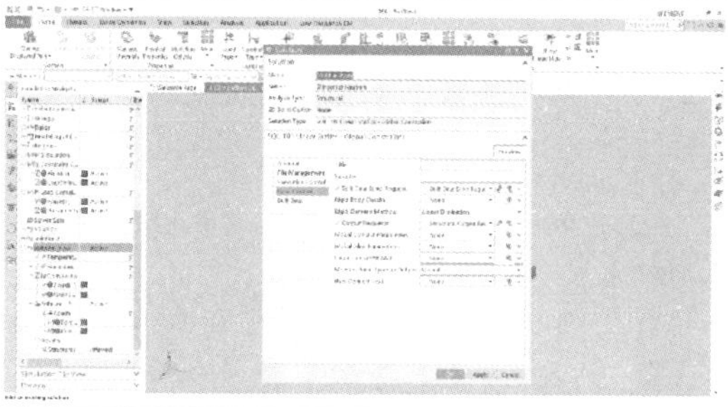
6	仿真的后处理有很多适用的工具,可以进行变形、应力云图的查看,也可以方便地给出最大值和最小值的位置,同时生成各种变化曲线,以便进行进一步的分析和判断	

4.1.3 提高整体强度

1）避免凹腔内尖角,尤其是对于模架、模板的开框,增加圆角可以有效地提高侧壁的刚度,减少应力疲劳,延长模具使用寿命。模具中的镶件等结构件也应避免尖角的出现。

【注塑模向导】提供了模架开框带圆角的功能,下面介绍如何使用【注塑模向导】开框。

打开部件 intra_top_000. prt,这是一个注塑模装配项目,该项目已经完成行腔排布设计。具体步骤见表 4-2。

表 4-2 添加开框圆角的步骤

序号	步骤	图示
1	单击【注塑模向导】→【主要】组→【型腔布局】命令,启动【型腔布局】对话框	

（续）

序号	步骤	图示
2	在【型腔布局】对话框中,单击【编辑镶块窝座】按钮,打开窝座库	
3	腔体边角形状有三种类型供选择,这里选择 R = 10,type = 2	
4	在【设计镶块窝座】对话框中单击【确定】按钮,开框,结果如右图所示	

2）在动模和定模之间增加锁紧块，减少弹性变形，如图 4-3 所示。

对于深腔模具，为了减小弹性变形量，可在前后模之间加斜面锁紧块，利用模板的刚性来加强对型腔壁的约束。

3）选择合理的塑料模具内模镶拼方向和结构，如图 4-4 所示。显然，图 4-4b 所示结构更为合理，这种镶拼结构有利于锁紧，能够提高结构强度，并且有利于型芯居于型腔中心位置，从而可提高同轴度。

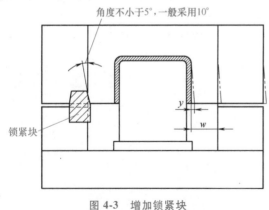

图 4-3　增加锁紧块
y—虚拟弹性变形量　w—型腔壁厚

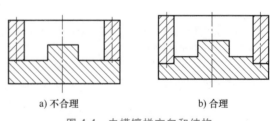

a) 不合理　　　b) 合理

图 4-4　内模镶拼方向和结构

其他提高模具强度的方法有：增加塑料模具的支承柱的大小和数量；加大塑料模具模板的厚度；在模具结构允许的情况下，尽量使镶件最大化；锁紧块加挡块定位。

总之，塑料模具的强度非常重要，如果模具强度不够，一方面会降低模具本身的寿命，另一方面会影响塑料制品的质量。

4.1.4 加强组件强度

组件的强度与装配整体的强度同等重要，提高组件的强度有利于增加模具的整体强度。组件的受力情况复杂，除了通过简单计算进行校核外，必须遵守一个基本原则：在结构空间允许的情况下，应使组件结构尽可能大。

提高组件强度的方法有很多，下面简单介绍几种。

1）增加锁紧块，提高组件强度，如图4-5所示。

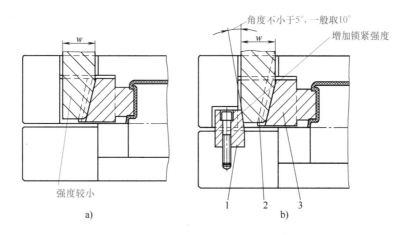

图 4-5　增加锁紧块

1—锁紧块　2—斜楔　3—滑块

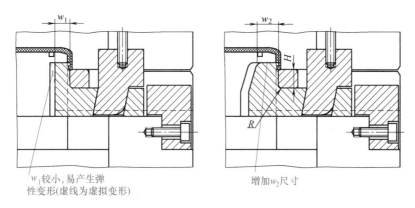

图 4-6　改善组件结构

2）改善组件结构，增大组件尺寸，提高组件强度。在图4-6a中，w_1 较小，易变形；图4-6b不仅改善了组件结构，同时增大了组件尺寸 w_2，有利于提高强度。在此结构中，为了减小变形，还应该增大 R 处的圆角，减小尺寸 H，H 一般取 $8.0\sim10.0$mm。

3）当型芯很长时，可增加端部定位，以提高刚度和强度。在具有高型芯或长型芯的模具结构中（图4-7a），设计时应充分利用端部的通孔对型芯进行定位，如图4-7b所示。

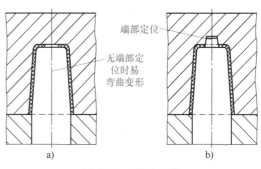

图 4-7　对型芯定位

4.2 模具的类型

注塑模的分类方法有很多种，按成型材料可分为热固性注塑模和热塑性注塑模；按注塑机类型可分为卧式模、立式模、角式模和双色模；按流道形式可分为普通流道模具和热流道模具；按照型腔数目可分为单型腔模和多型腔模；按照分型面的数量可分为单分型面、双分型面和多分型面注塑模。生产实际中，注塑模通常按照模具基本结构分为两类：一类是二板模，也称大水口模；另一类是三板模，也称细水口模。其他特殊结构的模具，是在上述两种类型模具的基础上改变而来，如哈夫模、热流道模、双色模等。

4.2.1 二板模（大水口模）

二板模是指那些能从分型面分开成为动、定两半模的模具，因此二板模通常也是一次分型模。二板模的特点是结构简单、故障较少、易于使用、价格便宜。充填时二板模有充型快、压力小、补缩能力强的优点，因而适用于黏度高、流动性差的塑料。其缺点是封胶时间长，内应力对注射件影响大，需要后续手工或采用其他手段去除水口。

图4-8所示为二板模的典型结构（合模状态）。

图4-9和图4-10所示分别为二板模的开模状态、注射件被顶出状态。

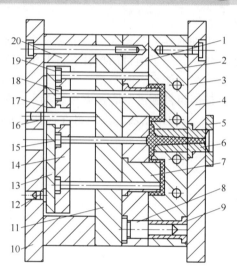

图 4-8 二板模的典型结构

1—动模板 2—定模板 3—冷却水机 4—定模座板 5—定位圈 6—主流道衬套 7—型芯板 8—导柱 9—导套 10—动模座板 11—支承板 12—限位钉 13—推板 14—推杆固定板 15—拉料杆 16—推板导柱 17—推板导套 18—推杆 19—复位杆 20—垫块

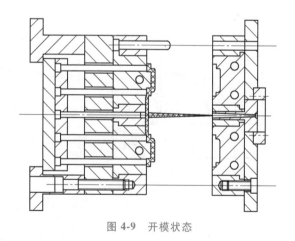

图 4-9 开模状态

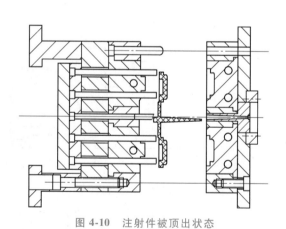

图 4-10 注射件被顶出状态

4.2.2 三板模（细水口模）

三板模的主要特征是在动模板和定模板之间还有一块模板，称为中间板，中间板和定模板之间有浇口和流道。

三板模的优点：由于可采用点状孔隙浇口，因此不需要对水口位进行后处理。由于中间板的存在，设计者可以将进浇口设计在理想的位置，浇口自己脱落，并且残留痕迹很小。因而，三板模适用于注塑压力不太大、外观要求较高的产品。

三板模的工作原理：开模后，各模板之间会运动相隔一段距离，注射件从形成分型面的动模板和中间板之间落下，浇道则从中间板和定模板之间落下。因此三板模是双分型面模具。

图 4-11 所示为三板模的合模状态。以定距导柱式三板模为例，其工作过程如图 4-12 所示。

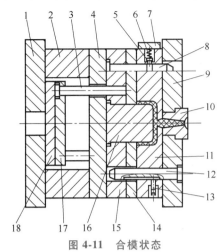

图 4-11 合模状态

1—动模座板 2—支承块 3—推杆 4—支承板 5—顶销 6—弹簧 7—压块 8—导柱 9—定模板 10—浇口
11—中间板 12—导柱 13—定距钉 14—推件板 15—动模板 16—凸模 17—推杆固定板 18—推板

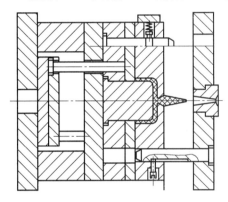

a) 第一次开模分型

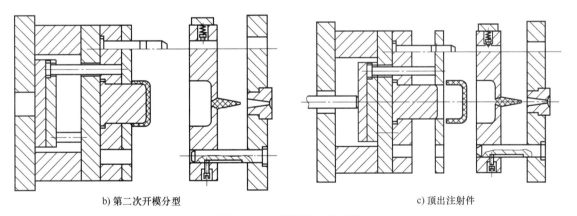

b) 第二次开模分型   c) 顶出注射件

图 4-12 三板模的工作过程

4.3 NX 模架设计

　　模架由模板、螺钉、垫钉、推杆、导柱和导套等零件组成，主要用于固定型腔和型芯、安装顶出机构等，便于安装到注塑机上进行生产。注塑模的模架结构、尺寸都已实现标准化和系列化，由专业的工厂制造，成为一种标准组件。

本章主要介绍常用标准模架的结构特点，以及如何通过 NX 添加标准模架和设置模架参数，以便获得合适的模架进行后续的设计。

4.3.1 模架库概述

注塑模向导提供了丰富的模架库，可满足用户的各种需求，包括标准模架库、可互换模架库、通用模架库以及可定制化模架库。

图 4-13 所示为注塑模向导的模架库。

（1）标准模架库 注塑模向导提供了设计中常用的模架，如针对国内市场的龙记（LKM）模架，针对国外市场的 DME、HASCO、MEUSBURGER 和 FUTABA 模架。目前，MEUSBURGER 和 FUTABA 模架在国内模具制造业的应用也比较广泛。

（2）可互换模架库 若标准模架库不能满足设计需求，用户可以选择可互换模架库，这种模架允许用户配置动模侧和定模侧的模板，并指定非标尺寸。

（3）通用模架 若可互换模架还是不能满足用户的设计要求，则可以考虑使用通用模架库。在通用模架库中，用户可以配置每一块板，甚至添加模板，从而产生上千种组合，满足各种需求。

图 4-13 注塑模向导的模架库

注塑模向导的模架库是一个开放的系统，用户可以根据自身的需要，开发定制适合企业设计标准的模架，添加自己的模架重用库。

下面以 DME 模架为例，介绍添加模架的一般步骤，见表 4-3。

表 4-3 添加模架的一般步骤

序号	步骤	图示
1	在【注塑模向导】工具栏的【主要】组上单击【模架库】图标，启动【模架库】对话框	
2	如果当前项目中没有模架，则对话框处于新建模式，用户可以添加一个模架；否则，已有模架将被自动选中，对话框处于可编辑状态，用户可以编辑模架的整体规格（Index）、模板的长度、宽度及厚度等 同时【信息】窗口会显示当前模架的帮助信息，以及当前模具项目的布局信息	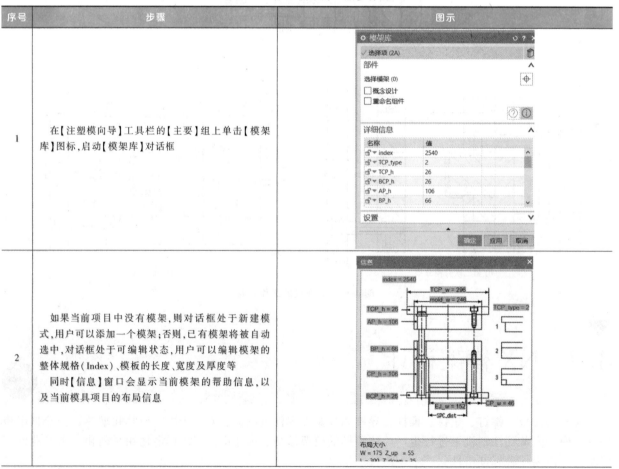

（续）

序号	步骤	图示
3	在【模架设置】对话框弹出后,【重用库】导航器(Reuse Navigator)会被激活,并且导航器中只显示模架库,然后选择【DME】	
4	【成员选择】窗口会列出当前模架供应商(DME)所提供的模架类型:2A、2B、3A、3B、3C和3D,选择【2A】类型	
5	如果当前项目已经完成型腔布局,则【模架库】对话框会根据型腔布局的大小推荐一个模具尺寸,用户也可以根据模具结构及其他计算考虑,在规格列表中选择一个规格合适的模架	
6	从常用参数中选择需要修改的参数,如B板厚度(BP_h)和A板厚度(AP_h)	
7	对于部分常用参数列表中不提供的参数,可以在参数列表中,单击选择需要进行修改的参数,【offset_fix】,然后在表达式编辑区中输入新的数值,按<Enter>键	
8	单击【确定】或【应用】按钮,模架库功能会加载指定规格和参数的模架到当前的装配中。其父零件为装配树根零件	

（续）

序号	步骤	图示
9	若加载的模架需要旋转 90°，则单击【旋转模架】。每单击一次，模架将沿逆时针方向旋转 90°	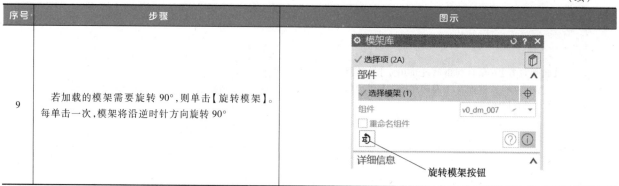

4.3.2 模架参数

注塑模向导中的模架是由多个零部件组成的装配模型。其中每个零件都是采用 NX 软件特征造型，按照各供应商提供的尺寸数据用参数化建模的方式完成三维实体，而且零件与零件之间会有尺寸关联。因此，了解模架的参数表达式的含义将有助于设计者获得准确合理的模具尺寸和机构。

由于各供应商的模具结构及尺寸不尽相同，在此不一一列出，仅以龙记（LKM）模架为例，列出其参数表达式及其含义，见表 4-4。

表 4-4　龙记（LKM）模架常用参数

参数	含义
AP_h	A 板的厚度
AP_off = fix_open	A 板偏离尺寸 = 定模离空距离
BP_h	B 板的厚度
BCP_h	下模座板的厚度
CP_h	C 板的高度
CS_d	C 板螺钉直径
C_w	C 板的宽度
EF_w	推杆固定板的宽度
EJA_h	推杆固定板的厚度
EJA_off = EJB_off−EJA_h−4 * ETYPE	推杆固定板的偏离尺寸 = 推杆垫板的偏离尺寸−推杆固定板的厚度−4×ETYPE
EJB_h	推杆垫板的厚度
EJB_open = 0	推杆垫板的离空距离
ES_d	推杆固定板和推杆垫板的固定螺钉直径
ETYPE = 0	ETYPE=0，表示通过推杆的沉头孔固定 ETYPE=1，表示推杆固定板与推杆垫板离空，通过夹紧推杆的轴肩进行固定
GP_d	导柱的直径
GTYPE = 1	GTYPE=1，导柱在 A 板；GTYPE=0，导柱在 B 板
Mold_type = I	共有三种类型，分别是 I、H 和 T
PS_d	定模、动模螺钉直径
RP_d	回程杆的直径
R_h	水口推板（弹料板）的厚度
SG = 0	SG=1，表示大水口模架；SG=0，表示细水口模架
SPN_TYPE = 0	SPN_TYPE=0，表示拉杆位置在外；SPN_TYPE=1，表示拉杆位置在内
SPN_d	拉杆的直径
S_h	推板的厚度
TCP_h	上模座板的厚度
U_h	托板的厚度
cs_x	C 板螺钉在 X 方向上的距离
cs_y	C 板螺钉在 Y 方向上的距离
es_n	顶出板的螺钉在单侧的数量
es_x	顶出板螺钉在 X 方向上的距离
es_y	顶出板螺钉在 Y 方向上的距离
fix_open = 0	定模离空

（续）

参数	含义
gp_x	导柱或拉杆在 X 方向上的距离
mold_l	模板的长度
mold_w	模板的宽度
move_open = 0	动模的离空距离
ps_n	单侧的螺钉数量
ps_x	上、下模螺钉在 X 方向上的距离
ps_y	上、下模螺钉在 Y 方向上的距离
ps_y1	上、下模螺钉在 Y 方向上的距离
ps_y2	上、下模螺钉在 Y 方向上的距离
rp_x	回程杆在 X 方向上的距离
rp_y	回程杆在 Y 方向上的距离
shift_ej_screw	推杆板的固定螺钉在 Y 方向上的缩减量
shorten_ej	推杆固定板和推杆垫板在长度方向上的缩减量
supp_pock = 1	模架的各个模板是否自动创建各种标准件（螺钉、导柱、拉杆、导套……）的安装槽：supp_pock = 1，创建；supp_pock = 0，不创建
supp_r = 1	有无水口板：supp_r = 1，有水口板；supp_r = 0，无水口板
supp_s = 1	有无推板：supp_s = 1，有推板；supp_s = 0，无推板
supp_spn = 1	有无拉杆：supp_spn = 1，有拉杆；supp_spn = 0，无拉杆
supp_u = 1	有无托板：supp_u = 1，有托板；supp_u = 0，无托板

4.3.3　常用的标准模架

模具结构主要是指模架和浇注系统，由于注塑模分为二板模和三板模，即大水口模和细水口模，因此模架也分为大水口模架（Side Gate System）和细水口模架（Pin Point Gate System）两大类。

鉴于 LKM 模架被国内模具企业广泛使用，下面就以 LKM 为例介绍这两种常用的标准模架。

1. 大水口模架

大水口模架是最常用的模架之一，所谓大水口，主要是指浇注系统采用大尺寸的浇口，而且浇注系统凝料和产品是从同一个分型面取出。大水口模架只有一个分型面。

图 4-14 所示为大水口模架系列的其中一种类型。

在 LKM 模架库中，大水口模架系列一共有四种类型，即 A 型、B 型、C 型和 D 型，每一种类型都有其特定的使用场合。在注塑模向导的 LKM 模架库中，【LKM_SG】类别提供了上述四种类型的大水口模架，如图 4-15 所示。

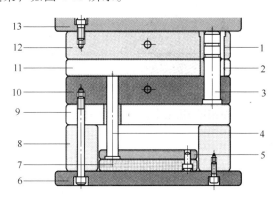

图 4-14　大水口模架

1—有托导套　2—直导套　3—导柱　4—复位杆（回程杆）
5—推杆固定板（面针板、顶针板）　6—动模座板（下模座板）
7—推杆垫板（底针板、顶针托板）　8—C 板（支承块）
9—托板（垫板）　10—B 板（型芯板）　11—推板
12—A 板（型腔板）　13—定模座板（上模座板）

图 4-15　四种类型大水口模架

这四种类型大水口模架的特点和应用场景，见表 4-5。

表 4-5　四种类型大水口模架的特点和应用场景

类型	图示
A 型：这种类型有托板、无推板，即在动模的 B 板下面安装了托板，托板可以提高动模的强度，增强抗弯能力，从而减少变形。这类模架一般适用于 B 板的镶件槽是通槽的情况 　　根据有无底板和顶板及其形状，A 型又可细分为 AI 型、AH 型和 AT 型	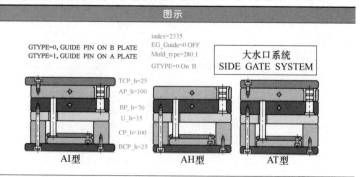
B 型：这种类型的模架有推板和托板。在动模的 B 板上面安装用于推出制品的推板，同时在 B 板的下面安装托板。推板可以提供大的顶出力，适用于薄壁类制品以及那些需要大顶出力、制品表面不允许留有顶出痕迹的透明制品。这类模架适用于需要使用推板顶出的制品，同时 B 板的镶件槽是通槽的情况 　　B 型又可细分为 BI 型、BH 型和 BT 型	
C 型：这种类型没有推板和托板，是大水口模架系列中应用最广泛的一种型号，其特点是结构简单、加工精度高、动作稳定等，因而被广泛使用 　　C 型也有 CI 型、CH 型和 CT 型	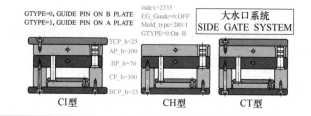
D 型：这种类型有推板、无托板，推板安装在动模的 B 板上面。其应用范围与 B 型基本相似，只是没有托板，所以不能用于 B 板的镶件槽是通槽的情况 　　D 型又可细分为 DI 型、DH 型和 DT 型	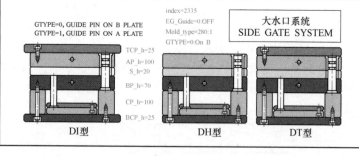

大水口模架的应用场景如下：

1) 零件结构比较简单，在定模一侧没有侧抽芯的结构。

2) 零件外观要求不高，允许产品有少量浇口痕迹，或浇口痕迹出现在不是很重要的特征面上。

3) 零件的产量较小，生产预算的资金较少。

2. 细水口模架

细水口模架的特点是具有多个分型面，通常情况下，浇注系统凝料及塑料制品分别从不同的分型面取出。相比于大水口模架，细水口模架浇注系统的设计更加灵活，可以在型腔任意一点推进熔胶。

图 4-16 所示为细水口模架系列的其中一种类型。

在细水口模架系列中，根据有无水口推板，可以分为 D 型细水口及 E 型细水口两个大系列共八种不同规格。在模具设计中，用户可根据塑料制品的结构特点选择合适的模架。在注塑模向导的 LKM 模架库中，【LKM_PP】类别提供了上述两大系列共八种类型的细水口模架，如图 4-17 所示。

D 型和 E 型细水口模架的显著区别在于，D 型有水口推板，而 E 型没有水口推板。各种类型细水口模架的特点和应用场景见表 4-6。

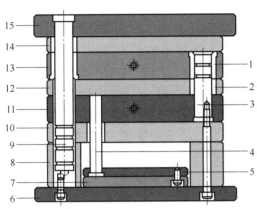

图 4-16　细水口模架

1—有托导套　2—直导套　3—导柱　4—复位杆（回程杆）
5—推板固定板（面针板、顶针板）　6—动模座板（下模座板）
7—推杆垫板（底针板、顶针托板）　8—C 板（支承块）
9—拉杆　10—托板（垫板）　11—B 板（型芯板）　12—推板
13—A 板（型腔板）　14—水口推板　15—定模座板（上模座板）

图 4-17　八种类型的细水口模架

表 4-6　细水口模架的特点和应用场景

类　　型	图　　示
DA 型：这种类型的模架除了带有推出浇注系统的水口推板外，在动模部分还有托板，适用于 B 板开通槽，且浇注系统采用针点式入水的情况 根据底板和顶板的形状，可细分为 DAI 型和 DAH 型	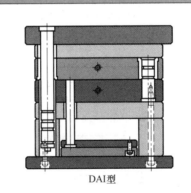 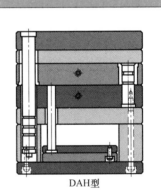 DAI型　　　　　　DAH型
DB 型：这种类型的模架除了具备 DA 型模架的特点外，在动模部分还多了一块推板，主要用于薄壁类制品的成型以及需要大顶出力、制品表面不允许留有顶出痕迹的透明制品 DB 型细分为 DBI 和 DBH 两种类型	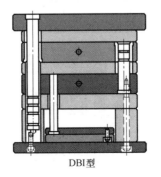 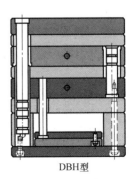 DBI型　　　　　　DBH型

（续）

类　型	图　示
DC型:这种类型的模架没有推板和托板,但有水口推板,因结构简单,是细水口模架中最常用的型号之一 DC型细水口模架有 DCI 和 DCH 两种细分类型	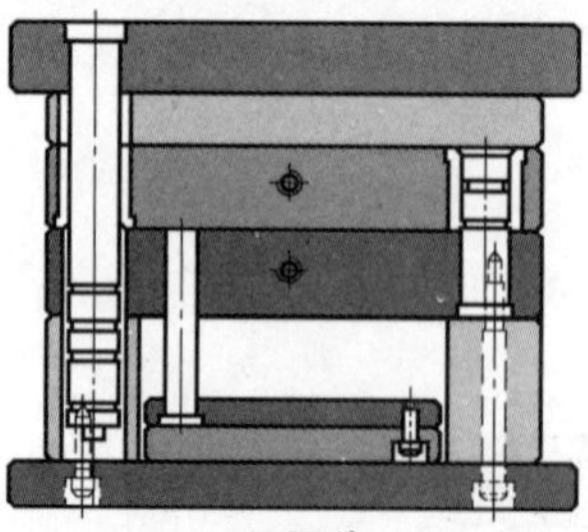 DCI型 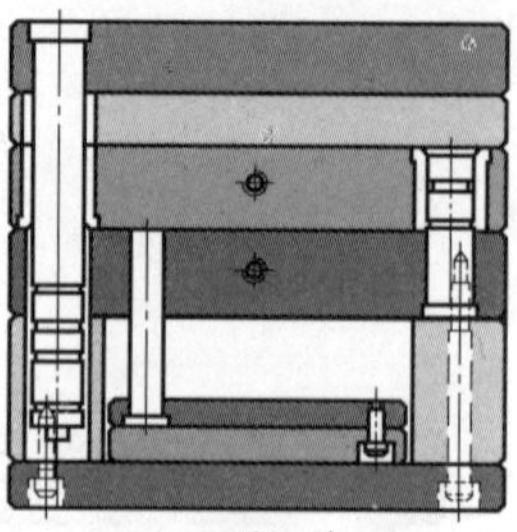　　　　　DCH型
DD型:这种类型的模架在动模部分有推板,但没有托板 DD型有 DDI 和 DDH 两种细分类型	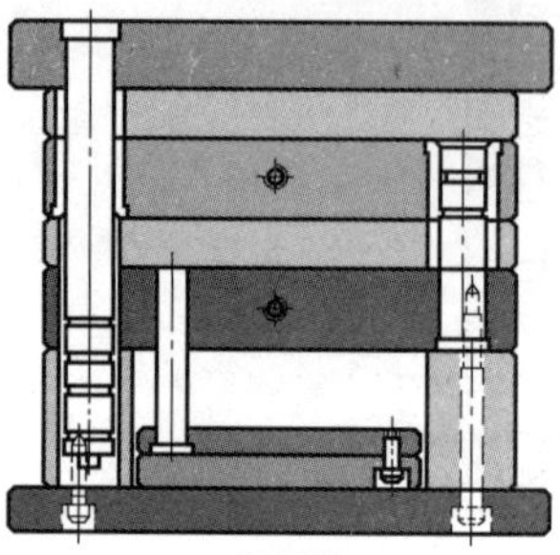 DDI型 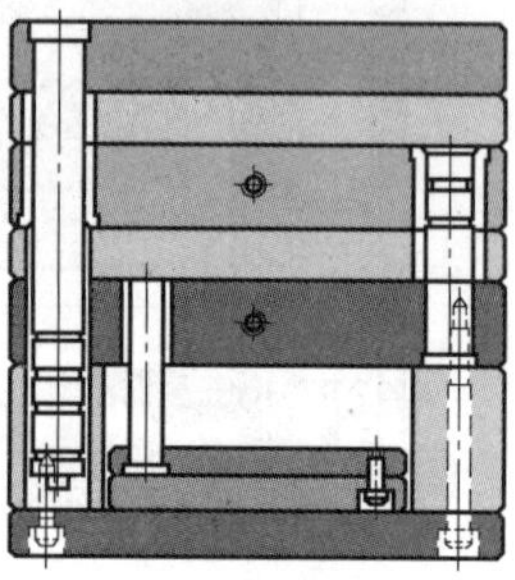　　　　　DDH型
EA型:与 DA 型基本类似,动模部分带有推板,没有托板,差别在于 EA 型没有水口推板 EA型有 EAI 和 EAH 两种细分类型	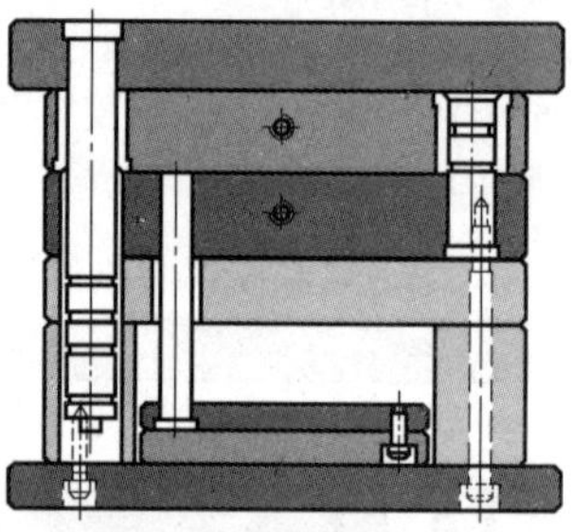 EAI型 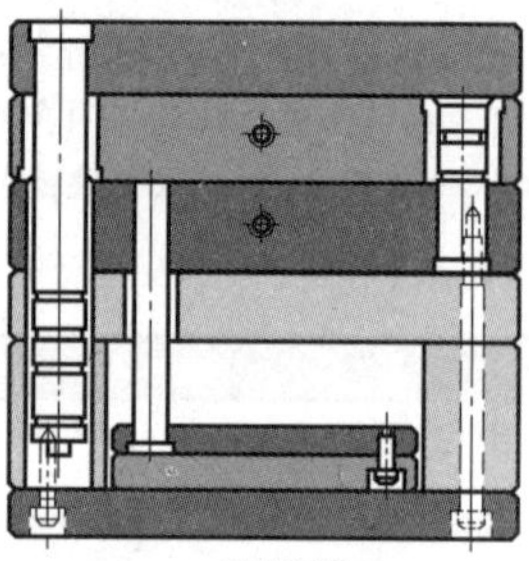　　　　　EAH型
EB型:与 DB 型类似,差别在于没有水口推板	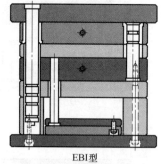　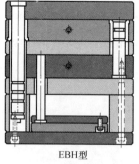 EBI型　　　　　EBH型
EC型:这种类型的模架在动模部分没有托板和推板,比较接近大水口系列中的 C 型模架,区别是 EC 型的定模座板与 A 板间没有使用螺钉进行固定。EC 型细水口模架适用于滑块在定模,同时浇注系统采用大水口的模具	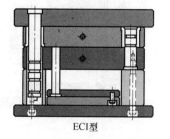　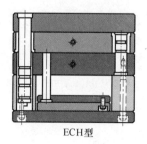 ECI型　　　　　ECH型

（续）

类　型	图　示
ED 型：在动模部分有推板，其特点与 DD 型相似，但由于没有托板，因此不适宜用在 B 板开通槽的模具中	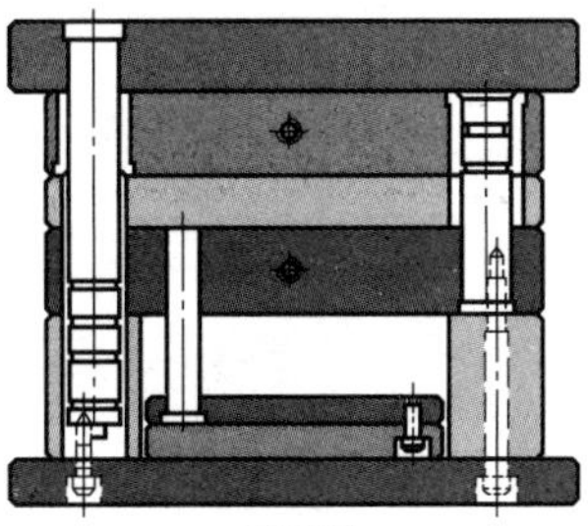 EDI型 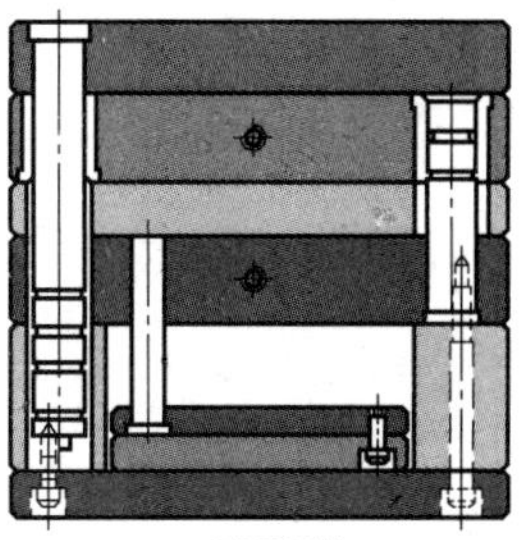　　　　　　EDH型

从上面的介绍中可以看出，大水口模架与细水口模架的动模部分是相同的，区别在于定模部分。

1）在细水口模架中，没有使用螺钉将上模座板与 A 板（还有水口推板）锁紧，这意味着 A 板（还有水口推板）与上模座板之间是可以移动的，这也是细水口模架具有多个分型面的原因。

2）在细水口模架中增加了拉杆，确保这些板的移动是发生在一定范围内的。而在大水口模架中，注射件是用推杆推出的。

3）通常情况下，细水口模架的定模座板比动模座板要厚一些。

下述情况下宜选用细水口模架：

1）零件结构比较复杂，特征分布不均，尺寸起伏较大，分流道不一定在分型面上。

2）零件外观要求比较严格，不允许产品表面有浇口痕迹出现。

3）生产的自动化程度要求高，零件的产量较大，成本较高。

4.3.4　案例分析：模架的调用

本实例将以 LKM 大水口模架为例，介绍利用注塑模向导的【模架库】命令添加模架的步骤。

打开装配文件 intra_top_000.prt，该项目已经完成型腔排布。具体步骤见表 4-7。

表 4-7　模架的调用步骤

序号	步骤	图示
1	1）单击【注塑模向导】中的【模架库】命令，启动【模架库】对话框，并激活【重用库】导航器 2）在激活的【重用库】导航器上选中【LKM_SG】	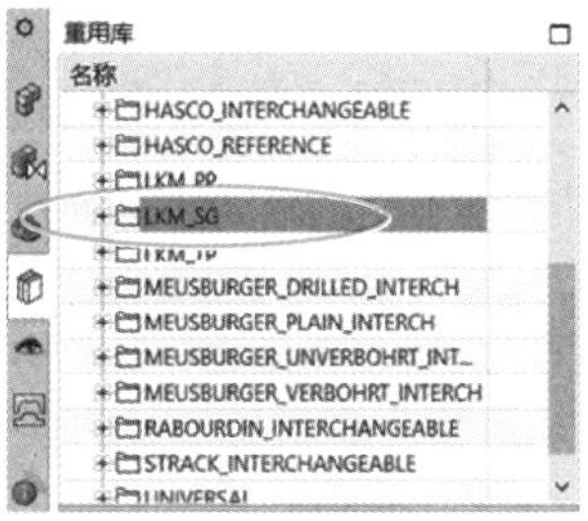
2	在【成员选择】列表中，选择 C 型大水口模架，这种类型的模架没有托板和推板	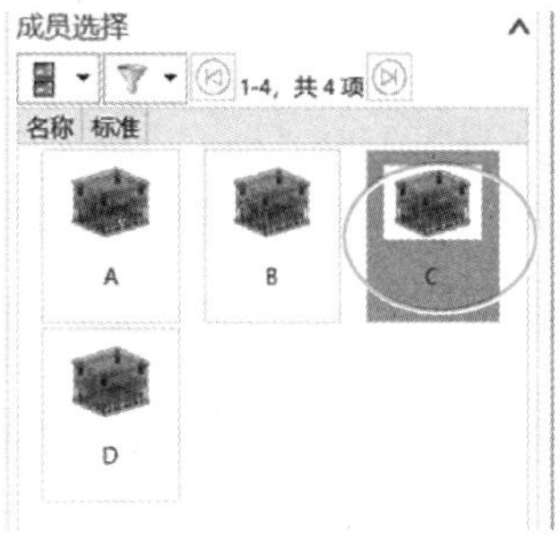

（续）

序号	步骤	图示
3	1）注塑模向导根据布局信息，自动为用户推荐规格为 3350 的模架 2）经过计算，A 板、B 板的厚度以及 C 板的高度都满足要求，但模板的长度和宽度不够，因此调整为 5060 规格的模架	
4	在模架的常用参数区，进行如下设置，如右图所示 EG_Guide = 1：ON（推杆板具有导柱和导套） AP_h = 130（A 板厚度） BP_h = 130（B 板厚度） es_n = 3（推杆固定板与推杆垫板的固定螺钉为单边 3 颗） Mold_type = 600：I（工字模架）	
5	1）在【模架库】对话框中，单击【确定】按钮，注塑模向导会自动加载指定规格的大水口模架 2）添加完大水口模架后，在【装配导航器】中，增加了新的模架节点	

第5章
CHAPTER 5

浇注系统设计

浇注系统是指模具系统中从注塑机喷嘴开始到型腔入口为止的流动通道，它的作用是将熔融的塑料从注塑机输送到模具的型腔，并且在冷却时起保压作用。浇注系统设计是否适当，将决定注射件的功能性、加工性与经济性。注塑模浇注系统可分为普通流道浇注系统和无流道凝料浇注系统两大类型。

普通流道浇注系统由主流道、分流道、冷料井和浇口四部分组成，如图 5-1 所示。

本章主要介绍普通流道浇注系统的结构特点，以及如何通过 NX 的注塑模向导添加和编辑浇注系统的各个部件，以便获得合适的浇注系统进行后续的设计。

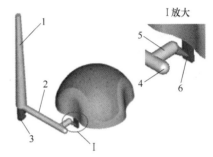

图 5-1 普通流道浇注系统的结构
1—主流道 2——级分流道 3—拉料槽兼冷料井
4—冷料井 5—二级分流道 6—浇口

5.1 浇注系统设计理论

浇注系统的设计将影响注射件的尺寸精度、强度、成型周期和外观。在设计时须考虑：浇口位置，浇口与流道的形状、大小、数目，进浇系统各部位的相对尺寸等。

在设计流道系统时，首先须探讨型腔数量的合理性。型腔数量的多少一般考虑产品本身需求，如生产时间、塑件质量、塑件形状与尺寸及每批所需产品的数量等。此外，还需要考虑注塑机本身的硬件限制，如注塑机射压上限、塑化能力、锁模吨数，以及模具成本等因素。

型腔数量多的模具系统，虽然可以增加单次流程的成品产量，但模具流道系统的设计比较复杂，需要考虑的因素较多，包括充填的平衡性、熔胶流入型腔时的性质与状态等。任何流道中的分支都有可能造成流道几何不对称的现象，如此便会影响流动平衡性、型腔压力、熔胶温度等。

因此，要设计出适当的浇注系统并不容易，利用 CAE 模流分析可以指导和优化浇注系统的设计，详见第 13 章。

一般而言，设计浇注系统时应遵循如下原则：

1）结合型腔的排列，应注意以下三点：

① 尽可能采用平衡式布置，使熔融塑料能平衡地充填各型腔。

② 型腔的布置和浇口的开设部位应尽可能使模具在注塑过程中受力均匀。

③ 型腔的排列应尽可能紧凑，以减小模具外形尺寸。

2）热量损失和压力损失要小。

① 选择恰当的流道截面。

② 确定合理的流道尺寸。在一定范围内，适当采用较大尺寸的流道系统，有助于降低流动阻力。但在流道系统上的压力降较小的情况下，优先采用较小的尺寸，一方面可减少流道系统的用料，另一方面可缩短冷却时间。

③ 尽量减少弯折，表面粗糙度值要低。

3）浇注系统应能捕集温度较低的冷料，防止其进入型腔，影响注射件质量。

4）浇注系统应能顺利地引导熔融塑料充满型腔各个角落，使型腔内气体能顺利排出。

5）防止制品出现缺陷，避免出现充填不足、缩痕、飞边、熔接痕位置不理想、残余应力、翘曲变形、收缩不均匀等缺陷。

6）浇口的设置力求获得最好的制品外观质量，浇口的设置应避免在制品外观形成烘印、蛇纹、缩孔等缺陷。

7）浇口应设置在较隐蔽的位置，且要方便去除，确保浇口位置不影响外观且与周围零件不发生干涉。

8）考虑注塑时是否能自动操作。

9）考虑制品的后续工序，如在加工、装配及管理上的需求，须将多个制品通过分流道连成一体。

5.1.1 主流道的设计

主流道是指从注塑机喷嘴到分流道的那一段流道，它负责将从注塑机喷嘴里出来的熔融塑料输送到分流道。一般要求主流道进口处的位置应尽量与模具中心重合。

热塑性塑料的主流道一般由浇口套构成，可分为两板模浇口套和三板模浇口套。参照图 5-2，无论是哪一种浇口套，为了保证主流道内的凝料可顺利脱出，都应满足以下条件

$$D = d + (0.5 \sim 1) \, \text{mm}$$
$$R_1 = R_2 + (1 \sim 2) \, \text{mm}$$

主流道的设计除了必须能够方便、可靠地让塑料件脱模，此外在注塑成型过程中，主流道不可以比塑料件的其他部分更早凝固，如此才能够稳定地传递保压压力。建议的主流道设计尺寸如图 5-3 所示。应当将主流道根部设计成圆角（半径 R_2），如此圆角设计的特征可有助于塑料的流动。

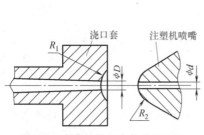

图 5-2 喷嘴与浇口套的装配关系

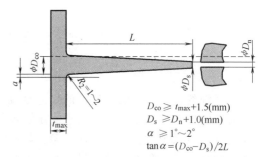

$$D_{co} \geq t_{max} + 1.5 (\text{mm})$$
$$D_s \geq D_n + 1.0 (\text{mm})$$
$$\alpha \geq 1° \sim 2°$$
$$\tan \alpha = (D_{co} - D_s)/2L$$

图 5-3 建议的主流道设计尺寸

一般情况下，浇口套和定位环是配套使用的，而且大多数模具厂家都是直接购买标准件，所以主流道设计主要是确定浇口套和定位环的规格尺寸。

5.1.2 冷料井的设计

冷料井是为了避免因喷嘴与低温模具接触而在料流前沿产生的冷料进入型腔而设置的。它一般设置在主流道的末端，当分流道较长时，分流道的末端也应设冷料井。

一般情况下，主流道冷料井圆柱体的直径为 6~12mm，深度为 6~10mm。对于大型制品，冷料井的尺寸可适当加大。对于分流道冷料井，其长度为流道直径的 1~1.5 倍。常见的冷料井设计参考如下。

1. 底部带推杆的冷料井

如图 5-4 所示，常见的冷料井结构有三种。由于第一种结构加工方便，故常被采用。Z 形拉料杆不宜多个同时使用，否则不易从浇注系统脱落。如需使用多个 Z 形拉料杆，应确保缺口的朝向一致。但对于在

脱模时无法做横向移动的制品，应采用第二种和第三种拉料杆。根据塑料不同的延伸率选用不同深度的倒扣 δ。若满足 $(D-d)/D<\delta_1$，则表示冷料井可强行脱出。其中 δ_1 是塑料的延伸率，具体值可参照表5-1。

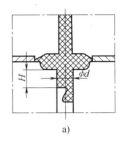 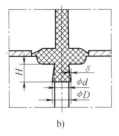 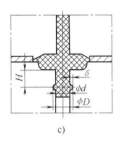

图5-4 底部带推杆的冷料井

表5-1 常见塑料的收缩率　　　　　　　　　　　　　　　单位：%

树脂	PS	AS	ABS	PC	PA	POM	LDPE	HDPE	RPVC	SPVC	PP
δ_1	0.5	1	1.5	1	2	2	5	3	1	10	2

2. 推板推出的冷料井

推板推出的冷料井拉料杆专用于注射件以推板或顶块脱模的模具。拉料杆的倒扣量可参照表5-1。锥形头拉料杆（图5-5c所示）依靠塑料的包紧力将主流道拉住，不如球形头拉料杆和菌形拉料杆（图5-5a、b）可靠。为了增加锥面的摩擦力，可采用小锥度，或增加锥面的表面粗糙度值，或用复式拉料杆（图5-5d）替代。后两种由于尖锥的分流作用较好，常用于单腔成型带中心孔的注射件，如齿轮模具。

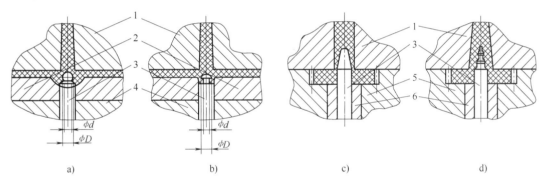

图5-5 用于推板模的拉料杆

1—定模　2—推板　3—拉料杆　4—型芯固定板　5—动模　6—顶块

对于具有垂直分型面的注塑模，冷料井置于左右两半模的中心线上，开模时分型面左右分开，制品和冷料前沿一起被拔出，冷料井不必设置拉料杆，如图5-6所示。

3. 分流道冷料井

分流道冷料井一般采用图5-7中所示的两种形式：图5-7a所示是将冷料井做在后模的深度方向；图5-7b所示是将分流道在分型面上延伸成冷料井，有关尺寸可参考图5-7。

5.1.3 分流道的设计

分流道是过渡通道，其作用是使熔体过渡或转向，将主流道送来的塑料分配后，送往各个浇口。熔融塑料沿分流道流动时，要求其尽快地充满型腔，流动中温度降尽可能小，流动阻力尽可能低。同时，应能将塑料熔体均衡地分配到各个型腔。

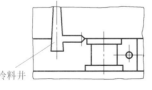

冷料井

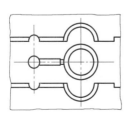

图5-6 无拉料杆冷料井

流道系统会因为不同的横截面而有不同的流动特性表现，流道横截面形状是根据其流动效率与模具加工条件选择的。流道的横截面积大小一般要求熔胶在此通道内流动时有最小的流动阻力以及料温，冷却降温速率应是最慢的。若流道太大，会造成冷却时间较长，浪费较多材料，材料成本较高；流道太小

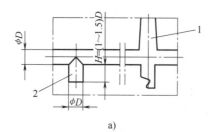 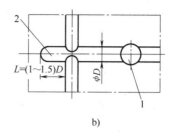

a)　　　　　　　　　　b)

图 5-7　分流道冷料井
1—主流道　2—分流道

则容易造成短射，容易产生凹痕，产品质量较差，无法稳定控制。流道太长容易造成过大的压降（压力损失），形成过多废料，进入浇口前，熔胶会过度冷却。图 5-8 所示为多型腔流道尺寸设计建议值，以及使用不同形式流道横截面时对应的面积。

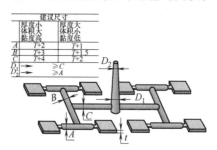 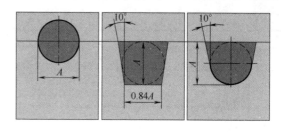

图 5-8　多型腔流道尺寸设计建议值

常见的流道横截面形状包括圆形、梯形、改良型梯形（圆形与梯形的组合）、半圆形，如图 5-9 所示。在流道的选择与应用中，通常建议使用圆形流道、梯形流道、改良型梯形流道三种。考虑最大体积与表面积比值，圆形流道是最佳的流道截面设计，其具有较高的压力传导率和较低的流动阻力与热损失。然而，使用圆形流道必须对两侧模板都进行加工，增加了模具加工成本与难度，还须注意锁

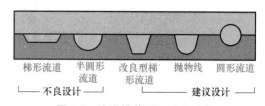

图 5-9　流道横截面尺寸和形状

模时两侧的半圆是否对齐。若使用其他横截面造型的流道，如半圆形流道、长方形流道、梯形流道与改良型梯形流道，则可以避免模板双边加工的情况。梯形流道与改良型梯形流道常应用于三板模流道系统，因为该流道造型的传递效率较高，梯形流道在经过严谨设计后还能有令人满意的输送熔胶效率。一般不建议使用半圆形流道，但其脱模的表现较圆形流道好。圆形流道对于减少热损失与压力损失有最好的效果。

此外，热流道系统具有可生产密度均匀的塑料制品、不需要流道、不产生飞边和浇口废料等优点，是理想的注塑成型模式。在热流道系统中，未进入型腔的塑料会停留在热流道内而维持熔融状态，等充填下一塑件时再进入型腔，因此不会产生浇口废料。

对于不同横截面形状的流道，可以以水力直径（Hydraulic Diameter）D_h 进行流动阻力指标的评估，差动流道横截面的等效水力直径见表 5-2。水力直径越大，流动阻力越低。水力直径根据流道横截面积 A 与横截面周长 P 定义为

$$D_h = \frac{4A}{P} \tag{5-1}$$

表 5-2　差动流道横截面的等效水力直径

横截面				
D_h	D	$0.9523D$	$0.9116D$	$0.8862D$

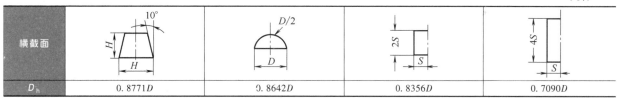

（续）

横截面	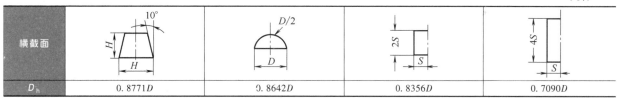			
D_h	0.8771D	0.8642D	0.8356D	0.7090D

流道系统的管径尺寸和长度会影响熔胶流动效率。流动阻力越大的流道系统，在充填过程中产生的压力降越大。为了降低流动阻力，可以加大流道直径，但是这样需要较长的冷却时间，会增加生产周期，耗用较多的塑料，造成生产成本的提升。在流道系统设计中，管径的大小可以通过经验公式进行初步的设计规划，然后使用模流分析软件进行管径大小的微调，以得到优化的熔胶传递系统。初估经验公式如下

$$D = \frac{W^{0.5}L^{0.25}}{3.7} \tag{5-2}$$

式中，D 是流道直径；W 是产品质量；L 是流道长度。

5.1.4 浇口的设计

浇口是让熔胶经由流道进入型腔的通道，它是流道系统中横截面积最小、流动长度最短的通道。浇口的设计对模具设计、塑料制品的质量与生产率影响很大，不同的浇口设计会影响熔胶流动性质，其中包含剪切率、剪切应力、局部压力损失、摩擦温升现象、塑料黏度变化等，也会进而影响熔胶高分子的分子取向、结晶度、纤维取向、残余应力与外观。浇口的设计包括浇口种类、尺寸、位置与数目等，也会受到产品设计、模具设计、塑件规格、塑料种类、模板种类与经济等因素影响，因此适当的进浇系统设计是一大挑战。一般来说，除非熔胶的流长比超过该塑料的限制，而必须使用多浇口系统来降低流长比外，否则应尽可能采用单浇口系统。因为使用单浇口系统除了可以减少熔接线外，还可以确保材料、温度与压力的均匀分布性，能获得较佳的分子取向。此外，使用单浇口系统也可以减少流道废料的产生，以达到降低生产成本的目的。

确定浇口位置时需考虑：最好是在产品的较厚部位流入熔胶，以避免产生凹痕；浇口位置是否为重要的外观面；胶料流动路径（流长比 L/t）、充填路径的等长性及均衡性；充填的体积量（充填时间/最大剪切速率）；熔接线形成的位置；流动场所造成的分子取向效果；浇口位置是否容易进行后处理（截断浇口）；多型腔模具需考虑各浇口能同时进料且各型腔能同时充填结束。

图 5-10 所示的熔接线是常见的外观缺陷，通常此处的结构强度较弱。其原因为两股塑料熔胶流动熔胶前沿交汇形成表面流痕，也称熔接痕或结合线。

改善熔接线需要检查进浇方式及浇口数目，使流动均衡，也就是每个浇口注入塑料的流动区域大小相当，在一定范围内产生的熔接线数目越少越好。改变浇口数目及进浇位置，避免单一浇口注入塑料流程过长或过度冷却，使流程越短越好。多点进浇虽会产生较多的熔接线，但因各浇口流程较短，料温较高，有效压力高，所产生的熔接线通常较不明显。修改流道、浇口尺寸，提高塑料的流动特性，并利用黏滞加热使塑料升温，改善熔接强度。

对于熔接线最好的情况是完全避免熔接线的产生；但大部分情况下熔接线的产生往往无法避免（如多点进浇、孔洞周围等），因此需要从以下几个方面进行考虑。

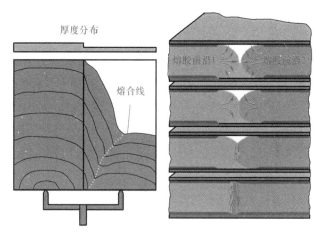

图 5-10 熔接线的成因

（1）外观考虑 将熔接线移至非外观面、内表面、隐藏面或咬花部位等外观性较不重要的区域。

（2）最终使用性能考虑　将熔接线移至非受力面、壁厚较大处或结构补强处，以避免应力集中引起破坏，补偿可能产生的熔接强度下降。对于具有装配孔的塑件，熔接线生成方式的考虑尤其重要。图5-11所示为带有圆孔的塑件在成型时由于进浇口数目与位置差异造成所形成的熔接线有所差异，就产品强度而言，热熔接线数目较少且强度较大，是较佳的设计。由于温度越高，分子链间的活动力及扩散越明显，熔接强度越大，因此应尽量让熔接发生在高温区域。应优先避免冷熔接，其次为热熔接。

此外，浇口位置与尺寸的设计应避免喷流（Jetting）现象的产生，如加大浇口、降低浇口处的塑料熔胶流速，或者改善浇口位置、种类（如使用重叠式浇口）。为了减少喷流、流痕产生，浇口最好与流道成直角注料，如图5-12所示。让熔胶冲击模壁以避免直接冲入型腔中，可以改善喷流现象。浇口尺寸大小应使熔胶具有合理的充填压力及速度，大件成品通常设计多浇口进料，应避免过长的浇口间距，以免压力损失过大。浇口长度应尽可能缩短。浇口位置设计应使熔胶由壁厚流向壁薄部分，应远离可能受冲击及受应力之处，能使型腔内气体直接从排气孔排掉，避免形成包封。

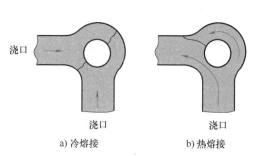

图5-11　不同的浇口位置导致孔洞附近的熔接线差异

a) 冷熔接　　b) 热熔接

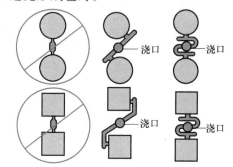

图5-12　避免喷流的浇口设计

相对于塑件与流道，浇口横截面通常较小，为塑件壁厚的 1/2 ~ 2/3，因此，塑件应可容易地去除浇口，避免在塑件上留下浇口痕迹。图5-13所示为浇口的大小影响了塑料凝固的速率，进而影响保压阶段的有效性；如果把浇口设置在较薄的区域，厚度较大的位置会有表面凹陷甚至内部真空泡产生。横截面积大的浇口可以有较小的压降，塑件浇口处

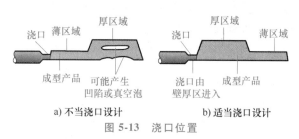

a) 不当浇口设计　　b) 适当浇口设计

图5-13　浇口位置

的外观、应力集中情况、尺寸精确度较佳，但过大的浇口会增加浇口的去除难度与浇口冷却时间，影响生产率。

浇口的种类与模具设计、流道的配置有着密切的关系，浇口种类的选择应该考虑产品几何造型与大小、生产率、成本等。不同的浇口类型，具有相应的应用范围，如针对平板几何体的扇形式浇口与薄膜式浇口、针对圆柱几何体的盘状式浇口与环状式浇口。另外，模具的两板模、三板模设计也会限制浇口类型的选择，因此浇口的设计需要进行全面的评估与考虑，针对不同产品设计出最佳的浇口系统。例如，对于矩形流道，深度对压力降的影响比宽度要大得多。浇口的横截面面积与分流道的横截面面积之比一般为 0.03 ~ 0.09，浇口台阶长 1.0 ~ 1.5mm。常见横截面形状为矩形、圆形或半圆形。

综上所述，浇口的设计应遵循如下原则：

1）浇口的位置应尽量选择在分型面上。

2）浇口位置应选择对着型腔宽敞、厚壁部位，以便于补缩，不至于形成气泡和收缩凹陷等缺陷。

3）浇口位置与型腔各个部位的距离应尽量相等，并使得流程最短，以使熔胶能在最短的时间内填满型腔各部位。

4）避免在细长型芯附近开设浇口，避免料流直接冲击型芯导致变形错位或者弯曲。

5）在满足注塑要求的条件下，浇口的数量越少越好，以减少熔接痕；若熔接痕无法避免，则应使熔接痕产生于制品的不重要表面及非薄弱部位。

6）浇口位置应有利于排气。

7）浇口位置不能影响制品外观和功能。

8）在非平衡布置的模具中，可以通过调整浇口尺寸来达到进料平衡的目的。

通常以去除浇口的方式来区分浇口类型，可分为两类：人工去除式浇口（Manually Trimmed Gates）和自动去除式浇口（Automatically Trimmed Gates）。

1．人工去除式浇口

这类浇口需要人工进行二次加工以切除浇口，通常是因为浇口过大，需要在脱模后再手动切除。需要注意的是，对于剪切应力很敏感的塑料，或者产品要求纤维取向性时，均应避免采用自动去除式浇口，而应以人工方式去除。

人工去除式浇口有下列形式：直接式浇口、侧边式浇口、重叠式浇口、扇形浇口、薄膜式浇口、盘状浇口、环状浇口及辐状浇口。

人工去除式浇口的设计要点如下：

1）应力。浇口附近是应力集中最严重的位置，应避免设计在受外力处或易遭破坏处。

2）压力。为避免过大的压力损失，浇口应设计在壁厚较大处，保压效果较佳。

3）流向。应避免熔胶产生分子取向作用，造成制品严重翘曲。

4）熔接线。尽量使型腔内熔胶流动距离相等，以减少气体包封或形成熔接线。

5）充填。适当的位置设计可增加扰流，以减少喷流及流痕。

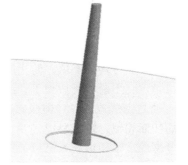

图 5-14　直接式浇口

（1）直接式浇口　直接式浇口（Direct Gate）也称为竖流道浇口（Sprue Gate），如图 5-14 所示，通常用于一模一穴的两板式模具设计中。这种浇口设计容易在人工移除浇口后，在产品表面留下浇口的痕迹，因此浇口位置应尽量设计在非产品外观要求表面。此外，直接式浇口可使熔胶以最小的压力降充填至型腔中，提高了充填与保压的压力传导效率。

优点：构造简单、压力损失少、充填性良好、尺寸精确、质量好。

缺点：后加工浇口会留下痕迹，影响产品外观，一次只能成型一个制品。

直接式浇口的设计建议如图 5-15 所示，直接浇口的尺寸与注塑机喷嘴和产品壁厚相关，浇口与机台喷嘴接口端的直径应比注塑机喷嘴直径大 1mm 以上，而与成品接口端的直径建议为产品壁厚的两倍（至少大于 1.5mm）。由于浇口处的尺寸大于产品壁厚，因此直接浇口的收缩量会增加浇口处的残余应力。浇口的脱模斜度建议为 1°~2.4°，过小的脱模斜度可能在制品顶出时，使竖流道无法与其衬套脱离；而过大的脱模斜度则会浪费过多的塑料且增加冷却时间。

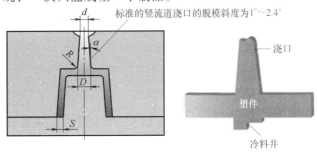

$\alpha=1°\sim2.4°$，S—肉厚，d—浇口直径
$D>S+1.5mm$，d>喷嘴直径+0.5mm

图 5-15　直接式浇口的设计建议

（2）侧边式浇口　侧边式浇口（Edge Gate）为基本类型的浇口，如图 5-16 所示，又称标准浇口（Standard Gate），这类浇口的横截面多为矩形，其横截面边缘接至塑件的侧边、上方或下方，且浇口搭接处常位于模具的分型线上。侧边式浇口多应用于多型腔模具设计，可以通过流道与型腔连接，以利于后续的自动化后加工（Post-process），如组装、修饰和检查等步骤。典型边缘浇口的厚度建议尺寸为塑件厚度的 2~10 倍，浇口长度通常不能过长，否则会造成巨大的压力降。

优点：浇口与制品分离容易，可防止塑料逆流；浇口可产生剪切热，再次提升熔胶温度，促进充填；浇口尺寸易加工。

缺点：压力损失大、流动性不佳、平板状或面积大的制品易造成流痕不良现象。

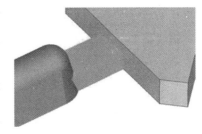

图 5-16　侧边式浇口

（3）重叠式浇口　重叠式浇口（Overlap Gate/Lapped Gate）为边缘式浇口的一种变形，浇口与塑件的侧壁或表面有重叠，如图 5-17 所示。采用重叠式浇口可以避免喷流现象的发生，以减少制

品表面缺陷，但浇口的位置、方向与几何产品造型仍需设计与考虑。该浇口形式的优缺点与边缘式浇口相似，但重叠式的浇口不易于单一作业中移除，故建议浇口设置在不注重外表面的位置，或者设置于不用移除浇口处。

重叠式浇口的建议尺寸与边缘式浇口相似，浇口厚度为塑件厚度的 60% ~ 75% 或 0.4 ~ 6.4mm，宽度为塑件厚度的 2 ~ 10 倍或 1.6 ~ 12.7mm，浇口面长度不能超过 1.0mm，建议值为 0.5mm。

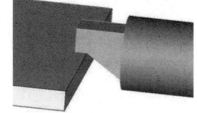

图 5-17　重叠式浇口

（4）扇形浇口　扇形浇口（Fan Gate）与侧边式浇口相似，但其宽度与厚度随着流动方向的改变而改变。这种浇口形式具有大的充填面积，针对面积大而横截面均匀的平坦塑件，提供均匀、稳定的充填流动熔胶前沿。采用扇形浇口，可以稳定扩散流动熔胶前沿，使其均匀流动，减小制品的残余应力，以防止出现冷却翘曲与尺寸精度不良等问题。但这种浇口与侧边式浇口具有相同的问题：浇口不易切除。扇形浇口的建议厚度最大为壁厚的75%，而宽度为到型腔侧边长度的 25% 以上，对于窄条形制品，则可与制品侧边等长，如图 5-18 所示。

优点：可均匀充填，防止制品变形，可得到具有良好外观的制品，几乎无不良现象出现。

缺点：不易进行后加工，浇口切除困难、浇口残留痕迹明显。

（5）薄膜式浇口　薄膜式浇口（Film Gate）也称为毛边式浇口（Flash Gate）。薄膜式浇口与扇形浇口的功能相似，如图 5-19 所示。薄膜式浇口搭接至制品的平直边，其宽度可以跨接至整个型腔的边缘或部分型腔。采用薄膜式浇口，可让流动熔胶前沿均匀充填，以使产品具有最小的翘曲量。虽然薄膜式浇口的尺寸与使用空间较小，但其对浇口厚度、流道直径与充填速率等相关因素极为敏感。浇口厚度建议为产品厚度的 50% ~ 70%，而浇口长度宜短一些。

图 5-18　扇形浇口

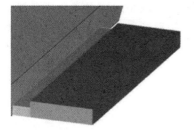

图 5-19　薄膜式浇口

优点：流动较均匀、熔接线少，可防止制品翘曲变形。

缺点：浇口移除困难，影响产品外观。

（6）盘状浇口、环状浇口和辐状浇口　盘状浇口（Disk Gate）如图 5-20a 所示，常应用在双侧开口的圆柱体或内侧开口的圆形等高同轴性制品上。盘状浇口的设计用于三板模，熔胶会通过同轴的竖流道充填，经过浇口而进入型腔，塑料均匀地充填至制品，增加收缩的预期性且减少了翘曲与轴向偏移，但浇口的移除较困难且费时。一般来说，浇口的厚度通常为 0.25 ~ 1.27mm。

环状浇口（Ring Gate）的应用范围与作用与盘状浇口相似，如图 5-20b 所示，也是应用于圆柱体或圆形的同轴性塑件。环状浇口应用于两板模冷流道的模具设计中，熔胶先沿着模芯环绕，再沿着圆柱管壁向下充填，可使塑料充填均匀，以避免制品翘曲、变形和熔接线的产生。但由于几何造型的多样性与塑料的性质，容易增加充填的不确定性与不均衡性，故使用这种形式的浇口前，可以先利用分析软件进行评估与测试。环状浇口的建议厚度为 0.25 ~ 1.6mm。

辐状浇口（Spoke Gate）又称为四点式浇口（Four-point Gate）或十字浇口（Cross Gate），如图 5-20c 所示，一般应用于多型腔三板模或热流道系统。辐状浇口与盘状浇口和环状浇口相似，主要应用于管状塑件，具有易去除浇口与节省塑料的优点。但产品上较容易产生熔接线，且圆度易超差。浇口形状多为等尺寸矩形或渐缩性圆形，建议厚度为 0.8 ~ 4.8mm，宽度为 1.6 ~ 6.4mm。

2. 自动去除式浇口

自动去除式浇口通过与模具动作的配合，在脱模与顶出塑件时，将浇口与流道从制品上移除，以避免人工二次移除浇口的作业。采用自动去除式浇口，可以减小浇口的大小并减少残留痕迹，此外还可以

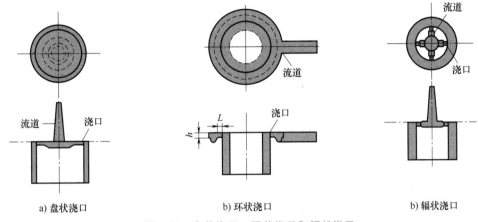

a) 盘状浇口　　　　　　b) 环状浇口　　　　　　b) 辐状浇口

图 5-20　盘状浇口、环状浇口和辐状浇口

维持均一的周期，以正确估计生产率。自动去除式浇口包括针点浇口、潜式浇口、牛角浇口、热流道阀针式浇口等。

（1）针点浇口　针点浇口（Pin Gate）可使流道和浇口在脱模或顶出过程中与制品自动分离，如图 5-21 所示。针点浇口通常应用于多腔的三板模设计中，该流道系统位于上固定板与型腔间的单侧流道分型板之间，而型腔位于主要公母模板之间。通过主要分型线脱模与次要分型线脱模两阶段的脱模，分别自动顶出制品与流道废料。针点浇口的直径应足够小，以避免在脱模移除流道系统时破坏制品表面。由于浇口较小，会产生较大的流道压降，且额外产生的剪切热可能会再次塑化熔胶。典型的针点浇口的直径为制品壁厚的 45%～50%，浇口长度为 0.8～1.2mm。为了保证浇口齐根拉断，应给浇口做一锥度 α，其值为 15°～20°；浇口与流道相接处以圆弧 R_1 连接，使针点浇口拉断时不致损伤制品，R_2 为 1.5～2.0mm，R_3 为 2.5～3.0mm；深度为 0.6～0.8mm。

优点：制品与流道/浇口系统可以在模具脱模或顶出时自动分离，不需要进行人工处理；可设计多浇口，选择较佳位置推进熔胶。

缺点：塑料进入型腔时压力降较高、浇口冻结速度较快，保压效果较差，所产生的流道废料量较大，模具成本较高。

（2）潜式浇口　潜式浇口（Submarine Gate）也称为隧道浇口（Tunnel Gate）、凿子浇口（Chisel Gate）。如图 5-22a 所示。这类浇口多应用于小型型腔的两板模冷流道系统中。流道位于分型线上，其特别之处为流道末端与型腔之间有一倾斜的锥状浇口供熔胶充填至型腔内。待熔胶冷却后，通过顶出系统动作，自动将浇口与塑件分离。为了实现浇口自动分离，浇口尺寸应避免过大，以防浇口分离时破坏塑件表面；但也要避免浇口尺寸过小，出现压降上升，以及浇口剪切应力过大与浇口过早冷却等问题。典型的潜入式浇口直径建议值为壁厚的 40%～70%，但浇口大小仍与塑料、应用形式有着密不可分的关系。推进熔胶方向与竖直方向的夹角 α 为 30°～50°，鸡嘴的锥度 β 为 15°～

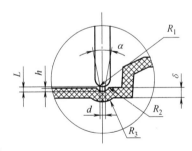

图 5-21　针点浇口

25°。与前模型腔的距离 A 为 1.0～2.0mm，如图 5-23 所示。塑料材料应避免过度剪切，以免在流道顶出时断裂，材料多为 PS、PA、POM 及 ABS。可以将数个潜入式浇口设计在双开口形式的圆柱体内侧，即可以取代盘状浇口，如此即具备自动去除浇口的功能，可以避免人工二次去除浇口，但其会影响塑件的圆度及产生熔接线。推杆潜式浇口（Knock-out Pin）如图 5-22b 所示，这种浇口配合顶出的位置推进熔胶，可用于产品外观不能有浇口痕迹的情况。

优点：可实现浇口与塑件自动分离、浇口残留痕迹小、浇口位置可自由设定。

缺点：压力损失大，适用于简单的塑料制品。

（3）牛角浇口

典型的牛角浇口（Cashew Gate）直径为 0.25～1.5mm，如图 5-24 所示。牛角浇口加工困难，浇口由粗变细，末端连接型腔底面的进浇口。牛角浇口是隧道式浇口的变体，其可以在标准隧道式浇口无法

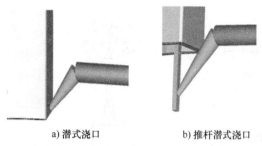

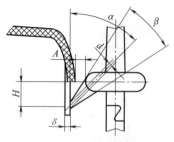

a) 潜式浇口   b) 推杆潜式浇口

图 5-22   潜式浇口和推杆潜式浇口

图 5-23   潜式浇口的几何参数

到达的区域提供进浇，并且具备自动去除浇口的功能；而其主要的限制在于弯曲的设计易导致浇口附近的材料在顶出时有明显的变形。

优点：后加工容易，可实现自动化。

缺点：压力损失大、模具结构复杂、费用高。

（4）热流道阀针式浇口   热流道阀针式浇口（Hot Tunner Valve Gate）是通过在热喷嘴装置内的可动的隐藏性针杆，以控制浇口的开启与关闭，如图 5-25 所示。充填、保压开启阀针让塑料充填至型腔内，待凝固之前再关闭浇口，如此便可以减少成型流道的熔胶与裁切浇口的步骤。阀针开关的应用，可以变化出更多样性的制程方式，但由于阀针式浇口设计与实际操作上的困难，以及模具开发费用较高，通常应用在较大型且注重质量的产品上，即使应用较大的浇口，采用阀针式浇口也不会在塑件上留下浇口痕迹。因为保压周期受阀针的控制，所以应用阀针式浇口可以得到较佳的保压周期与较稳定的塑件质量。浇口的大小与阀针的应用、塑料材质、产品形状与浇口数目相关。

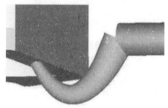

图 5-24   牛角浇口

优点：节省材料、成型周期短。

缺点：会在产品表面留下印痕。

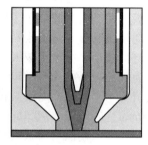

图 5-25   热流道阀针式浇口

5.2   NX 浇注系统设计

在 NX 的注塑模向导中，为了提高整个模具的设计效率，对于浇注系统的浇口套、定位环、浇口和流道都定义了一系列标准件，用户在设计浇注系统时可以从相应的标准件库中找到规格尺寸合适的标准件，把它加载到整个装配体里。对于流道，注塑模向导也提供了特征建模的方法，用户可以通过定义流道路径和横截面形状完成特定流道的设计。

5.2.1   定位环和浇口套的设计

1. 功能概述

在 NX 的注塑模向导中，定位环和浇口套都以标准件的形式存在于标准件重用库中，用户使用时只要通过【标准件管理】（Standard Part Management）对话框把相应类型尺寸的定位环或浇口套添加进来即可。

2. 使用方法

详细使用方法见第 5.3 节的案例分析。

5.2.2   分流道和浇口标准件的设计

1. 功能概述

注塑模向导提供了专门用于分流道和浇口标准件设计的命令。在【主要】组中单击【设计填充】，对话框打开时，流道和浇口的标准件库【MW Fill Library】会自动打开，如图 5-26 所示，用它可以创建八种不同路径类型的流道和七种不

图 5-26   标准件库

类型的浇口，该工具还提供了浇口和流道自动匹配的功能。另外，用户还可以编辑已创建的流道和浇口，或者将它们删除。

2. 使用方法

（1）分流道标准件的设计步骤（见表5-3）

表5-3　分流道标准件的设计步骤

步　骤	图　示
1）在注塑模向导的【主要】组中单击【设计填充】按钮 2）【选择项】会自动选中【MW Fill Library】下面的一个流道标准件 3）用单击对话框里的【指定点】选项，然后在图形区域选一个点或生成一个点来定位将要加进来的流道，然后就可以看到在选定点的位置加了一个流道部件 4）根据模具结构修改流道横截面形状和几何尺寸，用户还可以通过对话框里的【指定方位】控件来修改流道的位置，并通过勾选设置里面的【添加约束】选项来给流道部件添加约束，以增加关联性	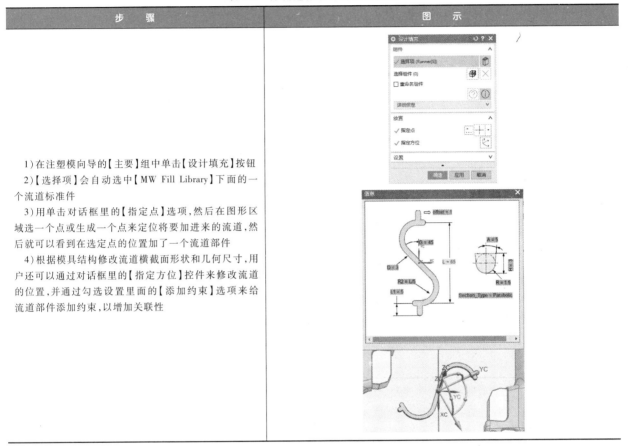

（2）浇口标准件的设计　注塑模向导中浇口的设计有三种定位方式，分别是点定位、体定位和特征定位。当添加了流道部件或特征后，用户可以利用浇口和流道自动匹配功能来设计相关的浇口，其设计步骤见表5-4。

表5-4　浇口标准件的设计步骤

步　骤	图　示
1）在【MW Fill Library】下的【Fill-MM】中选择一种合适的浇口，双击激活【设计填充】对话框 2）确保鼠标定位在【选择对象】选项上，在图形区域选择流道实体或流道特征，这时浇口就会自动加到流道的各个端口，它是通过浇口和流道端口的两个坐标系自动定位的，而且浇口的横截面形状及大小也会和流道的横截面形状、大小自动匹配 3）用户还可以根据设计需要利用对话框里的【指定方位】选项在图形区域动态调整浇口的位置	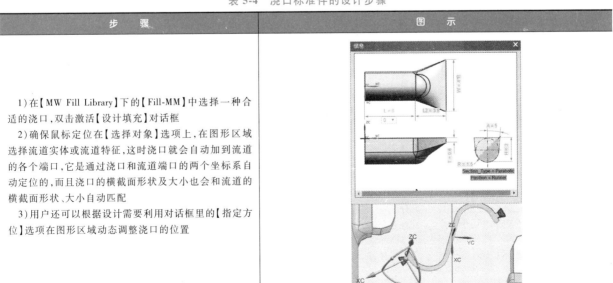

用户也可以用点定位的方式添加浇口部件，具体步骤见表 5-5。

表 5-5　用点定位的方式添加浇口部件的步骤

步　　骤	图　　示
1）在【MW Fill Library】下的【Fill-MM】中选择一种合适类型的浇口，双击激活【设计填充】对话框 2）确保鼠标定位在【选择对象】选项上，在屏幕上选择一个点，这时浇口部件就加到了指定点的位置 3）通过对话框中的数据表或信息窗口里的图形修改浇口的几何参数	
1）通过显示的动态坐标系来调整浇口的位置和方向 2）对于一模多腔的模具，优先考虑按平衡式流道布置来设置浇口，可以选中对话框中【设置】部分的【参考布局】选项，它意味着在各个型腔的相同位置创建同样尺寸的浇口，一旦对其中的一个浇口进行了编辑或者删除，其他同组的浇口也将随着更新变化；而如果未选中这个选项，则意味着每个浇口的位置和尺寸都是独立的，可以分别进行编辑修改	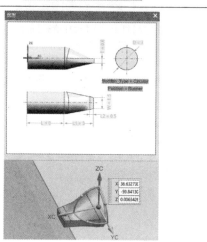

5.2.3　分流道特征设计

1. 功能概述

在注塑模向导的【主要】组中单击【流道】按钮，弹出图 5-27 所示的【流道】对话框，这是注塑模向导提供的专门用于流道特征设计的工具。利用该工具，通过选择或创建流道引导线，再利用系统提供的五种横截面形状（图 5-28），即可建立不同类型的流道特征。

图 5-27　【流道】对话框

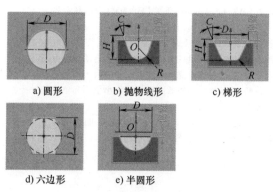

a) 圆形　　b) 抛物线形　　c) 梯形

d) 六边形　　e) 半圆形

图 5-28　五种截面形状

2. 使用方法

流道的设计步骤主要包括定义流道的路径，选择流道的横截面形状，修改流道的横截面尺寸以创建流道特征。

本节案例模型和微课视频在教学资源包的 MW-Cases \ CH5 \ 5.2 \ 5.2.3 目录中，其设计步骤见表5-6。

表 5-6 流道的设计步骤

步　骤	图　示
1）在装配导航器（Assembly Navigator）中选择型芯/型腔，并设为工作部件 2）在注塑模向导的工具栏上单击【流道】，弹出【流道】对话框 3）在【引导】组的【选择曲线】中，可以单击选择现有的曲线，也可以单击【绘制截面】，利用草图绘制所需的流道轮廓线。这里选择型芯/型腔部件上的平面作为草图平面，绘制需要的流道路径 4）在【截面】组中，通过【指定矢量】来指定横截面的方位，然后设置横截面偏置值，默认为0 5）在【截面类型】下拉列表中，系统提供了图5-28所示的五种横截面类型，选择其中一种	
1）在截面【详细信息】列表中，修改横截面尺寸。 2）如果要做布尔运算，可以在工具栏中从【布尔】下拉列表中选择【减去】工具，在所选的实体中开流道槽；或者选择【合并】工具，将当前的流道体与所选的实体进行合并 3）单击【应用】，系统将自动创建流道	

3. 在曲面上创建流道

分型面有时是曲面，在曲面上创建流道的步骤见表5-7。

表 5-7 在曲面上创建流道的步骤

步　骤	图　示
1）在装配导航器中，设定工作部件 2）利用NX草绘工具（选择【菜单】→【插入】→【草图】），在平面上绘制流道中心线，也可以选择工件的底面作为绘制平面	
在【菜单】→【插入】→【派生曲线】中，选择【投影】工具，将平面曲线投射到分型面上	
打开【流道】对话框，按照前述方法创建流道特征，具体步骤这里不再重复，参见案例视频	

5.3 NX 案例分析：浇注系统的设计

本节案例讲解在一模多腔模具中加入浇注系统。本节案例模型和微课视频在教学资源包的 MW-Cases \ CH5 \ 5.3 目录中。

5.3.1 主流道的设计

主流道的设计步骤见表 5-8。

表 5-8　主流道的设计步骤

步　骤	图　示
从教学资源包的案例目录加载顶层装配 intra_top_000.prt 文件，打开模具装配体	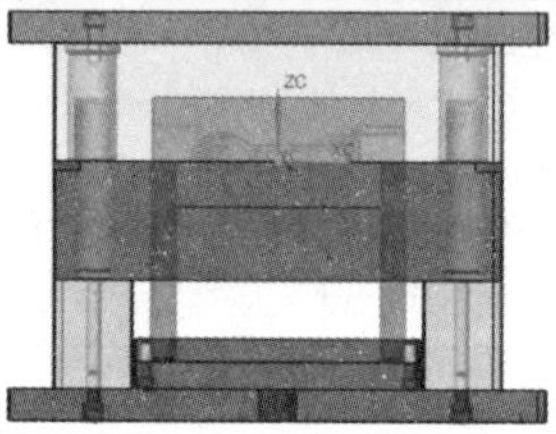 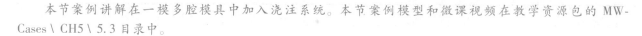
添加定位圈的操作步骤如下 1）打开【标准件库】对话框，在重用库导航器里选择【MW Standard Part Library】→【UNIVERSAL_MM】→【Fill】 2）在【成员】里选择【Locate_ring（LRBS_F）】 3）设置参数：D = 100mm，其他设置保持不变。添加定位圈后的效果如右图所示	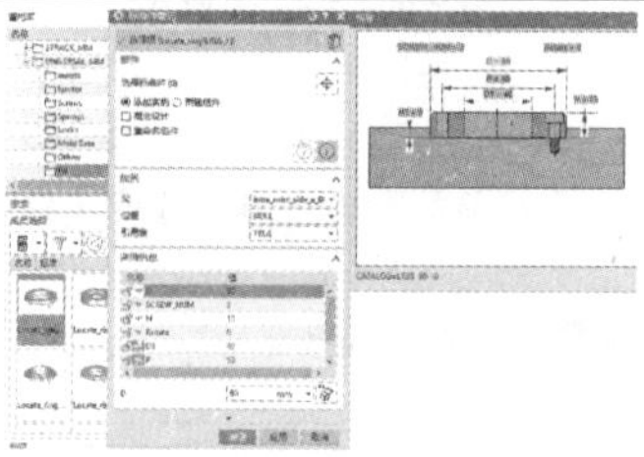 定位圈设计对话框  添加定位圈后的模具装配图
添加浇口套的操作步骤如下 1）添加浇口套 Sprue Bushing，选择【UNIVERSAL_MM】→【Fill】→【Sprue（A1-Straight）】 2）设置参数：D = 16mm；A = 3mm；L = 80mm 3）单击对话框中的【应用】按钮，添加了浇口套组件 4）这时处于编辑状态，把【引用集】选项改为【Entire Part】，检查浇口套位置，修改参数 OFFSET = -40 5）单击对话框中的【确定】按钮，生成右图所示的浇口套	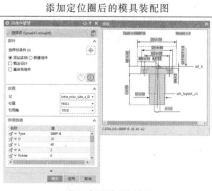 浇口套设计对话框 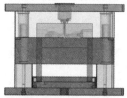 添加浇口套后的模具图

5.3.2 分流道和浇口的设计

分流道和浇口的设计步骤见表 5-9。

表 5-9 分流道和浇口的设计步骤

步 骤	图 示
从教学资源包的案例目录中加载顶层装配 intra_top_000.prt 文件,打开模具装配体,隐藏其他模架	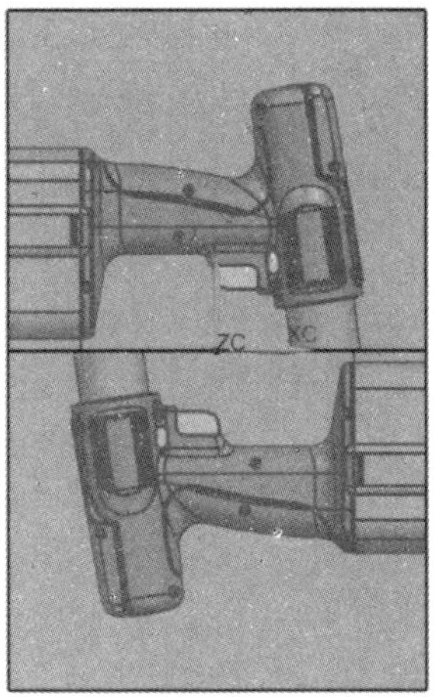
1)在注塑模向导的工具栏单击【设计填充】按钮,打开【设计填充】对话框 2)系统会自动选中第一个或者上次设计选用的浇口或流道标准件,这里选择流道标准件 Runner[S] 3)选择坐标原点来定位流道部件 4)修改流道部件的几何参数:D=8,L=100,L1=10,off-set=5,R2=10,并且把 R2 的值锁住 5)单击【确定】按钮,完成流道部件设计	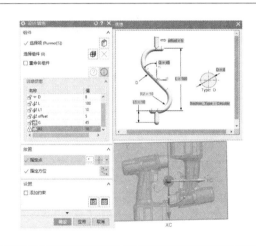
1)依靠浇口和流道自动匹配的功能,使浇口方便快速定位到流道的末端。打开【设计填充】对话框,在重用库【MW Fill Library】→【FILL_MM】里选浇口 Gate[Side] 2)把鼠标光标定位在对话框中的【选择对象】选项上,在图形区域选择上面刚加入的流道实体,浇口部件就会自动加到各个流道的末端,而且浇口的横截面形状和大小会和流道自动匹配,这时就得到了如右图所示的结果 3)调整浇口的其他参数:L1=9,L2=3 4)单击【确定】按钮,完成浇口的设计	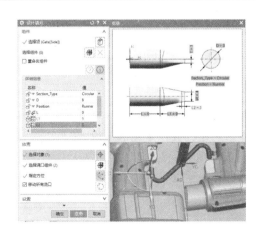

5.3.3 腔体的设计

完成浇口流道设计后,利用【腔】命令开槽,操作步骤见表 5-10。

表 5-10　腔体的设计步骤

步　　骤	图　　示
1）单击注塑模向导中【主要】组的【腔】命令，打开【腔】对话框 2）【模式】选用【去除材料】 3）【目标】组里【选择体】选择要减去的部件，这里包括型芯、型腔及定模部分 4）在【工具】组里【工具类型】选择组件，【选择对象】选择浇注系统部件，包括定位圈、浇口套、浇口和分流道	
单击【确定】按钮，设计完成后浇注系统开槽如右图所示	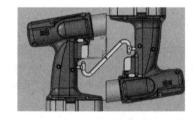

5.4　排气

　　模具内的气体不仅包括型腔中的空气，还包括流道里的空气和塑料熔体产生的分解气体。在注塑过程时，这些气体都应顺利地被排出来。

5.4.1　排气不足的危害

　　1）在制品表面形成烘印、气花、接缝，使制品表面轮廓不清。
　　2）充填困难，或产生局部飞边。
　　3）严重时在制品表面产生焦痕。
　　4）降低充模速度，延长成型周期。
　　5）造成短射。

5.4.2　排气方法

　　常用的排气方法有以下几种。
　　1. 开排气槽
　　排气槽一般开设在前模分型面熔体流动的末端，如图 5-29 所示，宽度 $b = 5 \sim 8$ mm，长度 $L = 8 \sim 10$ mm。

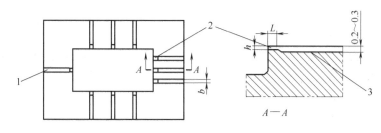

图 5-29 排气槽
1—分流道 2—排气槽 3—导向沟

排气槽的深度 h 因塑料材质不同而异,主要考虑塑料材质的黏度及其是否容易分解。原则上,黏度低的塑料,排气槽的深度应浅些;容易分解的塑料,排气槽的面积要大些。各种塑料材质的排气槽深度见表 5-11。

表 5-11 各种塑料材质的排气槽深度

名称	排气槽深度/mm	名称	排气槽深度/mm
PE	0.02	PA(含玻纤)	0.03~0.04
PP	0.02	PA	0.02
PS	0.02	PC(含玻纤)	0.05~0.07
ABS	0.03	PC	0.04
SAN	0.03	PBT(含玻纤)	0.03~0.04
ASA	0.03	PBT	0.02
POM	0.02	PMMA	0.04

排气槽的布局一般按照哪里困气严重,就在哪里开排气槽,设计在易于加工的一侧。在制作分型面时也需要考虑排气槽的加工,因为排气槽一般在分型面上围着塑料边界而布置。如图 5-30 所示的设计实例,一级排气槽只允许气体排出,不允许熔体泄漏,槽深要小于塑料溢边值;二级排气槽是为了气体排出通畅,围绕着塑料边界布置,其深度应比一级排气槽稍大;最后通过三级排气槽直接将气体排出模具。

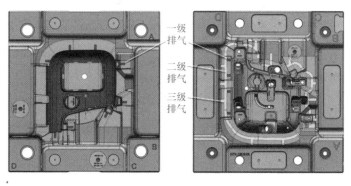

图 5-30 排气槽的布局

2. 利用分型面排气

对于具有一定表面粗糙度的分型面,可从分型面处将气体排出,如图 5-31 所示。

3. 利用推杆排气

对于制品中间位置的困气,可加设推杆,利用推杆和型芯之间的配合间隙,或有意增加推杆之间的间隙来排气,如图 5-32 所示。

4. 利用镶拼间隙排气

对于组合式的型腔、型芯,可利用它们的镶拼间隙来排气,如图 5-33 和图 5-34 所示。

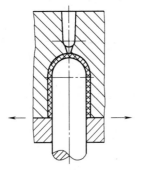

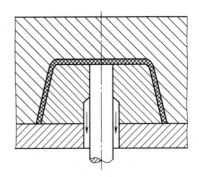

图 5-31　利用分型面排气　　　　　　　　图 5-32　利用推杆排气

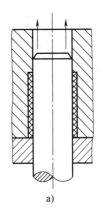 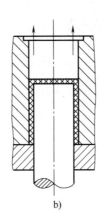 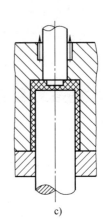

a)　　　　　　　　　b)　　　　　　　　　c)

图 5-33　利用镶拼间隙排气（一）

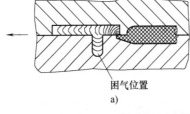 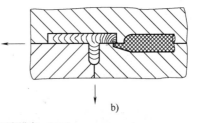

困气位置

a)　　　　　　　　　b)

图 5-34　利用镶拼间隙排气（二）

第6章

CHAPTER 6

滑块和斜顶结构设计

当塑料制品在与开模分型不同的方向其内侧和外侧带有孔、凹槽或凸起结构时，如图 6-1 所示，为了能对所成型的塑料制品进行脱模，必须将成型侧孔、侧凹、内凸、内凹和卡扣等部位做成活动零件，即需要设计滑块或斜顶结构，在模具开模前或开模后将其抽出。

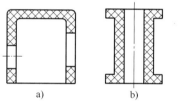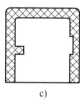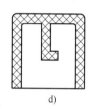

图 6-1　有侧孔、侧凹、内凸、内凹和卡扣的塑料制品

本章主要介绍常用滑块和斜顶的结构特点，以及如何通过【注塑模向导】进行设计和编辑，以便快速地获得合适的滑块和斜顶结构。

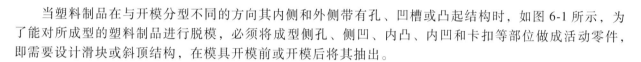

6.1　滑块结构设计介绍

滑块也称行位，是解决侧向分型问题的一个重要且常见的结构。仔细考虑图 6-1 所示的有侧孔或侧凹部位的塑料制品的顶出方式。模具打开后，必须首先将侧孔或侧凹中的金属材料抽出来，才能顺利地顶出制品。

将侧孔或侧凹的金属材料做成可动块的形式，移动可动块，从而将侧孔或侧凹中的金属材料抽出，制品即可顺利顶出，如图 6-2 所示。

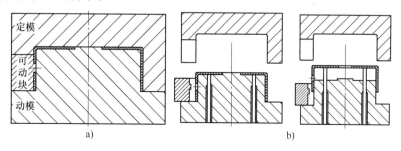

图 6-2　可动块

6.1.1　滑块的工作原理

　　要驱动可动块移动，必须对其施加动力。可动块的动力来源于一个斜导柱，这个斜导柱被固定在定模上，随着模具开模带动斜导柱做竖直运动，可动块在斜导柱的作用下，被迫沿水平方向移动，从而可以将金属材料从塑料制品侧孔或侧凹部位中退出，达到处理倒扣的目的，如图6-3所示。

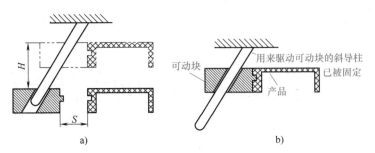

图 6-3　滑块的工作原理

H—斜导柱上下移动的距离　S—可动块移动的距离

　　以上是用可动块处理侧孔或侧凹的原理图，如果进行结构设计，还需进一步明确许多细节，例如，可动块的结构形式是怎样的、如何保证其运动平稳可靠、移动多少距离、驱动可动块的斜导柱如何固定、如何保证可动块复位等。

　　在实际模具设计中，是由滑块的本体充当可动块；而驱动零件为斜导柱，滑块和斜导柱及其他附属部件共同构成了一个处理侧孔或侧凹的抽芯结构。如图6-4所示，斜导柱固定在前模，在模具闭合状态

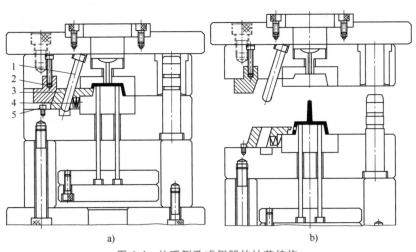

a)　　　　　　　　　　　b)

图 6-4　处理侧孔或侧凹的抽芯结构

1—斜导柱　2—锁紧块　3—滑块　4—弹簧　5—限位螺钉

下，斜导柱插入滑块中，滑块头部用于成型侧凹孔，滑块在锁紧块的压迫下保持静止，此时弹簧处于受压状态；开模时，动、定模分开，锁紧块离开滑块，同时斜导柱驱动滑块在动模板上移动，弹簧的回弹加强了这一移动动作。待滑块移动一定距离（大于侧孔或侧凹距离1~2mm），滑块碰到限位螺钉并停止不动，弹簧持续的弹力也将保证其停在限位螺钉处，以防止斜导柱复位时发生碰撞。

　　模具滑块的示意图如图6-5所示。

6.1.2　滑块本体设计

　　在斜导柱滑块抽芯系统的设计中，滑块本体的设计是一个重点。按滑块本体的功能可分为两大部分：成型部分和机体部分。成型部分

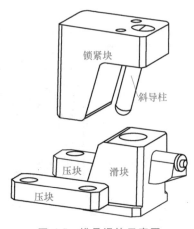

图 6-5　模具滑块示意图

是用来成型制品扣位的，其形状根据扣位的形状而不同，成型部分可以是滑块本体的一部分，即滑块做成整体；也可以把成型部分单独做成镶件的形式，从而和滑块的机体部分连在一起。为叙述方便，这里以整体式为例来讲解滑块的设计。图 6-6 所示为一个整体式滑块。

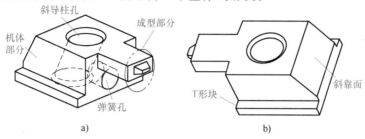

图 6-6　整体式滑块

机体部分包括斜导柱孔、T 形块（导滑部分）、弹簧孔、斜靠面等，这些部分有其特殊的功能，不可缺少。无论什么形式的滑块，其外形结构基本上都是如此。

1）滑块的长、宽、高并无限定的尺寸（图 6-7），要根据产品的具体情况来定，但是它们之间的比例应该协调。一般来说，如果滑块的高度为 H，那么滑块的长度应为（$1.3 \sim 1.5$）H；滑块的宽度在满足包住封胶位的前提下，应大于或等于 $2/3H$（但应注意不要超过滑块长度的 4 倍）。

2）T 形块的宽和高，即 $D \times C$ 一般为 3mm × 5mm、4mm×4mm 等。

3）弹簧孔的直径要大于所选弹簧直径 $1 \sim 2$mm，为保证滑块强度，弹簧孔到各处的距离（如 A 和 B）最小为 4mm。

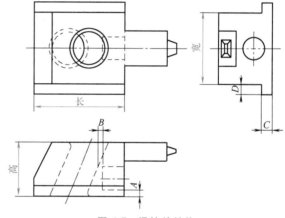

图 6-7　滑块的结构

4）滑块的斜靠面要与锁紧块相靠，其主要作用是使滑块定位，其斜度可参考斜导柱的斜度，当斜导柱的斜度为 α 时，斜靠面的斜度为 $\alpha+2°$。

5）斜导柱孔要与斜导柱相配合，其位置应大致位于滑块顶面的中心位置，斜导柱孔的斜度即斜导柱的斜度。其计算公式为 α = arctan（滑块行程/顶出行程），计算结果取整数。α 一般取 18°~22°。

滑块的成型部分有时需要单独制作，即做成镶件的形式。这样不仅方便加工，还能使成型部位用好的材料代替，如图 6-8 所示。

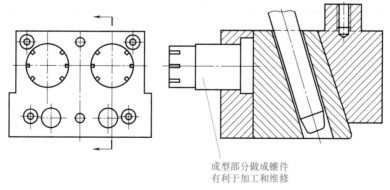

成型部分做成镶件
有利于加工和维修

图 6-8　成型部分做成镶件形式

6.1.3　滑块动力设计

1. 机械式滑块抽芯动力结构

机械式滑块抽芯动力结构是指利用注塑机的开模运动和动力，通过传动零件完成模具的侧向分型、抽芯及其复位动作的结构。这类结构比较复杂，但是具有较大的抽芯力和抽芯距，且动作可靠、操作简单、生产率高，因此被广泛应用于生产实践中。根据传动零件的不同，可分为斜导柱抽芯、斜滑块抽芯、弯销抽芯、斜导槽抽芯、楔块抽芯、齿轮齿条抽芯、斜槽抽芯、弹簧抽芯八种形式。其中斜导柱抽芯为常用的结构，这种结构的特点是结构紧凑、动作安全可靠、加工简便，如图 6-9 所示。

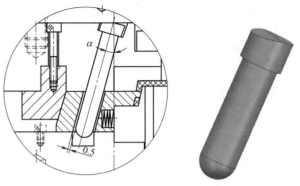

图 6-9　斜导柱抽芯结构

斜导柱抽芯结构的设计要点如下：

1）斜导柱在开、闭模过程中，只是拨动滑块沿分型或抽芯方向做往返运动，并不承担对滑块的锁紧作用，因此为了避免在运动中与锁紧块互相影响，规定斜导柱与滑块中的导柱孔之间的最小间隙为 0.5mm。

2）斜导柱的常用规格为 $\phi 8mm$、$\phi 10mm$、$\phi 12mm$、$\phi 14mm$、$\phi 16mm$、$\phi 20mm$，其长度由抽芯距离、滑块的高度及固定斜导柱的模板厚度决定。

3）斜导柱的斜度（α）最大不可超过 25°，最小不得小于 10°，通常为 25°、23°、20°、18°、15°、12°、10°，并且为了防止在开模时，斜导柱与滑块互相干涉而出现卡死使滑块运动受阻的现象，锁紧块的角度应比斜导柱的斜度大 2°。

4）为了使斜导柱能顺利插入导柱孔，斜导柱头部需要倒圆角，同时导柱孔应有一定的倒角。当斜导柱的倒角较大时，会影响滑块行程，所以在设计斜导柱长度时，要加上一定的保险值。

5）斜导柱视滑块的大小做 1~2 个，一般情况下，当滑块宽度超过 60mm 时，应采用两个或两个以上的斜导柱。加工时，两个斜导柱及导柱孔的各项参数应一致。

6）多数情况下，斜导柱是穿过滑块的，这时需要在模板上为斜导柱头部避空。斜导柱和滑块在模具上的安装位置不同，有如下四种情况。

① 斜导柱在前模，滑块在后模。

② 斜导柱在后模，滑块在前模。

③ 斜导柱、滑块都在前模。

④ 斜导柱、滑块都在后模。

实际设计中，具体采用何种形式需要根据产品的特点来确定。由于斜导柱在前模、滑块在后模这种抽芯结构形式比较常见，故本章重点讲解这种结构形式。斜导柱在前模的固定方式有多种，常见的固定形式见表 6-1。

表 6-1　斜导柱在前模的固定方式

图　示	说　　明
	适合在模板较薄，且前模底板与前模板不分开的情况下使用。配合面 L 较长，稳定性好
	适合在模板厚、模具空间大的情况下使用，两板模、三板模均可使用。配合面 $L \leqslant 1.5D$（D 为斜导柱直径），稳定性较好

（续）

图 示	说 明
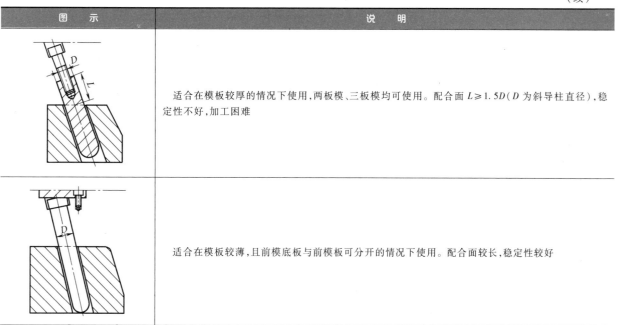	适合在模板较厚的情况下使用,两板模、三板模均可使用。配合面 $L \geqslant 1.5D$(D 为斜导柱直径),稳定性不好,加工困难
	适合在模板较薄,且前模底板与前模板可分开的情况下使用。配合面较长,稳定性较好

2. 液压抽芯或气压抽芯动力结构

这种结构利用液压传动或气压传动结构,实现侧向分型和抽芯运动。这种结构的特点是抽芯力大、抽芯距长,侧型芯或侧型腔的移动不受开模时间或推出时间的限制,抽芯动作比较平稳,但成本较高,故多用于大型注塑模具,如四通管接头模具等。如图 6-10 所示,注塑成型时,侧型芯 2 由定模板 1 上的楔紧块 3 锁紧,开模过程中,楔紧块 3 离开侧型芯 2,由液压抽芯结构抽出侧型芯。液压抽芯结构需要在模具上配置专门的抽芯液压缸。现在的注塑机均带有抽芯的液压管路和控制系统,所以液压侧向分型与抽芯也十分方便。

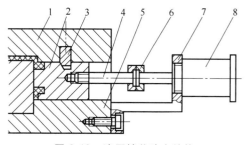

图 6-10 液压抽芯动力结构

1—定模板 2—侧型芯 3—楔紧块 4—拉杆
5—动模板 6—连接器 7—支架 8—液压缸

6.1.4 滑块锁紧设计

滑块锁紧一般使用锁紧块。注塑成型时,塑料熔体对模具型腔的压力很大,足以使滑块发生移动,为了抵抗这种力量,单靠斜导柱微弱的定位作用显然不够,需要设计锁紧装置来保证成型过程中滑块不动,而在合模时,锁紧块的推动力也可使滑块复位,如图 6-11 所示。

锁紧块的设计尺寸可参考图 6-12。锁紧块需要靠在滑块的斜面上才能起作用,其宽度 L 一般比滑块的宽度小 1～2mm。

图 6-11 滑块锁紧设计

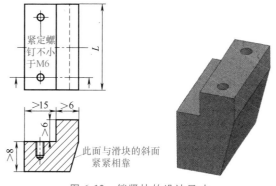

图 6-12 锁紧块的设计尺寸

紧定螺钉不小于 M6

>15 >6

>6

8

此面与滑块的斜面紧紧相靠

锁紧块

6.1.5 滑块压板设计

滑块在运动过程中要求平稳、准确，因此必须为滑块设计导向装置。目前，使用比较广泛的是 T 形槽形式压板，压板需要单独加工，如图 6-13 所示。

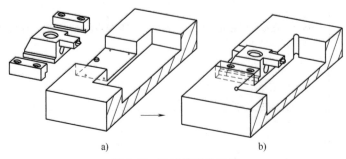

a)　　　　　　　　　　　　b)

图 6-13　T 形槽形式压板

压板的宽度 B 和高度 A 一般不小于 15mm，长度 L 一般为模仁边至模板边的距离。可用两个或多个螺钉进行固定，螺钉不能小于 M6，具体参数如图 6-14 所示。

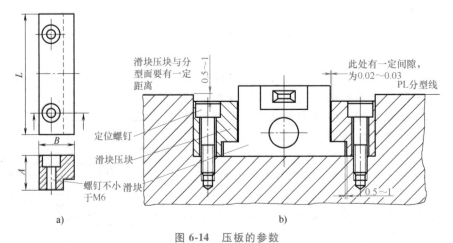

a)　　　　　　　　　　　　b)

图 6-14　压板的参数

6.1.6 滑块限位设计

滑块在斜导柱的驱动下进行抽芯，完成侧向移动后，需要在指定的位置停止，才能保证其顺利复位。

开模后，滑块在斜导柱的驱动下移动，当碰到停止销（定位螺钉）后不再移动。图 6-15 中的 SL 称为滑块行程，$SL=$ 产品的倒扣大小 + 安全余量（2~3mm）。通常停止销的沉头需要沉到模板平面以下 0.5~1mm。可用不小于 M6 的螺钉来代替停止销。

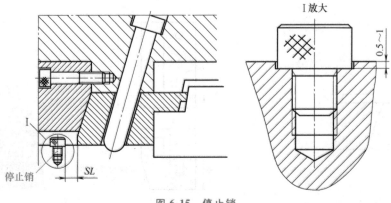

图 6-15　停止销

在某些特殊情况下，也可在模板上直接铣出定位台阶，对滑块进行限位。

6.2　注塑模向导滑块结构设计

注塑模向导模块中提供了滑块和浮升销库，为用户提供了一些基本的、常用的滑块结构。由于注塑模的滑块结构除了成型头是有差异的，其他各部分均已经标准化，因此可以通过添加标准组件的方式进行设计。

6.2.1　滑块结构介绍

滑块结构见表6-2。

表 6-2　滑块结构

操 作	图 示
1）在【注塑模向导】工具栏单击【滑块和浮升销库】图标，系统将弹出【滑块和浮升销库】对话框，使用方法与【标准】对话框相同 2）在【重用库】中有常用的滑块结构标准组件	
在【MW Slide and Lifter Library】→【SLIDE_LIFT】→【Slide】库中提供了11种滑块结构；Push-Pull滑块属于拨块驱动的滑块结构；Single Cam-pin滑块属于单斜导柱滑块结构；Dual Cam-pin滑块属于双斜导柱滑块结构；slide_4~slide_11八种斜导柱驱动结构在局部结构上稍有不同	
在【UNIVERSAL_MM】→【Slide】库中提供六种滑块结构：Mini Slide Core Units滑块属于拨块驱动的微小滑块结构，一般用在模仁里面；Slider_Small滑块属于单斜导柱小型滑块结构；Slider滑块属于单斜导柱标准滑块结构；Slider_Medium滑块属于双斜导柱中型滑块结构；Slider_Large和Slider_Large_new滑块都属于双斜导柱大型滑块结构	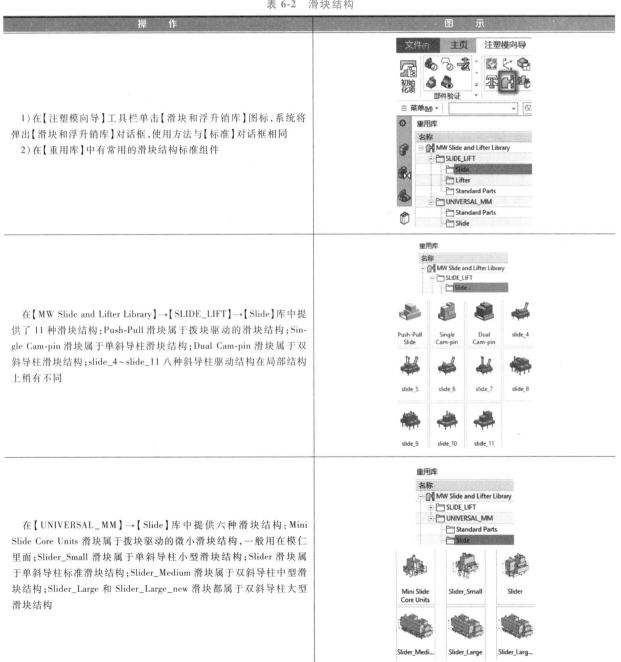

6.2.2 滑块成型部分设计

1. 在型芯里切割滑块成型部分（表 6-3）

本案例模型和微课视频在教学资源包的 MW-Cases \ CH6 \ 6.2.2.1 \ 初始部件目录中。打开 intra_top_000.prt 装配文件，详细操作过程可查看微课视频。

表 6-3　在型芯里切割滑块成型部分的步骤

序号	操　作	图　示
1	双击【intra_core_024.prt】，把它变为【工作部件】	
2	利用【注塑模向导】工具条中的【包容体】命令，在型芯里创建一个包容体	
3	利用【分割体】命令，在型芯中分割出滑块成型部分	
4	利用【合并】命令，完成滑块成型部分	

2. 利用分模命令拆分滑块成型部件（表 6-4）

本案例模型和微课视频在教学资源包的 MW-Cases \ CH6 \ 6.2.2.2 \ 初始部件目录中。打开 v0_top_000.prt 装配文件，详细操作过程可查看微课视频。

表 6-4　利用分模命令拆分滑块成型部件的步骤

序号	操　作	图　示
1	1)在【分型工具】中,单击【定义区域】命令,定义滑块成型区域,选中【创建区域】和【创建分型线】选项 2)单击【确定】按钮,滑块成型区域就定义好了	
2	1)单击【设计分型面】命令,再单击【选择分型线】,把分型线连接起来,单击【应用】按钮 2)单击【选择分型或引导线】,把引导线定义好 3)单击【自动创建分型面】按钮 4)单击【确定】按钮,型腔分型面、型芯分型面和滑块分型面就设计好了	
3	1)单击【定义型腔和型芯】命令,选择【所有区域】,选中【没有交互查询】选项 2)单击【确定】按钮,型腔、型芯和滑块成型部件就设计好了	
4	1)单击【设计分型面】命令,把分型线连接起来,单击【应用】按钮 2)定义好引导线 3)单击【自动创建分型面】按钮 4)切换到 Top 视图,即可看到滑块成型部件	

6.2.3 滑块结构设计

1. 标准单斜导柱滑块结构设计（表 6-5）

本案例模型和微课视频在教学资源包的 MW-Cases \ CH6 \ 6.2.3.1 \ 初始部件目录中。打开 intra_top_000.prt 装配文件，详细操作过程可查看微课视频。

表 6-5 标准单斜导柱滑块结构设计

序号	操　作	图　示
1	1）单击【注塑模向导】工具栏中的【滑块和浮升销库】命令，系统将弹出【滑块和浮升销库】对话框 2）在【重用库】→【UNIVERSAL_MM】→【Slide】库中选择 Slider 滑块	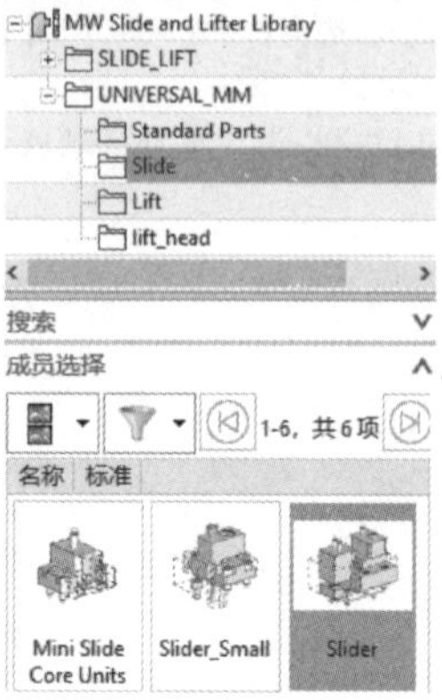
2	1）滑块【父级】选择【intra_prod_014】 2）宽度【SL_W】= 140mm，倒扣距离【SE-CESSION_L】= 2mm，滑块会自动增加安全距离 3）移动【工作坐标系】（WCS）位置，【XC】移动 140mm，【YC】移动 -69mm，【ZC】移动 31mm，【ZC】方向旋转 90° 4）单击【确定】按钮，即可调出滑块结构标准组件	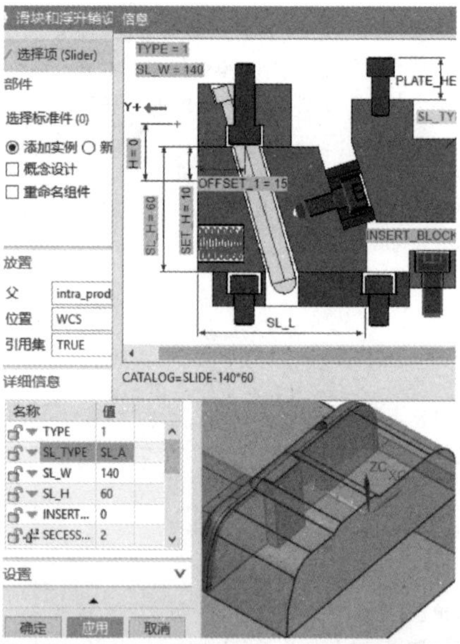
3	调整好【滑块锁紧块】螺钉长度，删除【滑块本体】中用来固定滑块成型部分的槽和螺钉	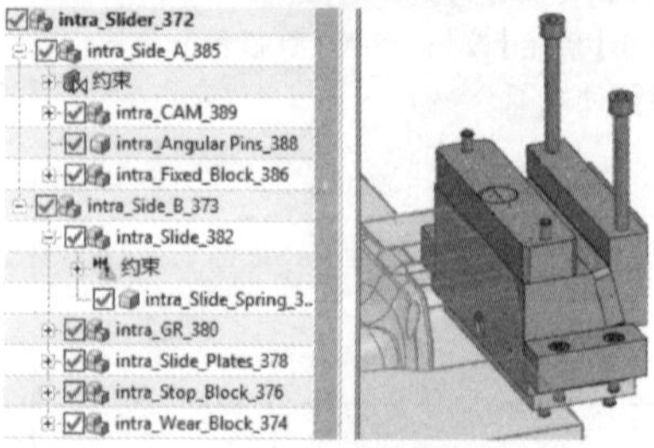
4	1）利用【装配】模块中的【WAVE 几何链接器】命令，把滑块成型部分链接到滑块本体里 2）利用的【合并】命令，把滑块本体和滑块成型部分变为一个整体 3）把型芯中的滑块成型部分移到第 256 图层，滑块结构设计完成	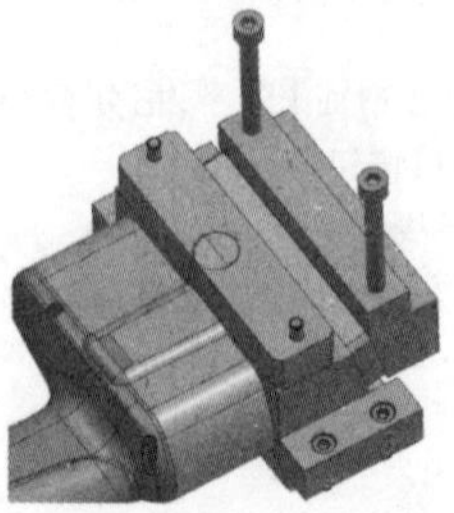

2. 拨块驱动滑块结构设计（表6-6）

本案例模型和微课视频在教学资源包的 MW-Cases \ CH6 \ 6.2.3.2 \ 初始部件目录中。打开 v0_top_000.prt 装配文件，详细操作过程可查看微课视频。

表6-6 拨块驱动滑块结构设计

序号	操 作	图 示
1	1）单击【注塑模向导】工具条中的【滑块和浮升销库】命令，系统将弹出【滑块和浮升销库】对话框 2）在【重用库】→【UNIVERSAL _ MM】→【Slide】库中选择 Mini Slide Core Units 滑块	
2	1）滑块【父级】选择 v0_prod_014.prt 2）宽度【ST】= 6mm 3）移动【工作坐标系】（WCS）位置，【XC】移动87.5mm，【YC】移动100mm，【ZC】移动13mm，【ZC】方向旋转90° 4）单击【确定】按钮，即可调出滑块结构标准组件	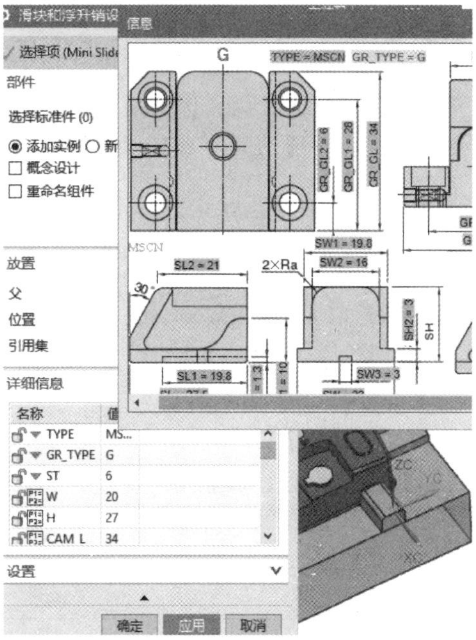
3	1）利用【装配】模块中的【WAVE 几何链接器】命令，把滑块成型部分链接到滑块本体里 2）利用【合并】命令，把滑块本体和滑块成型部分变为一个整体 3）把滑块成型区域部件的引用集变为空，滑块结构设计完成	

6.3 斜顶结构的详细设计

如前所述，对于产品的倒扣，可用滑块抽芯来解决。但对于有些产品倒扣，使用滑块抽芯却未必合适。例如，图 6-16 所示的倒扣应如何处理呢？如果使用滑块，空间不够，结构复杂。因此，对于这类产品倒扣，需要采用一种简便易行的结构。这种抽芯结构称为斜顶。

斜顶也称斜方、斜销，是处理制品内部倒扣的常用结构。

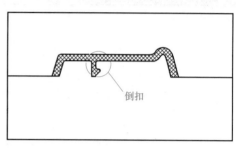

图 6-16 倒扣

6.3.1 斜顶的工作原理

斜顶固定在顶出板上，模具开模后，注塑机顶棍顶动顶出板，从而带动斜顶将制品顶出，同时退出倒扣。如图 6-17 所示，斜顶穿过一个模板的斜孔，斜顶与斜孔配合。从下向上给斜顶一个推力，推动斜顶向上运动一段距离，此时会发现斜顶在斜孔和推力的强迫作用下，不仅向上运动，并且向斜顶倾斜方向运动了一定距离，退出倒扣，出现图中所示的位置差距。

斜顶结构设计不仅涉及斜顶头部的设计，还会涉及斜顶导向及固定问题，所以模具中与斜顶相关的部分均要考虑，如图 6-18 所示。

1）斜顶头部设计。此部分主要考虑斜顶的具体拆法，涉及封胶位及角度的计算。

2）斜顶避空与导向。为了保证斜顶畅通无阻地在模具中运动，需要考虑怎样开设模板中的避空。

3）斜顶固定。斜顶的动力来自顶出板，需要考虑如何固定斜顶与顶出板。

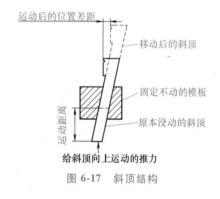

图 6-17 斜顶结构

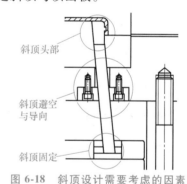

图 6-18 斜顶设计需要考虑的因素

6.3.2 斜顶头部设计

斜顶头部是斜顶的成型部分，这部分直接和塑料接触，所以要在保证顺利脱出倒扣位的前提下，保证不跑胶。根据产品倒扣的不同情况，斜顶头部的形状各有变化，如图 6-19 所示，即斜顶的拆法是不同的。

1）斜顶的倾斜角度可以利用经验公式计算，假如其倾斜角度为 M，则 $\tan M =$ 斜顶行程/顶出行程，斜顶行程等于倒扣大小加上安全余量（2~3mm）。

利用反三角函数算出角度后取整数，例如，算出的角度为 7.23°，可取为 8°。

一般来说，斜顶角度取 3°~12°，最大勿超过 15°，常取 6°、7°、8°、9°。

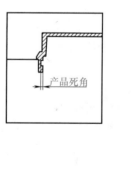
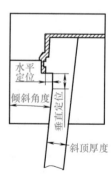

a)　　　　　b)

图 6-19 斜顶头部的形状

2）斜顶厚度常取 6~8mm，不得小于 5mm。如果厚度太小，则力度不够；厚度太大则浪费材料。斜顶宽度根据产品倒扣来定，最起码要与倒扣宽度一致，一般要大于倒扣 2~3mm，不得小于 5mm，如图 6-20 所示。

3）斜顶上设计的水平定位和垂直定位是为了方便碰数加工及数据测量，另外还起封胶作用，同时水平定位和垂直定位形成的台阶也可防止斜顶下沉。一般情况下，水平定位可取 3~5mm，垂直定位可取 5~10mm。

4）斜顶头部的三种形式如图 6-21 所示。

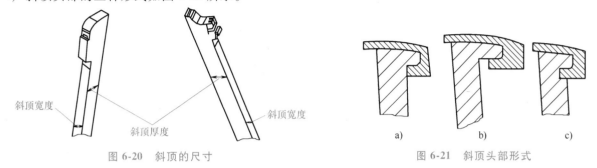

图 6-20　斜顶的尺寸　　　　　　图 6-21　斜顶头部形式

图 6-21a 所示为一般形式，其特点是包紧力小，倒扣容易脱出，加工方便，适合大多数情况下的倒扣处理。

图 6-21b 所示形式是在倒扣位后面留了一块铁，适合产品比较薄，且倒扣对斜顶包紧力比较大的情况，此时斜顶也比较大，模具上有足够的加工空间可以利用。

图 6-21c 所示形式适合斜顶过薄的情况，由于模具上对应倒扣的部位空间小，斜顶无法加大，故采用这种包胶结构。注意斜顶尽量不要伸出产品，以免和前模相碰。这是最不常用的一种形式。

5）设计斜顶的头部时，不要出现反铲度（顶出会铲胶），如图 6-22 所示。

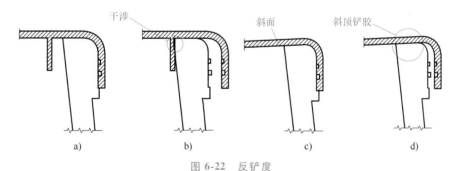

图 6-22　反铲度

6）斜顶的顶出距离要精确计算，不要与其他部件发生干涉，如图 6-23 所示。

7）斜顶的基本拆法。斜顶在模具中属于精密的零件，尺寸相对较小，又因其头部涉及封胶位，故其头部设计需要细心处理。

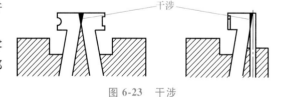

图 6-23　干涉

根据产品倒扣的具体情况，斜顶头部有不同的拆法，无论采用何种设计方法，均要从保证产品质量、加工方便简单的角度去考虑。斜顶的基本拆法说明见表 6-7。

表 6-7　斜顶的基本拆法说明

简　图	说　明	简　图	说　明
靠破	结构简单,加工方便,倒扣不易变形,靠破处容易产生毛边	a	当筋的高度 a 比较大时,可采用这种形式,其结构简单,加工方便,不易变形,但容易产生断裂

（续）

简 图	说 明	简 图	说 明
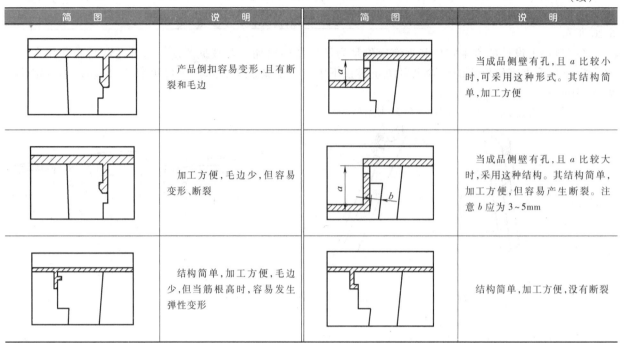	产品倒扣容易变形,且有断裂和毛边		当成品侧壁有孔,且 a 比较小时,可采用这种形式。其结构简单,加工方便
	加工方便,毛边少,但容易变形、断裂		当成品侧壁有孔,且 a 比较大时,采用这种结构。其结构简单,加工方便,但容易产生断裂。注意 b 应为 $3\sim5\mathrm{mm}$
	结构简单,加工方便,毛边少,但当筋根高时,容易发生弹性变形		结构简单,加工方便,没有断裂

6.3.3　斜顶的避空

斜顶在模具中运动时,会穿过后模仁和后模板。斜顶在后模仁中不能避空,否则会跑胶,斜顶孔在这一段对斜顶也起导向作用,属于第一段导向;但斜顶在后模板里面的部分则可以做出避空,即让位孔。否则,斜顶将与后模板发生摩擦,影响斜顶的寿命及畅通性。后模板上斜顶的常用避空做法即开设通孔,有圆孔、椭圆孔、U 形孔等。孔径的大小及位置应保证斜顶能够顺利通过。尽量采用圆形直孔,这样便于加工,若与其他组件发生干涉,可考虑采用椭圆孔、U 形孔,或做出斜孔的形式,位置应该尽量取整,如图 6-24 所示。

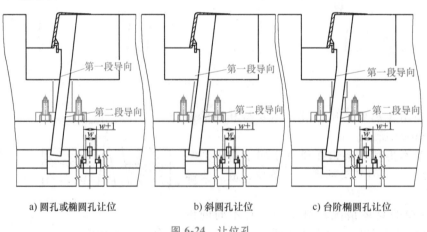

a) 圆孔或椭圆孔让位　　　b) 斜圆孔让位　　　c) 台阶椭圆孔让位

图 6-24　让位孔

6.3.4　斜顶的导向

斜顶导向件是对斜顶进行斜向导向,通常在后模板已经对斜顶做出避空孔的情况下使用。因为后模板已经避空,如果不加上导向件,斜顶的斜向导向就完全由斜顶在后模仁中的导向位来承担,这样势必会给其带来压力,另外也易导致斜顶"卡死"。为了确保斜顶运动通畅,采用导向块的结构形式来改善斜顶的滑动条件,如图 6-25 所示。

整体式斜顶导向块与分离式导向块的区别见表 6-8。

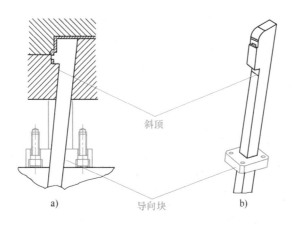

a)   斜顶   b)

导向块

图 6-25　利用导向块改善斜顶的滑动条件

表 6-8　整体式斜顶导向块与分离式导向块的区别

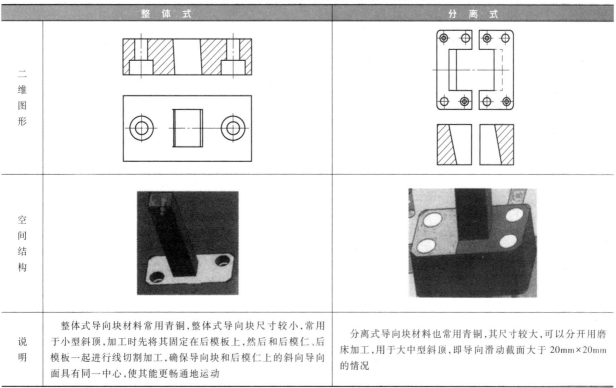

	整 体 式	分 离 式
二维图形		
空间结构		
说明	整体式导向块材料常用青铜,整体式导向块尺寸较小,常用于小型斜顶,加工时先将其固定在后模板上,然后和后模仁、后模板一起进行线切割加工,确保导向块和后模仁上的斜向导向面具有同一中心,使其能更畅通地运动	分离式导向块材料也常用青铜,其尺寸较大,可以分开用磨床加工,用于大中型斜顶,即导向滑动截面大于 20mm×20mm 的情况

6.3.5　斜顶的连接方式

斜顶底端定位结构有不同的形式,一般分为销钉式和 T 形槽式连接两种。图 6-26 所示的销钉式连接在设计中运用得较多,其结构简单,加工方便,安装、配合、维修、维护均较容易。

图 6-27 所示的 T 形槽式连接主要用于较大的、精度要求较高的产品,如图 6-27 所示,有多种不同形式的 T 形滑动座与其连接,加工配合比较难,制造成本较高。

具体斜顶采用何种连接方式并没有严格的规定,在实际工程中,除了考虑产品及模具的因素外,还要参考模具厂商的内部要求。

1. 销钉式连接

销钉式连接是最简单的连接方式,它的优点在于结构简单、加工速度快、成本低,其缺点是销钉在顶出板上的滑动不太顺畅,因为销钉与顶出板的接触面积太小。这种形式通常在产品尺寸要求不高、批量不大时采用,如图 6-28 所示。

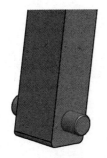

图 6-26　销钉式连接

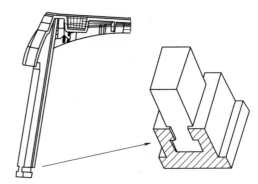

图 6-27　T 形槽式连接

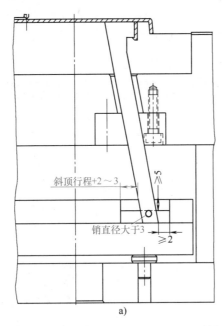

a)

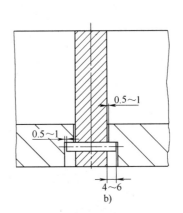

b)

图 6-28　销钉式连接结构图

2. T 形槽式连接

　　T 形槽式连接也是一种常用的斜顶定位方式。斜顶底部做成 T 形块的形式，与斜顶座的 T 形槽相对应。斜顶固定在顶出板上，斜顶在斜顶座中运动。图 6-29 所示为斜顶 T 形槽的一般形式，A 通常取 6 ~ 10mm，B 取 5 ~ 8mm。

　　斜顶座用螺钉固定在顶出板上，斜顶座与斜顶的装配尺寸如图 6-30 所示。

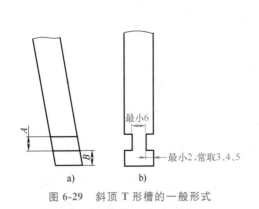

a)　　　　b)

图 6-29　斜顶 T 形槽的一般形式

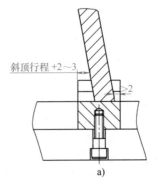

a)

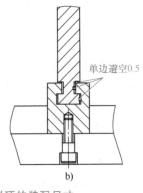

b)

图 6-30　斜顶座与斜顶的装配尺寸

　　图 6-31 所示为三种不同的斜顶底部结构，其中图 6-31a 所示形式用于斜顶比较大的情况，图 6-31b 所示形式用于中型斜顶，图 6-31c 所示形式用于横截面积小于 6mm×6mm 的小型斜顶。

3. 两段式斜顶

两段式斜顶适用于倒扣比较小（小于 5mm），且斜顶特别小，或斜顶运动空间不够的情况。由于这种斜顶的长度比较小，不像前面两种斜顶那样延长至顶出板，其长度基本上不超出后模板，所以也称半斜顶。而前面两种斜顶称为全斜顶结构。两段式斜顶并未直接连接在顶出板上，这种斜顶底部开有 T 形槽，可以和固定在顶出板上的顶针相连接，由顶针钩住进行顶出及复位，如图 6-32 所示。

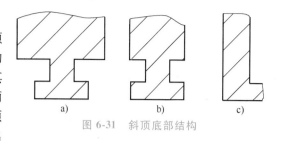

图 6-31 斜顶底部结构

这种斜顶本体设计有滑道，滑道有斜度，起导向作用，可以在斜顶两侧（T 形耳朵）或单侧开设滑道，或者设计成燕尾槽的形式，如图 6-33 所示。

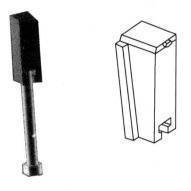

图 6-32 两段式斜顶结构

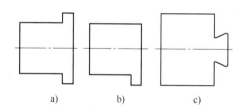

图 6-33 滑道的开设

安装时，斜顶从上往下装入模具，然后顶针从后模背后穿入斜顶 T 形槽，再旋转 90° 方向，钩住斜顶 T 形槽，同时斜顶顶针（推杆）要做防转处理。出于安全考虑，斜顶被顶出后不能脱离滑槽，所以斜顶的长度至少要比顶出行程大 10mm，斜顶斜度常取 3°~8°，其他设计尺寸可参考图 6-34。

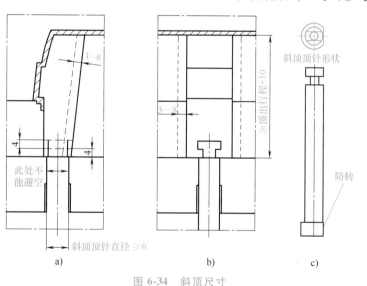

图 6-34 斜顶尺寸

6.4 注塑模向导斜顶结构设计

注塑模向导模块提供了滑块和浮升销库，为用户提供了一些基本的、常用的斜顶结构。由于注塑模的斜顶结构除了成型头有差异之外，其他各部分均已经标准化，因此可以通过添加标准组件的方式进行设计。

6.4.1 斜顶结构介绍

斜顶结构见表6-9。

表 6-9　斜顶结构

操　作	图　示
1) 在【注塑模向导】工具栏单击【滑块和浮升销库】图标,系统将弹出【滑块和浮升销库】对话框,使用方法与【标准】对话框相同; 2) 在【重用库】中有常用的斜顶结构标准组件	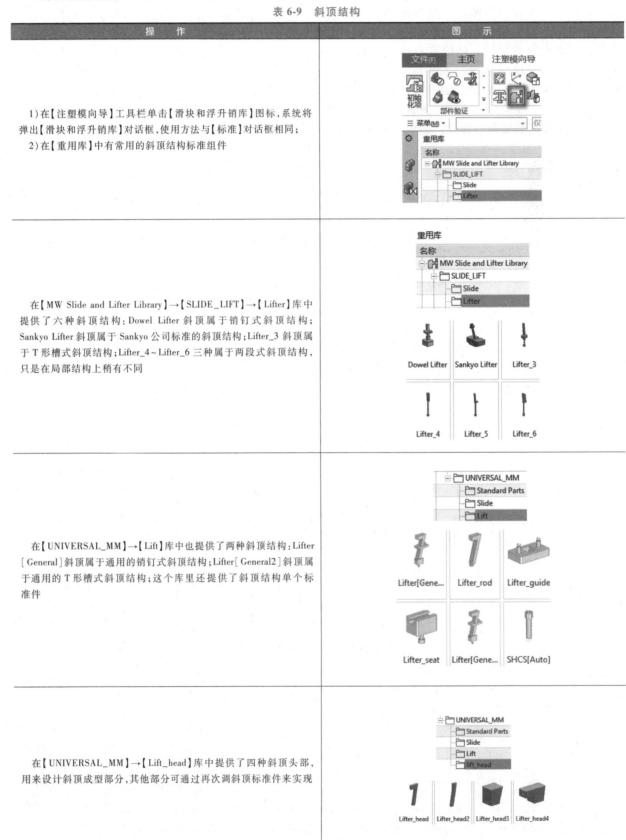
在【MW Slide and Lifter Library】→【SLIDE_LIFT】→【Lifter】库中提供了六种斜顶结构:Dowel Lifter 斜顶属于销钉式斜顶结构;Sankyo Lifter 斜顶属于 Sankyo 公司标准的斜顶结构;Lifter_3 斜顶属于 T 形槽式斜顶结构;Lifter_4~Lifter_6 三种属于两段式斜顶结构,只是在局部结构上稍有不同	
在【UNIVERSAL_MM】→【Lift】库中也提供了两种斜顶结构:Lifter[General]斜顶属于通用的销钉式斜顶结构;Lifter[General2]斜顶属于通用的 T 形槽式斜顶结构;这个库里还提供了斜顶结构单个标准件	
在【UNIVERSAL_MM】→【Lift_head】库中提供了四种斜顶头部,用来设计斜顶成型部分,其他部分可通过再次调斜顶标准件来实现	

6.4.2 斜顶结构设计

斜顶结构的设计步骤见表6-10。

本案例模型和微课视频在教学资源包的 MW-Cases \ CH6 \ 6.4.2 \ 初始部件目录中。打开 intra_top_000.prt 装配文件,详细操作过程可查看微课视频。

表 6-10 斜顶结构的设计步骤

序号	操　作	图　示
1	1)单击【注塑模向导】工具条中的【滑块和浮升销库】命令,系统将弹出【滑块和浮升销库】对话框 2)在【重用库】→【MW Slide and Lifter Library】→【U-NIVERSAL_MM】→【Lift】库中选择 Lifter[General]斜顶	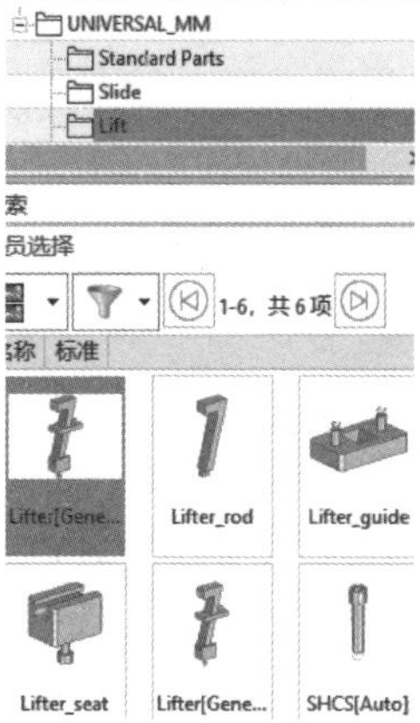
2	1)滑块【父级】选择【intra_prod_014】 2)厚度【ROD_THK】= 10mm,宽度【ROD_WIDTH】= 8mm,倒扣距离【SECESSION_L】= 2mm,斜顶不会自动增加安全距离,所以需要增加安全距离,斜顶头部高度【ROD_HH】= 20mm	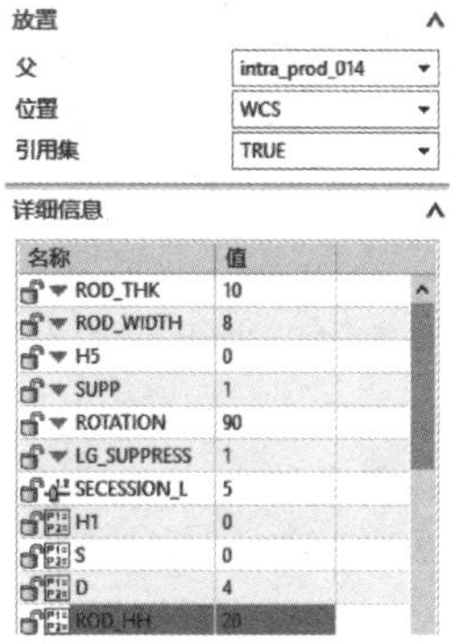
3	1)移动【工作坐标系】(WCS)位置,把坐标系移到倒扣底边中间,【YC】方向指向倒扣退去方向 2)单击【确定】按钮,即可调出斜顶结构标准组件	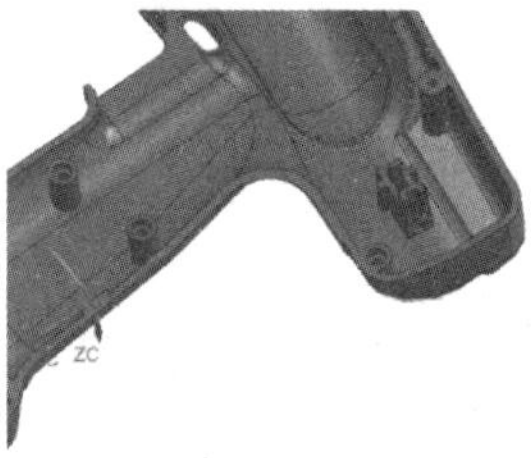
4	1)使用【修边模具组件】命令,修剪斜顶头部 2)单击【确定】按钮,斜顶结构标准组件即设计完成	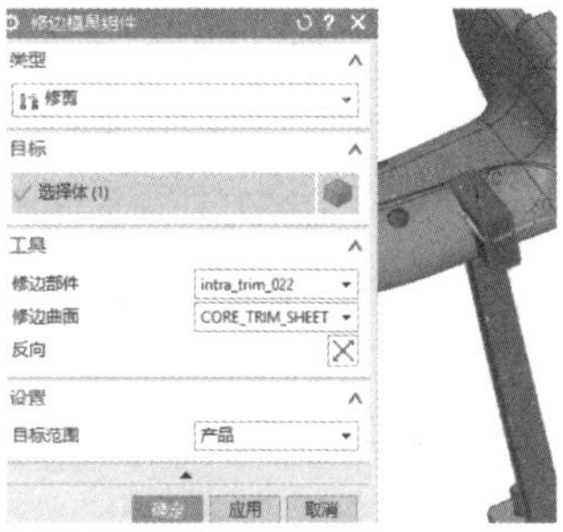 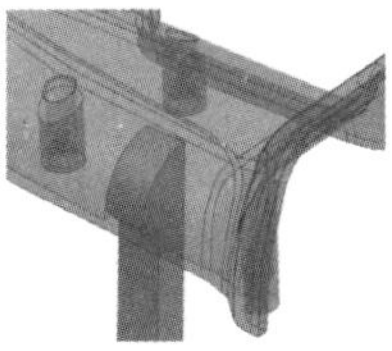

第7章

CHAPTER 7

脱模机构

在注塑成型过程中，脱模机构承担着注塑产品与模具分离的任务，脱模机构设计的合理性将直接影响注塑产品的质量。本章重点介绍常用脱模机构的类型及结构特点，以及如何应用【注塑模向导】设计脱模机构。

7.1 脱模机构设计理论

图7-1所示为注塑模顶出状态示意图。在动模移动一定距离后，推板带动推杆将塑料制品（以下简称塑件）推出，使其与模具分离，依靠自身重力作用自行脱落。其中导柱和导套使推出过程平稳进行，完成推出任务后，复位杆帮助推出塑件并回复至初始位置。

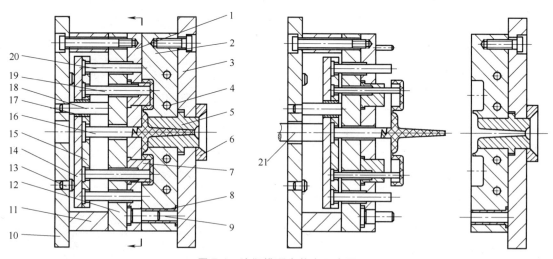

图7-1 注塑模顶出状态示意图

1—动模板 2—定模板 3—定模座板 4—冷却水道 5—主流道衬套 6—定位圈 7—凸模 8—导套 9—导柱
10—动模座板 11—垫块 12—支承板 13—支承柱 14—推板 15—推杆固定板 16—拉料杆
17—推板导套 18—推板导柱 19—推杆 20—复位杆 21—注塑机推杆

7.1.1 脱模力的计算

脱模力也称推出力，是指将塑料制品（简称塑件）从型芯上顶出所需要克服的阻力。脱模力必须大于塑件对模具的包紧力和粘附力，在开模的瞬间最大，称为初始脱模力。影响脱模力的因素主要有型芯成型部分的形状及其表面积；型芯表面粗糙度；塑件材料的收缩率及摩擦系数；塑件壁厚和包紧型芯的数量；成型时的注射压力、冷却时间及脱模斜度等。因此，在计算脱模力时，一般只考虑主要因素进行近似计算。如图 7-2 所示，对壳形塑件进行受力分析可得

$$\sum F_x = 0$$
$$F_m \cos\alpha - F_t - F_b \sin\alpha = 0$$
$$F_t = F_m \cos\alpha - F_b \sin\alpha$$
$$F_m = \mu F_b$$
$$F_b = PA$$
$$F_t = PA(\mu \cos\alpha - \sin\alpha)$$

式中，μ 为摩擦系数，一般取 $0.1 \sim 0.3$；P 为塑件对型芯单位面积上的包紧力（MPa），一般取 $8 \sim 12$MPa；A 为塑件包紧型芯的侧面积（mm^2）；α 为脱模斜度（°）。

7.1.2 脱模机构的设计原则

1) 为了避免塑件在脱模时因受力不均匀而发生变形或损伤，脱模机构的推出力应布置均匀，尽量靠近包紧力较大的型芯或脱模困难的部位，如塑件的细长管状部位宜选用推管脱模。

2) 推出力位置应选择在塑件刚性和强度最大的部位，并且使推杆的作用面积尽可能大一些，避免作用在塑件的薄壁结构处，如凸缘、壳体薄壁等部位，筒形塑件多选用推板机构。

3) 脱模机构应保证动作准确安全、灵活可靠，并具有足够的强度克服脱模力。对于斜顶和摆杆机构，还应提高机构的耐磨性。

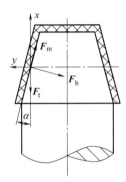

图 7-2 受力分析

4) 为了保证塑件具有良好的外观，推出位置尽量选择在塑件非外观面或隐藏面，减少推件痕迹对塑件美观性的影响。当脱模零件与塑件有直接接触时，在选取合理的配合间隙，避免产生飞边。

5) 脱模机构的设计应便于加工，在不影响塑件脱模的情况下，尽量选用尺寸相同、便于加工的推杆。例如，圆形推杆加工便捷，成本较低；方形顶针和异形推杆加工难度大，成本高。

7.1.3 脱模结构

1. 推杆结构

推杆也称顶针、顶杆、顶出销等。推杆因其制造简单、替换方便等优点，是脱模机构中较为常用的一种结构形式。其不足之处在于顶出面积较小，容易引起应力集中而顶坏塑件，在脱模斜度小和顶出阻力大的管形或箱形塑件中应避免采用这种形式。

（1）推杆的形式 推杆大致可分为单节式推杆和阶梯式推杆，其横截面形状有圆形、方形和异形三种。

图 7-3 所示为常见的单节式圆形推杆、阶梯式圆形推杆和方形推杆。单节式推杆适用于小型模具，阶梯式推杆适用于推杆直径较小和顶出距离较大的模具，以避免因强度太大而造成推杆弯曲变形。优先选用圆形推杆，避免选用方形推杆和异形推杆，以便于加工和装配。

（2）推杆的位置 推杆应设在难以脱模的部位，如柱位、骨位及加强筋等位置。当顶出力相同时，推杆要均匀布置，保证塑件顶出时受力均匀、不易变形，同时还应注意不与模具其他零部件发生干涉。推杆应分布在塑件的非外观面、非薄壁处，以免影响塑件的美观性或发生塑件被顶破的现象。在保证塑件质量和顺利脱模的情况下，推杆的数目不宜过多且尺寸规格应尽量相同。当在斜面上放置推杆时，需做出锯齿槽防滑脱，图 7-4 所示为带 R 形锯齿槽的推杆。

壳类塑件由于侧面阻力较大，推杆应在靠近侧壁的部位，但不应与模具边缘的距离太近而影响到模具的强度，如图 7-5 所示。

a) 单节式
圆形推杆　　b) 阶梯式
圆形推杆　　c) 方形
推杆

图 7-3 推杆

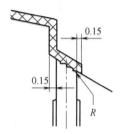

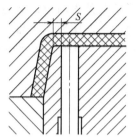

图 7-4　带 R 形锯齿槽的推杆　　　　　　　图 7-5　壳类产品推杆位置

（3）推杆的固定形式　推杆的固定形式如图 7-6 所示　推杆最常用的固定形式是通过沉孔安装在推件固定板上，如图 7-6a 所示，这种固定形式可用于各种形式的推杆。为使加工简便，可通过加垫板或垫圈代替固定板上的沉孔，如图 7-6b 所示。图 7-6c 中推杆的高度可以调节，螺母起固定锁紧作用。在推杆直径较大及固定板较厚时，可以利用螺钉顶紧推杆，如图 7-6d 所示。当推杆的直径较小或推杆之间的距离较近时，可采用铆接的形式将推杆固定在固定板上。

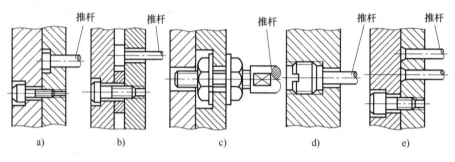

a)　　　　b)　　　　c)　　　　d)　　　　e)

图 7-6　推杆的固定形式

2. 推管结构

推管又称空心推杆、顶管或司筒等。推杆具有顶出力大且均匀，推顶平稳、可靠等优点，常应用于圆环形、圆筒形等中心带孔的塑件的脱模。如果需要在塑件的圆形通孔或不通孔上施加顶出力，适合选用推管结构。由于推管的制造成本较高，一般和其他顶出方式一起使用，在考虑经济成本时，在满足塑件质量的情况下，也可选用推杆替代。

推管的结构如图 7-7 所示，它由推管外套和推管型芯组成。通常情况下，推管型芯安装固定在底板上，起成型的作用，开模时，推管外套在推件板的作用下顶出制品。

图 7-7　推管结构

推管的尺寸应优先采用标准规格，推管外径应当小于所推圆柱的外径，推管内径应大于通孔或不通孔的直径。一般推管型芯的长度比推管的长度大 50mm，如果不满足要求，需要注明推管型芯的长度。推管型芯与推管套要有足够的导向配合长度。

3. 推板脱模机构

推板又称顶板、脱料板等。推板脱模机构是放置于分型面处的一整块板件，沿着塑件周边将其顶出。推板脱模机构具有顶出均匀、顶出力大、运动平稳、塑件不易变形、表面无顶出痕迹、结构简单、无须设置复位装置等特点，适用于大型环件、壳体类零部件、薄壁容器等塑件，对于表面不允许有推杆痕迹的透明塑件也是一种较有用的顶出方式。推板不适用于分型面周边形状复杂、推板型孔加工困难的塑件。

图 7-8 所示为常用的推板脱模机构，推板通过螺钉固定在推杆固定板上，防止推板在顶出过程中脱落。

使用推板脱模机构时还应注意，推板与型芯的配合结构应呈锥面，这样可减少运动擦伤，并起到辅助导向的作用。如图 7-9a 所示，推板内孔应比型芯成型部分（单边）大 0.2～0.3mm；如图 7-9b 所示，推板脱模后，须保证塑件不滞留在推板上。

4. 推块脱模机构

推块脱模机构具有和推板脱模机构相同的优点，推出后塑件表面基本无残留痕迹。对于平板状带凸缘的塑件，如果用推板脱模会粘附模具，则可采用推块脱模机构。

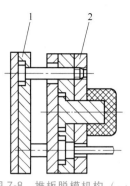

图 7-8 推板脱模机构（一）
1—推杆固定板 2—推板

推块脱模机构如图 7-10 所示。设计推块脱模机构时应注意以下几点：推块应有较高的硬度和较小的表面粗糙度值；推块周边应做 1°～5° 的斜度，与镶件不宜采用直面配合；推块与镶件的配合间隙以不溢料为准，并要求滑动灵活；推块与推杆采用螺纹连接，可以采用圆柱形销钉连接；为了保证推块推出稳定性，较大的推块应设置两个以上的推杆。

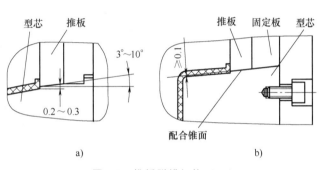

图 7-9 推板脱模机构（二）

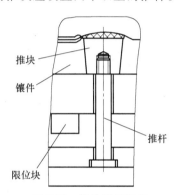

图 7-10 推块脱模机构

7.2 NX 推出机构设计

【注塑模向导】针对推出机构更智能化的设计，提供了专门的对话框进行推杆的添加及编辑等操作，用户可通过【设计顶杆⊖】或者【标准件管理】对话框设计并安装推出机构。同时，【注塑模向导】还提供了各种规格的标准件，如圆推杆、扁推杆、推管等。用户也可以自行创建需要使用的标准件进行客制化设计，使推杆机构的设计更加方便快捷。

7.2.1 【设计顶杆】功能概述

【设计顶杆】和【标准件管理】两个功能均可实现推杆标准件的添加及编辑，【设计顶杆】的功能如下：

1）可以从【重用库】中选择推杆标准件。

2）可自动推荐推管安装位置并推荐其直径。

3）在指定推杆位置前，可以通过推杆符号预览。

4）可以通过 X-Y 坐标值编辑推杆位置。

5）可以通过信息窗口编辑推杆尺寸。

6）根据筋部平面位置的不同，在移动过程中可以动态地旋转方形推杆，如图 7-11 所示。

7）可以指定添加推杆的父节点。

⊖ 此处及下文涉及 NX 软件中的【设计顶杆】功能，与软件模块保持一致。

8）分型后的装配体，在具有模架的情况下，可以自动推荐推杆的长度。

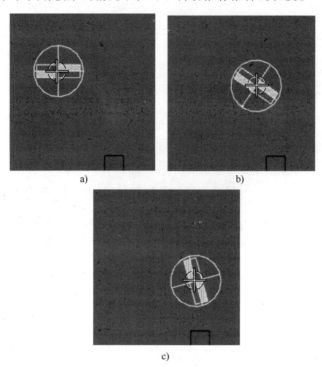

图 7-11　方形推杆动态旋转示意图

7.2.2　【顶杆后处理】功能概述

为了使添加后的推杆和推管与成型部分的形状相匹配，【注塑模向导】提供了【推杆后处理】工具。它可以用于推杆的修剪、推杆假体长度的设置，还可以撤销对推杆的修剪。

推杆高度的调整有【修剪】和【调整长度】两种类型，并可以设置【偏置值】来确定推杆最终的长度。不同修剪方式所获得的推杆见表 7-1。

表 7-1　不同修剪方式的推杆

修 剪 方 式	图　示
修剪前	型芯 原始推杆
【调整长度】类型+【偏置值】为 0 特点：推杆的长度调整到修剪曲面的最高点，不建立链接特征，更新时间快	调整长度后的推杆

（续）

修 剪 方 式	图 示
【修剪】类型+【偏置值】为 0.5mm 特点：修剪端面与修剪曲面保持一致，建立链接特征，将偏置值设置为正值，修剪后的推杆端面将高于修剪曲面	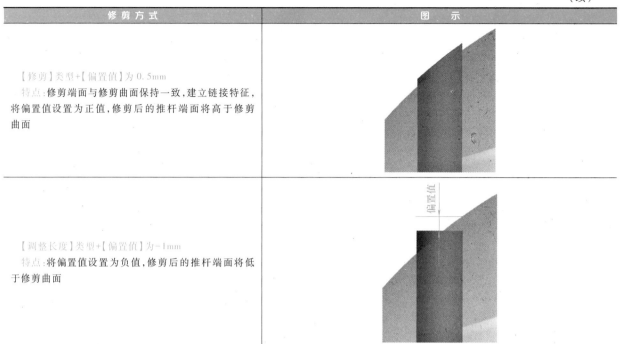
【调整长度】类型+【偏置值】为 -1mm 特点：将偏置值设置为负值，修剪后的推杆端面将低于修剪曲面	

当移动通过【修剪】类型获得的推杆时，【注塑模向导】会根据修剪曲面自动调整推杆的长度，如图 7-12 所示。

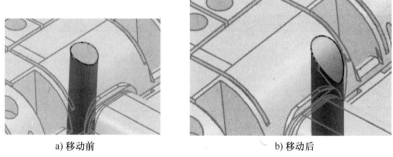

图 7-12 自动调整推杆的长度

推杆真实体和假体说明：

1）推杆真实体即代表推杆实体。

2）推杆假体当作工具体，用于模具开槽。

3）配合长度是从推杆端面到推杆配合间隙孔之间的垂直距离，如图 7-13 所示。

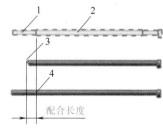

图 7-13 推杆真实体和假体

1、2—推杆假体 3—修剪后的推杆 4—推杆真实体

推杆后处理是对推杆真实体进行修剪，对推杆假体不进行修剪，但为了满足配合长度，假体前段的长度会进行自动调整，如图 7-14 所示。

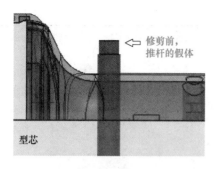
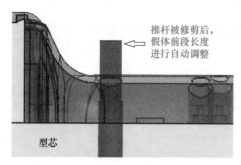

图 7-14 推杆假体长度调整

7.3 案例分析：推出机构设计

本节将以推出机构的设计为例，分别对直推杆、扁推杆、推管的设计进行介绍。

7.3.1 直推杆的设计

使用【设计顶杆】功能可进行推杆的添加和编辑。

本小节案例模型和微课视频在教学资源包的 MW-Cases \ CH7 \ 7.3 \ 7.3.1 目录中。打开 intra_top_000.prt 文件，启动【注塑模向导】，选择【设计顶杆】功能，操作步骤见表 7-2。

表 7-2 【设计顶杆】的步骤

操 作 步 骤	图 示
1）在【重用库】中选择需要添加的推杆，设置推杆参数或使用默认参数 2）选择安装推杆的位置，单击【确定】按钮 3）加载多个推杆说明：如果选择【实例】，则所加载的推杆为相互关联的同一名称推杆；选择【新建部件】，则所加载的多个推杆没有相互关联关系，均为新创建的推杆	

针对加载好的推杆进行编辑操作时，在【设计顶杆】对话框的【类型】组中选择【编辑位置】，操作步骤见表 7-3。

表 7-3　编辑推杆的步骤

操作步骤	图　示
使用【编辑对象】选中需要编辑的推杆,重新编辑推杆的尺寸或者位置	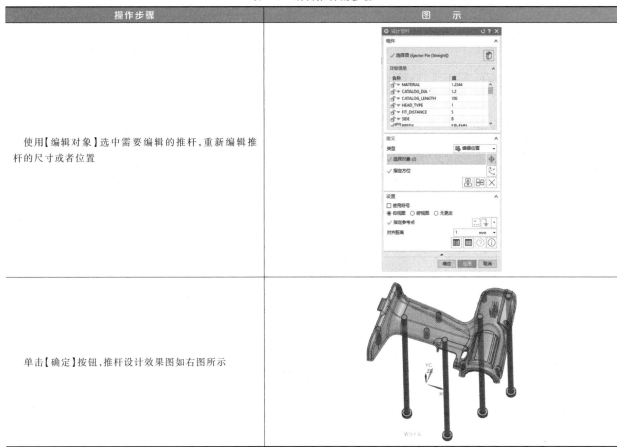
单击【确定】按钮,推杆设计效果图如右图所示	

推杆的添加和编辑还可以使用【标准件管理】对话框来实现,只需要在【重用库】中选择推杆标准件即可,详细使用方法可查看第 11 章标准件的客制化。

7.3.2　修剪推杆

本小节案例模型和微课视频在教学资源包的 MW-Cases \ CH7 \ 7.3 \ 7.3.2 目录中。打开 intra_top_000. prt 文件,启动【注塑模向导】,选择【顶杆后处理】功能,操作步骤见表 7-4。

表 7-4　修剪推杆的步骤

操作步骤	图　示
选择【修剪】,选择需要修剪的推杆,选择【修边曲面】	

（续）

操作步骤	图示
单击【确定】按钮,结果如右图所示	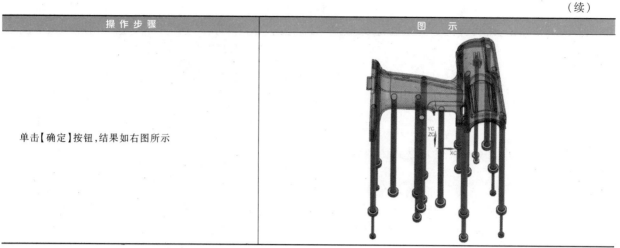

7.3.3 扁推杆的设计

为了优化推出效果,通常在产品的筋部安装扁推杆。下面的案例主要介绍扁推杆的安装。

本小节案例模型和微课视频在教学资源包的 MW-Cases \ CH7 \ 7.3 \ 7.3.3 目录中。打开 intra_top_000.prt 文件,启动【注塑模向导】,选择【设计顶杆】功能,见表7-5。

表 7-5 扁推杆的设计

操作步骤	图示
选择扁推杆	✓ 选择项 (Ejector Pin Flat [FW,FK])
选择指定点	指定点
将光标放置在筋面上,在需要添加扁推杆的位置上单击鼠标右键,然后单击【确定】按钮	

针对扁推杆的安装,【设计顶杆】对话框中提供了【与肋板边对齐】选项（图7-15）,此选项只有在选择扁推杆时可以使用,详细操作过程可参照微课视频。

a) 不勾选【与肋板边对齐】选项　　　　b) 勾选【与肋板边对齐】选项

图 7-15 【与肋板边对齐】选项

7.3.4 推管的设计

推管作为常见的推出机构,一般可添加在制品凸缘处来优化推出效果。下面的案例将介绍当制品中具有凸缘结构时如何添加推管。

本小节案例模型和微课视频在教学资源包的 MW-Cases \ CH7 \ 7.3 \ 7.3.4 目录中。打开 intra_top_000. prt 文件，启动【注塑模向导】，选择【设计顶杆】功能，操作步骤见表 7-6。

表 7-6　添加推管的操作步骤

操 作 步 骤	图 示
1）在【设计顶杆】对话框中选择【推管】。 2）单击【搜索套筒位置】按钮（此按钮只有在选择项为推管时可以使用），勾选【使用符号】选项 3）单击【确定】按钮	

将推管符号转化为推管实体，除了在【设计顶杆】对话框中实现外，还可以使用【概念设计】功能。打开【概念设计】对话框，具体步骤见表 7-7，并配合微课视频进行学习。

表 7-7　推管的概念设计

操 作 步 骤	图 示
选择要转化为实体的标准件符号	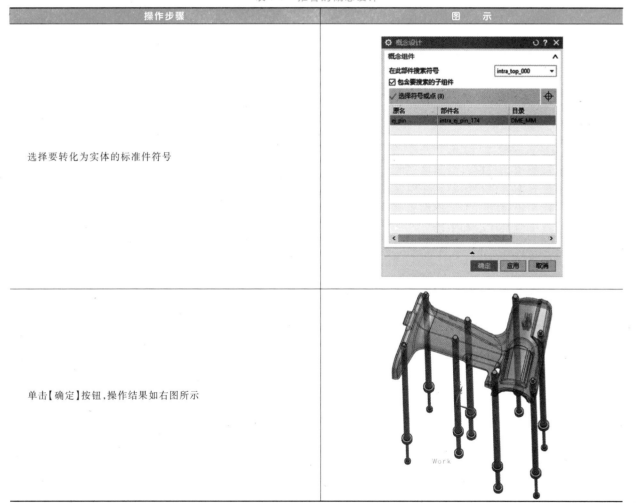
单击【确定】按钮，操作结果如右图所示	

第8章
CHAPTER 8

注塑模温度控制

8.1 模具温度控制的原则和方式

塑料制品注塑成型的完整周期由充填时间、保压时间、冷却时间和开模时间组成，其中冷却时间所占比例最高为70%～80%。因此，冷却系统的设计是一个关键的步骤，直接影响成型周期、生产率和成本。

8.1.1 概述

在注塑过程中，对模具型腔填充的塑料熔体温度通常可以达到200℃，模具工作一段时间后温度将会很高，而模具温度直接影响到注射件的质量，如收缩率、耐应力开裂性和表面质量等，并且对生产率具有决定性作用，因此必须采用温度调节系统对模具的温度进行控制。为了使模具保持塑料材料成型所需温度，模具中应设计冷却系统。

8.1.2 冷却系统的作用

1. 提高生产率

在注射件成型周期中，冷却时间占了很大的比例。由于冷却时间较长，使得注塑成型生产率的提高受到限制，因此缩短成型周期中的冷却时间是提高生产率的关键。

2. 提高产品质量

由于制品形状复杂、壁厚不均匀、充模顺序不同等因素，塑料在固化过程中，不同位置的温度不同，温度的波动会使制品的收缩率、尺寸精度、塑性变形、裂纹和表面质量受到影响。模具温度不均匀，型腔与型芯温差过大，则注射件收缩不均匀，导致注射件产生翘曲变形，影响注射件的形状和尺寸精度。模具温度过高，则会造成溢料粘模、注射件脱模困难、变形大，热固性注射件则会发生过熟。塑料品种不同，对模具的温度要求也不同，对模具温度的总要求是：使模具温度达到适合制品成型的工艺条件要求，能通过控温系统的调节，使型腔各部位的温度基本相同；在较长的时间内，即在生产过程中的每个成型周期中，模具温度应均衡一致。

8.1.3 冷却系统的设计

冷却系统是指模具中开设的水路系统，它与外界水源连通，根据需要组成一个或者多个水路。冷却系统的作用是带走高温塑料熔体在冷却定型过程中放出的热量，并将模具温度控制在设定的范围内。

1. 常见的冷却方法

模具的冷却方法按照冷却介质可分为水冷却、气冷却和油冷却等。

用水冷却模具，是在模具中开设管道，然后使水增压并流经设计水路，通过其循环流动带走热量，这是最常用的冷却方式之一。用油冷却模具时，机油经油泵增压后流经流道。用空气冷却，即使用空气压缩机压缩空气，通过流道进行冷却。本章重点分析冷却水路，也称为运水的设计。

2. 设计冷却系统的原则

1）冷却水路至型腔表面的距离应该尽量相等，并且围绕制品均匀布置，冷却水路的排列与型腔的形状应相互吻合，如图 8-1a 所示。冷却水路至型腔的距离不能太大也不能太小，距离太大会影响冷却效果，距离太小则影响模具强度，通常取 10~18mm，如图 8-1b 所示。当注射件厚度不均匀时，其壁厚处冷却通道应靠近型腔，间距要小，以加强冷却，如图 8-1c 所示。

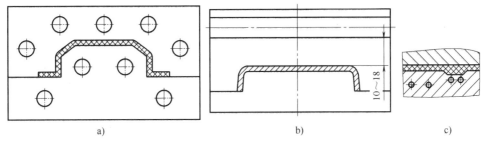

图 8-1　冷却水路的布局

2）在模具结构允许的前提下，冷却水路的孔径应尽量大，冷却水路的组数应尽量多，以保证冷却均匀。

3）降低水路入口和出口的温度差。水路流程应尽可能短，水路过长，出口温度势必较高，导致出入口的水温差太大，将使模具的温度分布不均匀。设计时，应根据注射件的结构特点、塑料特性及注射件壁厚，合理地确定水路的排列形式，使注射件的冷却速度大致相同。一般入口和出口的温度差在 3℃左右，超过 3℃则说明水路过长。出现这种情况时，可以将水路独立成若干个回路，以提高传热效率。例如，将图 8-2a 所示的一组水路改为图 8-2b 所示的三组水路，冷却效果更好。当一套模具中的水路组数超过 2 时，应在各出入水处做"OUT"和"IN"的标记，"OUT"表示出水，"IN"表示进水。同时应加上序号，表示连接的顺序，如图 8-2 所示。

4）在整个模具水路中，冷却水路的直径尺寸要尽量统一。冷却水路是使用麻花钻加工的，加工刀具规格应尽量统一，并尽量设计成垂直或水平的水路，以便于加工。一般选取水路直径范围为 6~12mm。冷却水路不能留有死水，以免生锈而堵塞水路。

5）水路应避开推杆、司筒、螺钉、斜顶、直顶等零件，与周边的间距要保持在 4mm 以上，其中与螺钉的最小间距为 5mm。要方便加工和拆装水管接头，避免发生干涉。

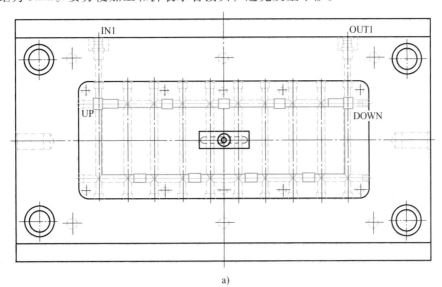

图 8-2　冷却水路布置

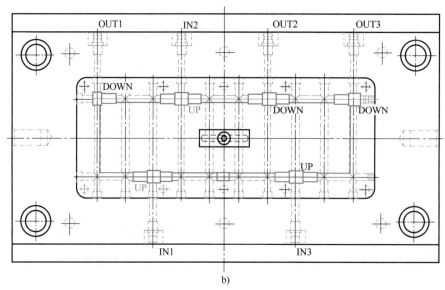

图 8-2　冷却水路布置（续）

6）为了防止漏水，镶块与镶块的拼接处不应设置冷却管道；必须设置冷却管道时，应加设套管密封。此外，应注意水路穿过型芯、型腔与模板接缝处时的密封性以及水管与水嘴连接处的密封性。同时，水管接头部位应设置在不影响操作的方向，通常在注塑机的背面。

7）当两条水路在空间上交叉或者处于同一平面时，若水路长度小于150mm，则最小间距为3mm；若水路长度大于150mm，则最小间距为5mm，如图8-3所示。

8）浇口处应加强冷却，当熔融塑料充填型腔时，由于浇口附近温度最高，因此应加强冷却。一般可将冷却水路的入口设在浇口处，可使冷却水先流经浇口附近，再流向浇口远端，如图8-4所示。

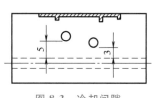

图 8-3　冷却间隙

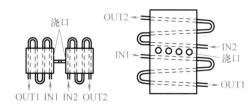

图 8-4　冷却入口的设置

9）当模具采取镶拼结构且镶件尺寸比较大的时候，应单独冷却。如齿轮镶件等圆形镶件一般设置环形水路。

3. 冷却水路的常见形式

（1）直通式水路　直通式水路可分为平行直通式和非平行直通式两种。平行直通式是指冷却水道直接贯穿模板且互相平行，如图8-5所示。这种方式由于水道离制品较远，仅适用于一些小制品、小模具。

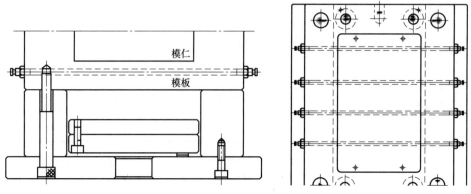

图 8-5　平行直通式水路

如果水路通过模仁，水嘴的螺纹必须锁在模仁上才能密封以防止漏水。直通模板式水路的接头固定在模板上，如图 8-6 所示。

（2）阶梯式水路　阶梯式水路的形式是在模板上固定好水管接头之后，冷却通道穿通模板进入模仁，在模仁中绕了一周，然后再次穿通模板，从另一端的水管接头出来。阶梯式水路使用挡水圈和堵头来密封，水路穿通模板与模仁的地方需要用挡水圈。堵头可以用无头螺钉或铜来代替。这种形式的水路很常见，如图 8-7 所示。

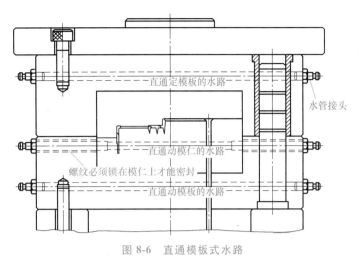

图 8-6　直通模板式水路

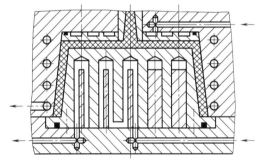

图 8-7　阶梯式水路

（3）直孔隔板式水路　隔板式水路也称水井式水路，在型芯的直通道中采用隔板结构，与型芯轴线平行的通道与底部横向通道形成了串接冷却回路，水从右侧流入，由于水堵使水上流，在上侧通过隔板流入左侧而完成冷却过程。这种水路可用于大直径的长型芯的冷却。隔板一般为 3mm 的薄片（铜片或铝片），水井直径一般为 16mm、20mm、25mm，如图 8-8 所示。

（4）盘旋式水路　盘旋式水路适用于桶装式的产品。在镶件上加工螺纹槽，中心钻孔，水路在镶件上盘旋，冷却水从一侧进入，盘旋上升至顶端，然后从中心孔流出。这种方式需要对镶件进行密封以防止漏水，并固定以防止旋转，如图 8-9 所示。

图 8-8　直孔隔板式冷却回路

（5）喷流式水路　图 8-10 所示为喷流式冷却回路，在型芯中间装一喷水管，冷却水从喷水管中喷出，分流后冲刷冷却型芯内侧。这种回路的冷却效果好，但制造比较困难，适用于长型芯单型腔模。

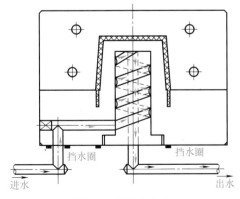

图 8-9　盘旋式水路

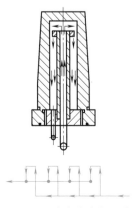

图 8-10　喷流式冷却回路

8.2 NX 冷却系统的设计

　　打开【注塑模向导】，找到【冷却工具】工具栏，其中提供创建通道、调整通道以及添加冷却零件的工具。

　　在进行冷却通道设计时，需要根据下列具体情况进行分析，确定在哪一个工作部件中设计冷却系统。

　　1）当型腔是平衡式布局，而且型腔/型芯中的冷却通道完全一致时，在型腔/型芯中创建冷却通道。

　　2）各个型腔中的冷却通道不同，或者需要在几个型腔间创建连接通道，在冷却部件中创建冷却通道。系统提供的冷却部件节点为 cool_side_a 和 cool_side_b。

8.2.1 水路图样

　　水路图样工具可以选择已有的曲线或绘制草图轮廓，从而被识别为通道的中心线，系统利用中心线产生指定大小的实体通道；另外，绘制圆后，系统将沿垂直于草图平面的方向拉伸圆，从而产生隔水孔。

　　本小节案例模型和微课视频在教学资源包的 MW-Cases \ CH8 \ 8.2 \ 8.2.1 目录中。

　　案例：打开 case_1_cavity_002. prt 文件，启动【注塑模向导】，选择【冷却工具】中的【水路图样】，操作步骤见表 8-1。

表 8-1　水路图样操作步骤

序号	操作步骤	图　示
1	选择【选择曲线】，通过【绘制截图】进入草图环境，在适当位置绘制直线和圆	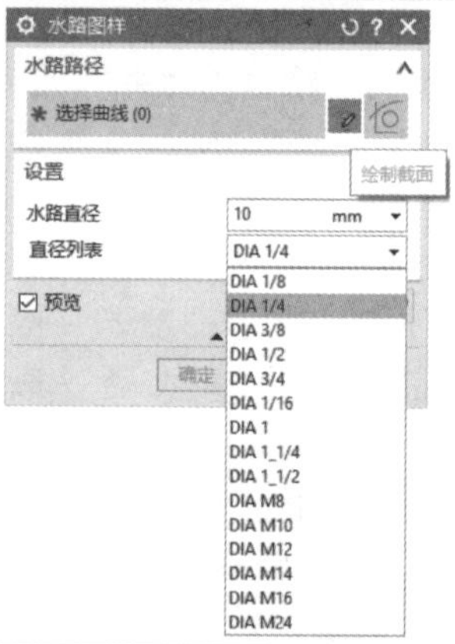 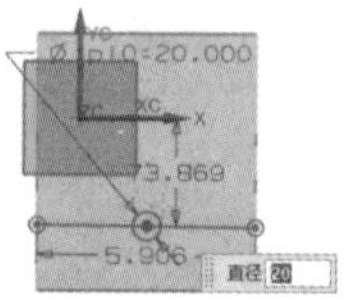
2	结束草图绘制，可以预览生成的水路。草图中生成的圆自动生成节流阀，直线生成水路通道	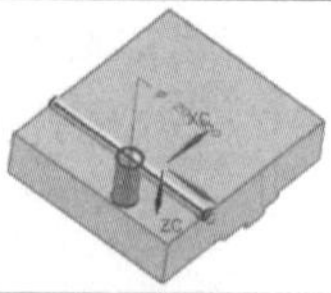
3	设置【水路直径】，可以从【直径列表】中选择。通过【水路直径】可以控制水路管道的直径。单击【确定】按钮，生成右图所示水路	
4	【直径列表】的定义：可在软件安装文件 moldwizardDir\cool\cooling_diameter_value. xlsx 中预定义水路【直径列表】的数据，如右图所示	

右图表 4（直径列表）数据：

NAME	VALUE
DIA 1/8	8
DIA 1/4	10
DIA 3/8	14
DIA 1/2	15
DIA 3/4	20
DIA 1/16	5
DIA 1	25
DIA 1_1/4	35
DIA 1_1/2	40
DIA M8	6
DIA M10	8
DIA M12	10
DIA M14	12
DIA M16	14
DIA M24	20

8.2.2　直接水路

利用【直接水路】工具，以指定的起始点创建通道，在定义通道的终点时，通过设置距离和方向、直接指定终止点或拖曳动态手柄到指定的位置来实现。

本小节案例模型和微课视频在教学资源包的 MW-Cases \ CH8 \ 8.2 \ 8.2.2 目录中。

案例：打开 v0_core_006. prt 文件，启动【注塑模向导】，选择【冷却工具】中的【直接水路】功能，操作步骤见表 8-2。

表 8-2　【直接水路】的操作步骤

序号	操作步骤	图　示
1	选择【通道】类型，在【通道位置】中指定【指定点】，设计通道起始点	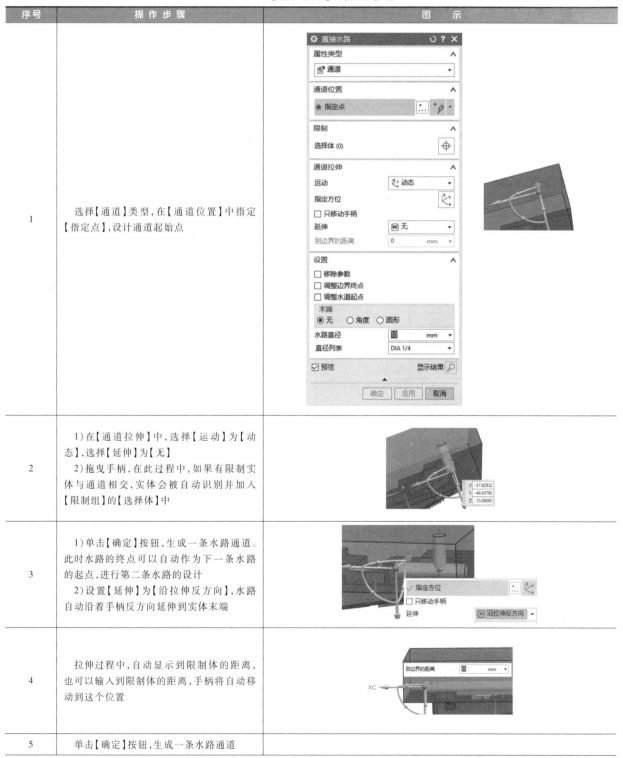
2	1）在【通道拉伸】中，选择【运动】为【动态】，选择【延伸】为【无】 2）拖曳手柄，在此过程中，如果有限制实体与通道相交，实体会被自动识别并加入【限制组】的【选择体】中	
3	1）单击【确定】按钮，生成一条水路通道。此时水路的终点可以自动作为下一条水路的起点，进行第二条水路的设计 2）设置【延伸】为【沿拉伸反方向】，水路自动沿着手柄反方向延伸到实体末端	
4	拉伸过程中，自动显示到限制体的距离，也可以输入到限制体的距离，手柄将自动移动到这个位置	
5	单击【确定】按钮，生成一条水路通道	

(续)

序号	操 作 步 骤	图 示
6	1)【移除参数】:对于生成的水路,选择移除参数可以减少部件导航器上的模型历史记录 2)【调整边界终点】:当直接水路生成过程中经过边界水道时,选择【调整边界终点】,可以调整边界水道的长度 3)【调整水道起点】:当直接水路生成过程中经过边界水道时,选择【调整水道起点】,可以调整直接水路的起点延伸其长度 4)【末端】:当直接水路是不通孔时,选择【无】生成的水道的孔端部都是平面的,选择【角度】可以为水道末端添加锥形体,选择【圆形】可以为水道末端添加半球体。可将【顶锥角】设置成不同于默认的118°	 a) 无参数 b) 选择【调整边界终点】 c) 选择【调整水道起点】

8.2.3 定义水路

利用【定义水路】工具,可将选定的实体定义为冷却水路或节流阀,并可以设置水路的图层、颜色和类型。

本小节案例模型和微课视频在教学资源包的 MW-Cases \ CH8 \ 8.2 \ 8.2.3 目录中。

案例:打开 Define Channel. prt 文件,启动【注塑模向导】,选择【冷却工具】中的【定义水路】功能,操作步骤见表 8-3。

表 8-3 定义水路的操作步骤

序号	操 作 步 骤	图 示
1	选择【冷却类型】→【通道】或【节流阀】	
2	【选择体】选择一个包含圆柱面的实体,改变实体【颜色】及【图层】,单击【确定】按钮	
3	定义生成的水路【冷却类型】,可以在软件安装文件 moldwizardDir \ cool \ cooling _ reg. xlsx 的 COOLANT _ TYPE 一栏中自行定义	

8.2.4 连接水路

【连接水路】工具将两段通道进行延伸,直到其相交并连接在一起;如果通道不在同一个平面上,将自动创建一个新的垂直通道用于连接。

本小节案例模型和微课视频在教学资源包的 MW-Cases \ CH8 \ 8.2 \ 8.2.4 目录中。

案例：打开 connectChannel.prt 文件，启动【注塑模向导】，选择【冷却工具】中的【连接水路】功能，操作步骤见表8-4。

表 8-4　连接水路的操作步骤

序号	操作步骤	图　示
1	选择【选择水路】，选择需要连接的水路	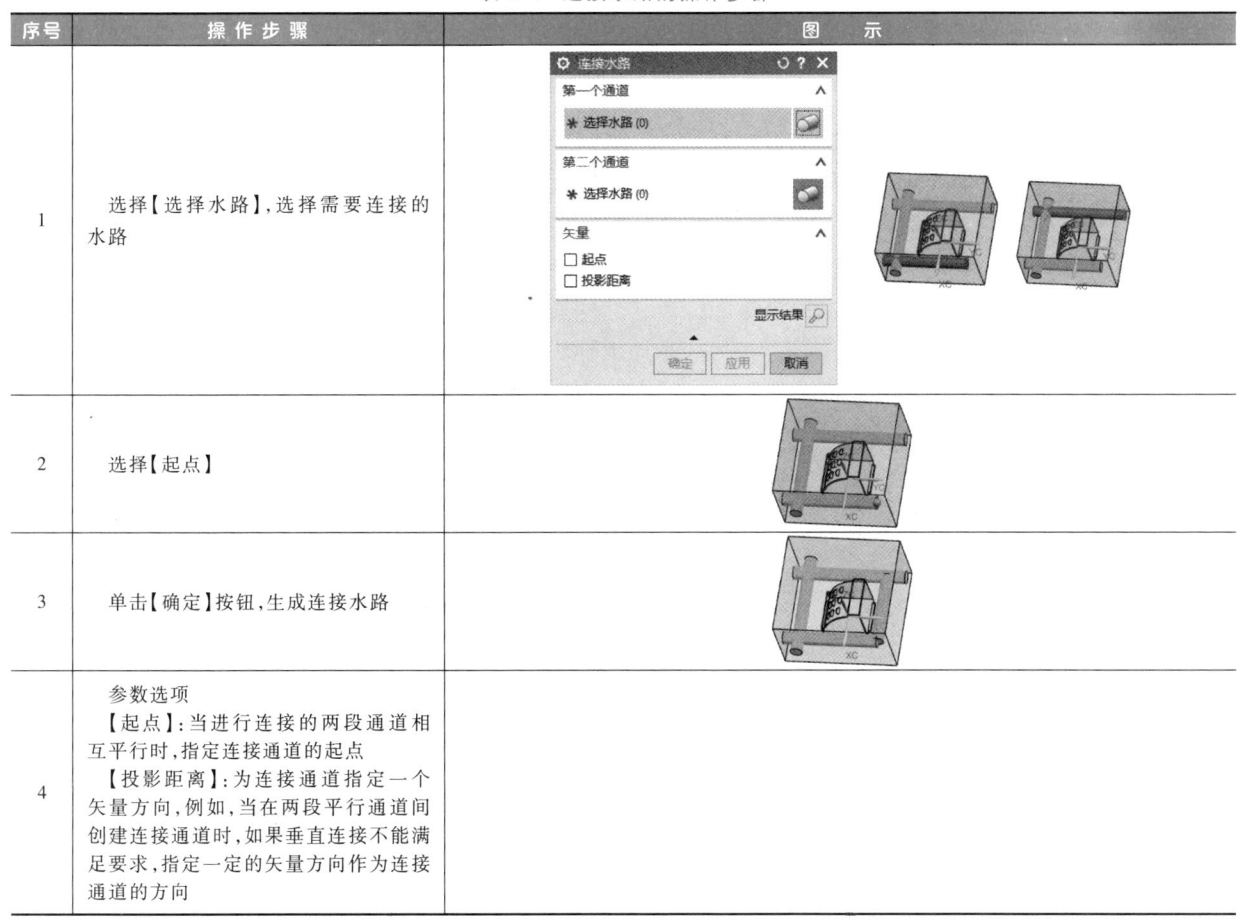
2	选择【起点】	
3	单击【确定】按钮，生成连接水路	
4	参数选项 【起点】：当进行连接的两段通道相互平行时，指定连接通道的起点 【投影距离】：为连接通道指定一个矢量方向，例如，当在两段平行通道间创建连接通道时，如果垂直连接不能满足要求，指定一定的矢量方向作为连接通道的方向	

8.2.5　延伸水路

【延伸水路】工具可以将已有通道延伸一段距离。可以采用以下几种方法进行延伸，如延伸到指定的边界实体、延伸到另一段通道、延伸指定距离。

本小节案例模型和微课视频在教学资源包的 MW-Cases \ CH8 \ 8.2 \ 8.2.5 目录中。

案例一：打开 extendChannel1.prt 文件，启动【注塑模向导】，选择【冷却工具】中的【延伸水路】功能，操作步骤见表8-5。

表 8-5　延伸水路的操作步骤（一）

序号	操作步骤	图　示
1	在【选择水路】中选择需要延伸的水路	

（续）

序号	操作步骤	图 示
2	在【选择边界实体】中选择镶件体或模板并设置【距离】。当【选择边界实体】中没有选择实体时，可以通过改变【距离】的数值来控制延伸选择水路】的长度	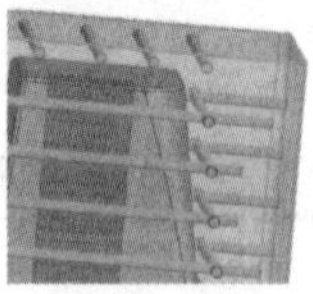
3	单击【确定】按钮，生成延伸水路	

案例二：打开 extendChannel2. prt 文件，启动【注塑模向导】，选择【冷却工具】中的【延伸水路】功能。本案例中选中【选择边界实体】，将另一条通道作为边界对象，可以支持选中【调整边界通道】，操作步骤见表 8-6。

表 8-6　延伸水路的操作步骤（二）

序号	操作步骤	图 示
1	在【选择水路】中选择需要延伸的水路	 
2	在【选择边界实体】中选择另一条水路作为边界	
3	选中【调整边界通道】，单击【确定】按钮生成延伸水路，可见边界水路也相应做了延伸	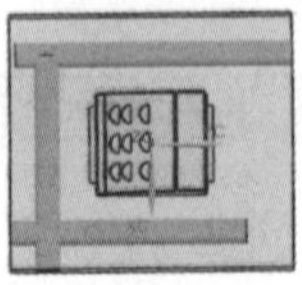

8.2.6 调整通道

【调整通道】工具具有以下功能：线性地拖曳冷却管道一定的距离；将管道移开距指定的面一定距离；调整挡板组件的长度；批量调整水道的直径。

本小节案例模型和微课视频在教学资源包的 MW-Cases \ CH8 \ 8.2 \ 8.2.6 目录中。

案例一：打开 repositionChannel. prt 文件，启动【注塑模向导】，选择【冷却工具】中的【调整水路】功能，进行水路重定位设计，操作步骤见表 8-7。

表 8-7　案例一操作步骤

序号	操作步骤	图示
1	选择【水路重定位】；选择【选择水路】，可以一次框选多个水路	
2	选择【选择面】，可以一次选多个面，这里选择右图中蓝色面为限制面	
3	指定【垂直矢量】，设置【距离】值为 15，单击【确定】按钮	
4	检查调整水路到选择的面的距离	

案例二：打开 channelLength.prt 文件，启动【注塑模向导】，选择【冷却工具】中的【调整水路】功能，进行水路通道长度设计，操作步骤见表 8-8。

表 8-8　案例二操作步骤

序号	操作步骤	图示
1	选择【通道长度】	

（续）

序号	操作步骤	图示
2	选择【选择水路】，可以一次框选多个水路	
3	选择【选择面】，可以一次选多个面；设置【距离】值为15，单击【确定】按钮	
4	检查通道到选择的面的距离	

案例三：打开 v0_prod_0014.prt 文件，启动【注塑模向导】，选择【冷却工具】中的【调整水路】功能，进行水路挡板组件长度设计，操作步骤见表 8-9。

表 8-9　案例三操作步骤

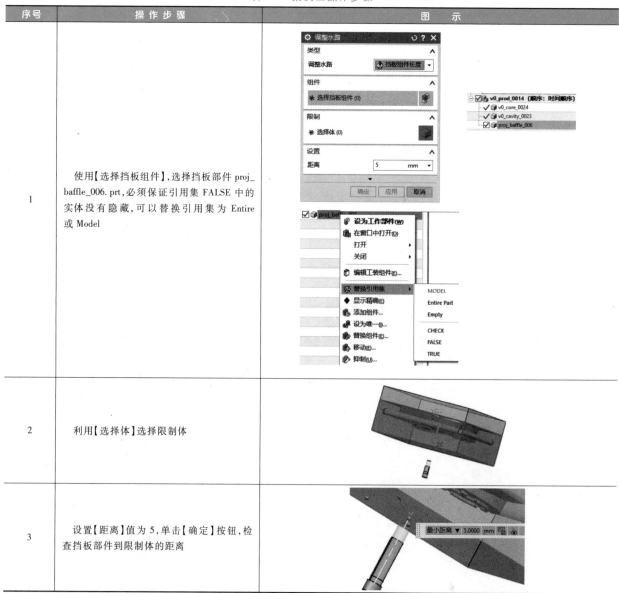

序号	操作步骤	图示
1	使用【选择挡板组件】，选择挡板部件 proj_baffle_006.prt，必须保证引用集 FALSE 中的实体没有隐藏，可以替换引用集为 Entire 或 Model	
2	利用【选择体】选择限制体	
3	设置【距离】值为 5，单击【确定】按钮，检查挡板部件到限制体的距离	

案例四：打开 channelLength. prt 文件，启动【注塑模向导】，选择【冷却工具】中的【调整水路】功能，进行调整直径，可以批量修改直径尺寸，操作步骤见表 8-10。

表 8-10 案例四操作步骤

序号	操 作 步 骤	图 示
1	选择【选择水路】，可以一次框选多个水路	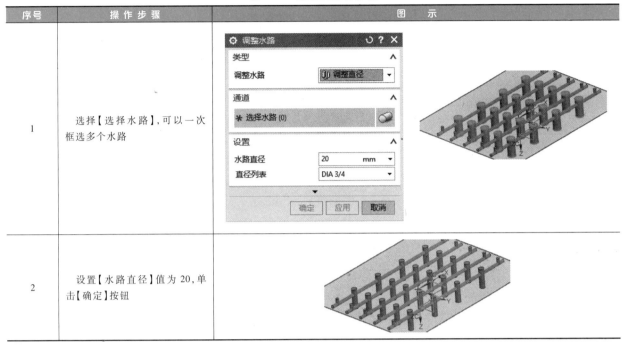
2	设置【水路直径】值为 20，单击【确定】按钮	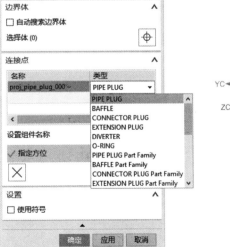

8.2.7 冷却接头

利用【冷却接头】（Cooling Fittings）工具为水路添加冷却连接件。

本小节案例模型和微课视频在教学资源包的 MW-Cases \ CH8 \ 8.2 \ 8.2.7 目录中。

案例：打开 cooling_Fittings_1. prt 文件，启动【注塑模向导】，选择【冷却工具】中的【冷却接头】功能，进行冷却接头设计，操作步骤见表 8-11。

表 8-11 冷却接头的操作步骤

序号	操 作 步 骤	图 示
1	选择【选择通道】；选择【指定点】，选中通道端面的中心点，系统自动在【连接点】中增加相应的行，默认类型为堵头	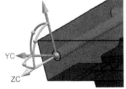

(续)

序号	操作步骤	图　示
2	选中【使用符号】，单击【确定】按钮后，即可在指定的位置放置概念性的连接点	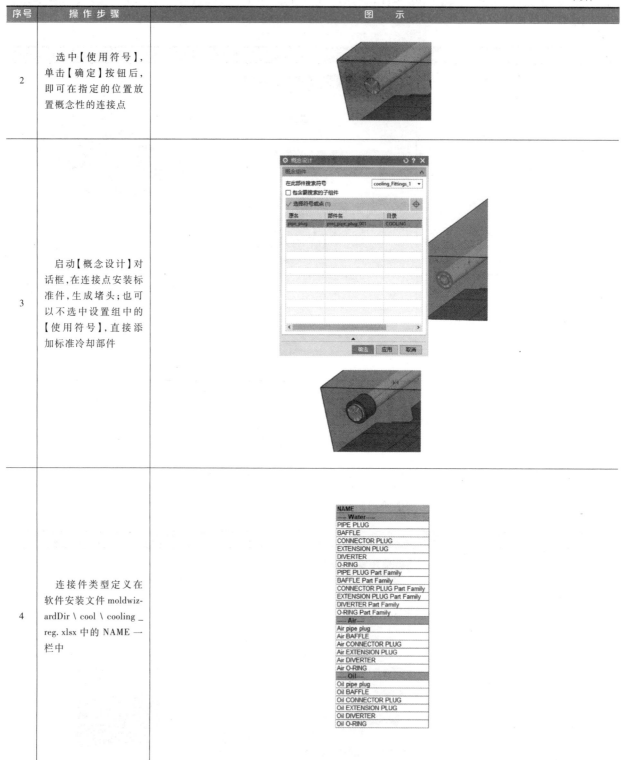
3	启动【概念设计】对话框，在连接点安装标准件，生成堵头；也可以不选中设置组中的【使用符号】，直接添加标准冷却部件	
4	连接件类型定义在软件安装文件 moldwizardDir \ cool \ cooling_reg. xlsx 中的 NAME 一栏中	

8.2.8　冷却回路

利用【冷却回路】（Cooling Circuits）工具将冷却水路组合为一个回路，并为水路添加冷却连接件。

本小节案例模型和微课视频在教学资源包的 MW-Cases \ CH8 \ 8.2 \ 8.2.8 目录中。

案例：打开 case_1_cavity_002. prt 文件，启动【注塑模向导】，选择【冷却工具】中的【冷却回路】功能，进行冷却回路设计，操作步骤见表 8-12。

表 8-12　冷却回路的操作步骤

序号	操 作 步 骤	图　　示
1	选择【选择入口】，确定水路入口	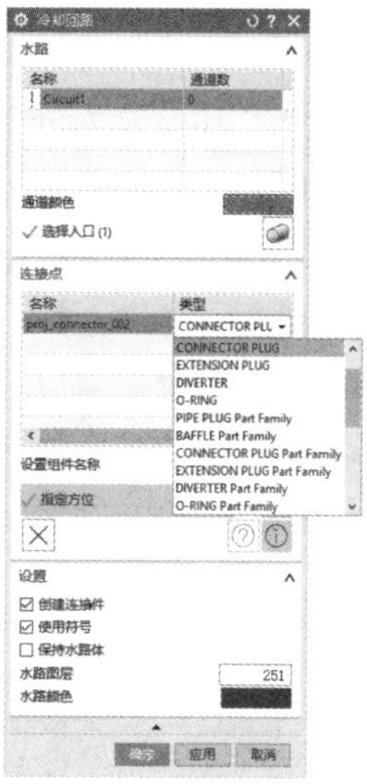
2	在图形窗口中，箭头会在下一个结点处出现，指示回路的备选流向。如果回路通道是不通孔，以圆锥形或圆柱体为端面，那么这条通道上将不显示箭头	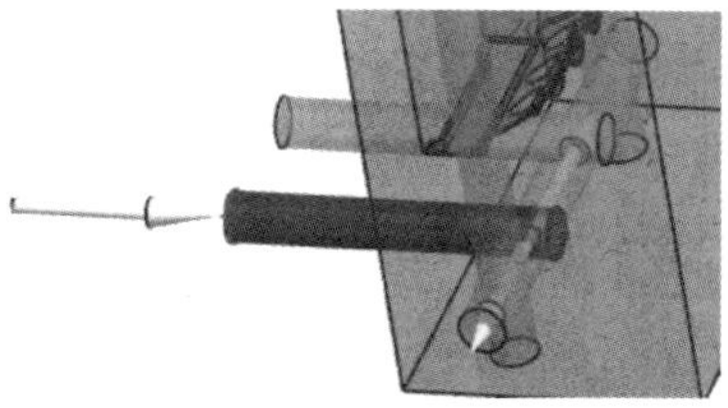
3	继续选择箭头，回路进入下一个分叉点，并在流经水路上生成连接点到连接点组中，标记连接件生成的位置	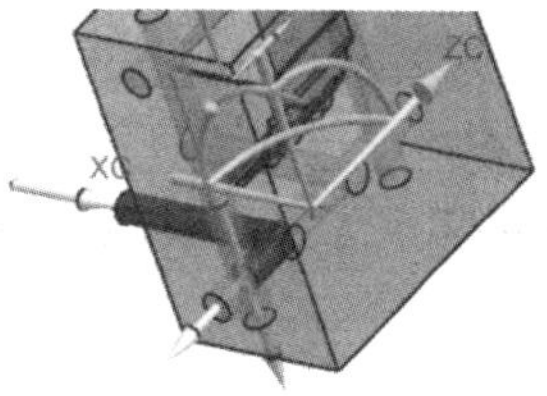
4	继续选择箭头，确定整个回路	
5	单击【确定】或【应用】按钮，就可以在指定的位置放置概念性的连接点	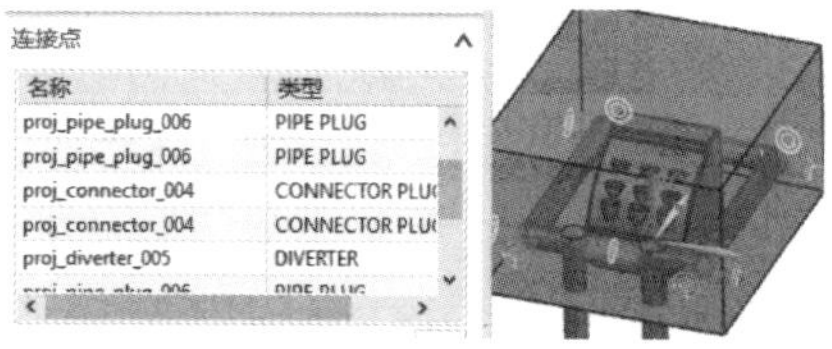
6	打开【概念设计】对话框，在连接点安装标准件，生成堵头。也可以不选中设置组中的【使用符号】，直接添加标准冷却部件	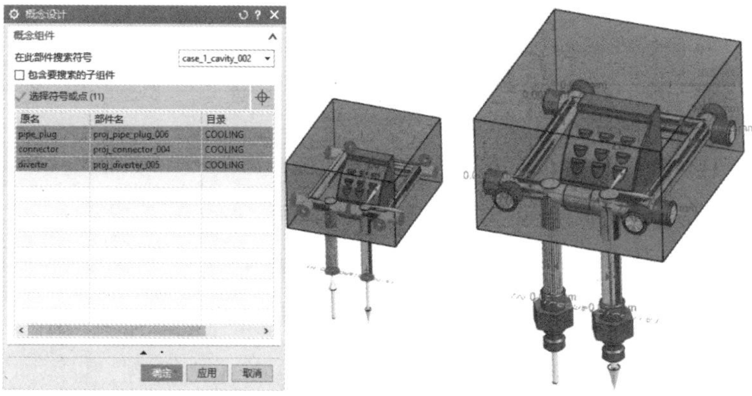

8.2.9 冷却标准部件库

利用【冷却标准部件库】工具，以添加标准部件的方式安装冷却系统中的管道、密封圈、封堵和水嘴等。

在【冷却工具】栏上单击【冷却标准部件库】，打开图 8-11 所示的【冷却组件设计】对话框。在重用库中，可以拖拽冷却组件，加载冷却组件，如图 8-12 所示。

图 8-11 【冷却组件设计】对话框

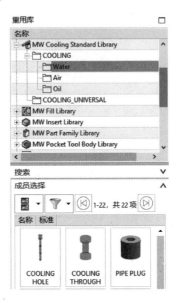

图 8-12 冷却组件重用库

根据设计的需要，选择安装冷却系统的组件，由于同属于标准件管理系统，所以安装冷却系统组件的方法和前面讨论的标准件安装方法一致。表 8-13 列出了各种冷却组件的具体说明。

表 8-13 冷却组件说明

冷却组件	说明
COOLING HOLE	一段封闭的普通型冷却管道
COOLING THROUGH HOLE	直通型冷却管道
PIPE PLUG	锥形内六角螺塞（封堵）
BAFFLE/BAFFLE AUTO/BAFFLE SPIRAL	节流阀
CONNECTOR PLUG	水管接头
EXTENSION PLUG	加长型水管接头
DIVERTER	堵头
O-RING	O 形密封圈
COOLING_PATTERN	预配置的冷却系统布置方案，包括管道、封堵、水管接头和密封圈

8.3 冷却系统设计案例

本节案例模型和微课视频在教学资源包的 MW-Cases \ CH8 \ 8.3 目录中。

案例一：以某塑胶产品的型腔冷却系统的设计为例，以添加标准组件的方式展示冷却系统的设计方法，见表 8-14。

表 8-14　冷却系统的设计方法

序号	操作步骤	图　示
1	1）打开 intra_top_000. prt，设置 intra_cool_side_a_004. prt 为工作部件 2）在 COOLING_UNIVERSAL 库中选择 Cooling［Cavity］标准件 3）编辑详细信息 4）【确定】按钮，添加标准组件 5）确定引用集为 Entire Part	
2	重复上述步骤添加标准组件，装配树如右图所示	
3	1）在 COOLING_UNIVERSAL 库中选择 Cooling［Core］标准件 2）编辑详细信息 3）单击【确定】按钮，添加标准组件 4）确定引用集为 Entire Part 5）所加冷却标准组件如右图所示	

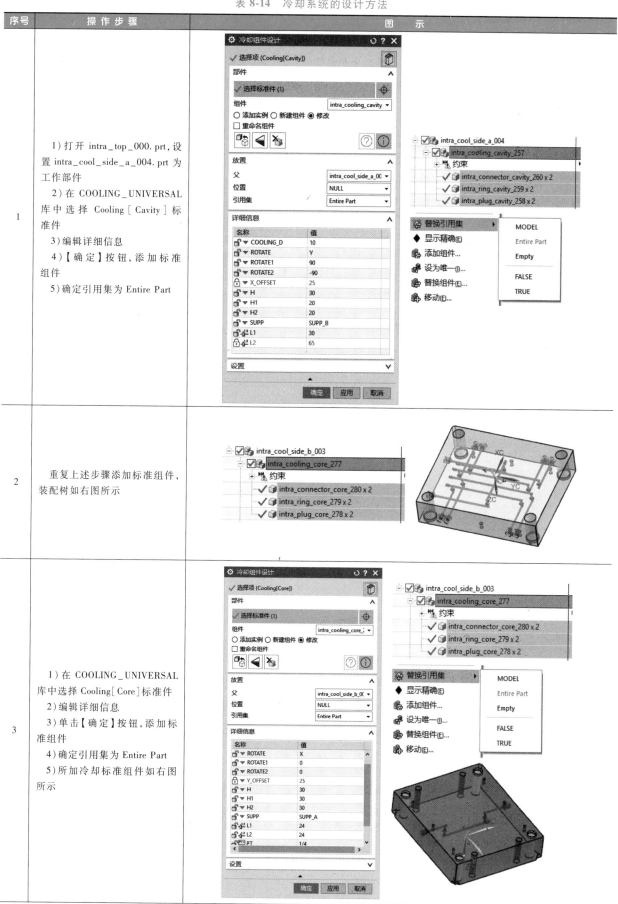

（续）

序号	操 作 步 骤	图 示
4	1）复制标准件组 2）设计结果如右图所示	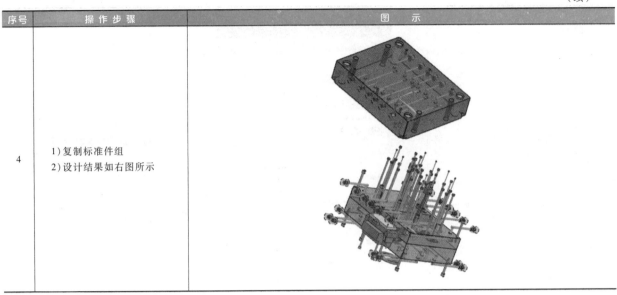

案例二：在 intra_top_000.prt 中设计一条带节流阀的冷却水道，见表 8-15。

表 8-15　带节流阀的冷却水道设计方法

序号	操 作 步 骤	图 示
1	打开 intra_top_000.prt，在窗口中打开 intra_core_024.prt，打开【直接水路】对话框，选中【只移动手柄】选项，确定水路【指定点】作为设计起点	 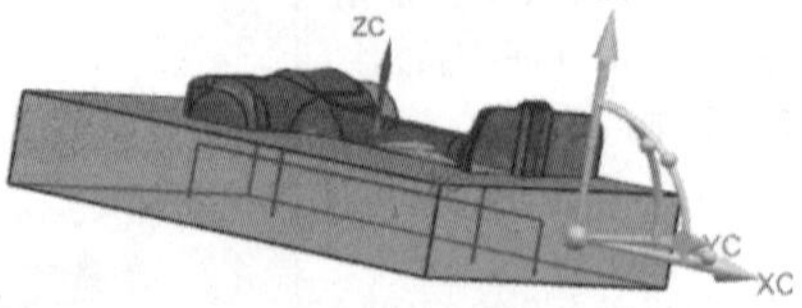
2	取消选择【只移动手柄】选项，单击手柄 XC 的箭头，输入距离值	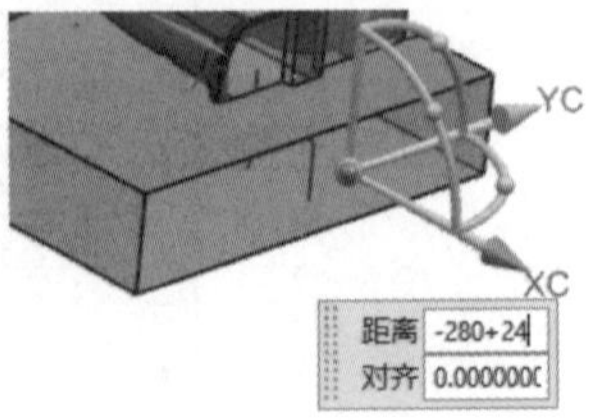

（续）

序号	操作步骤	图　示
3	单击【应用】，生成第一条水路。单击手柄 ZC 箭头，沿 ZC 拉伸并选择【延伸】为【沿拉伸反方向】，选中【调整边界终点】	
4	在水路另一端选中其端点，选中【只移动手柄】，沿 -XC 移动手柄原点到距离-24mm 处。取消【只移动手柄】，沿 ZC 拉伸并选择【延伸】为【沿拉伸反方向】，生成第二条垂直水路	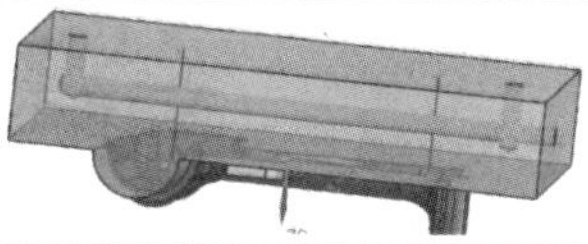
5	按上述操作，沿-XC 移动手柄原点到距离-200mm 和-68mm，生成两条直径为 27mm 和 22mm 的节流阀	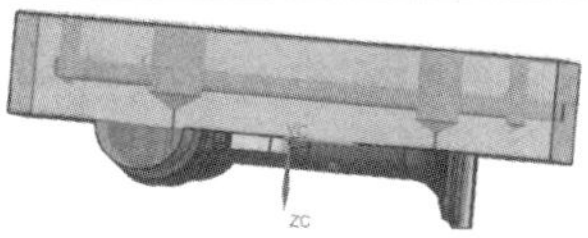
6	打开【调整水路】对话框，选择调整【通道长度】，选择【选择面】，调整节流阀长度到距离【选择面】10mm 处	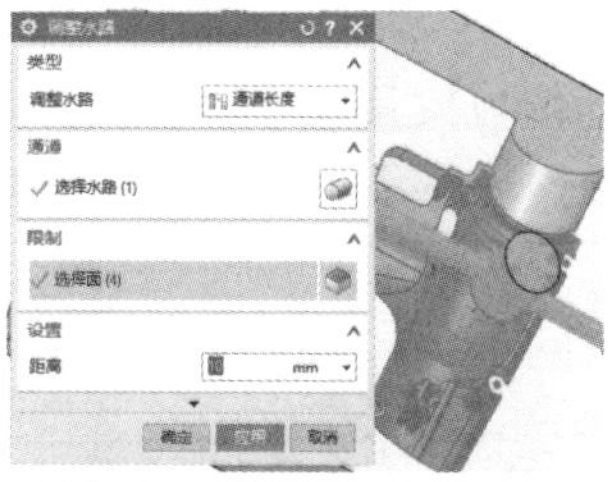
7	选择【选择面】，调整节流阀长度到距离【选择面】10mm 处，完整的水路图如右图所示	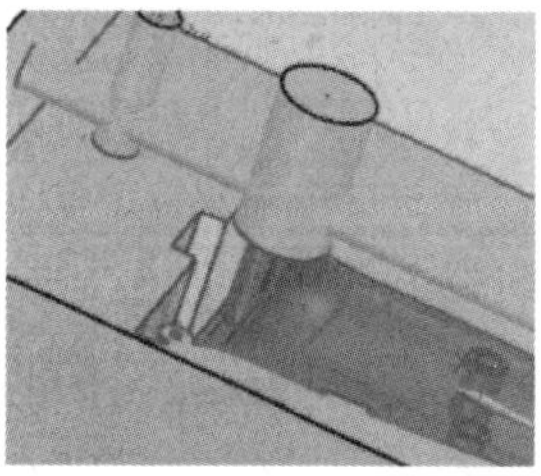 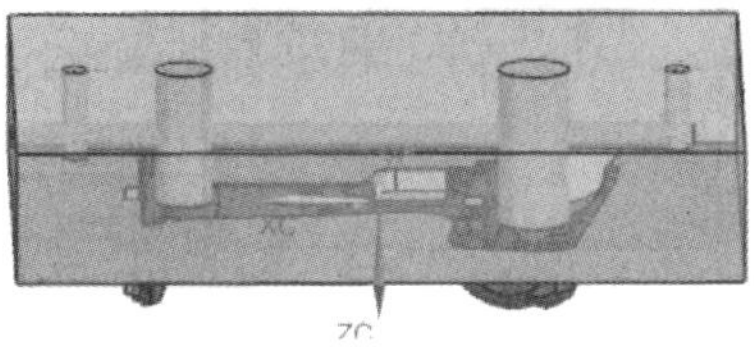
8	打开【冷却回路】对话框，选择通道的【选择入口】。取消选中【使用符号】和【保持水路体】，确定生成如右图所示的回路	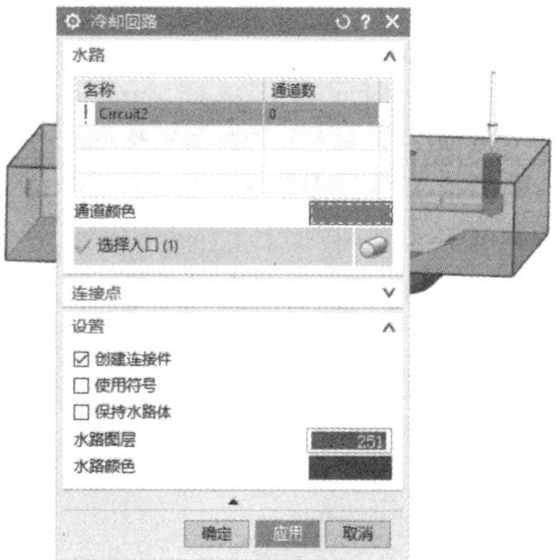 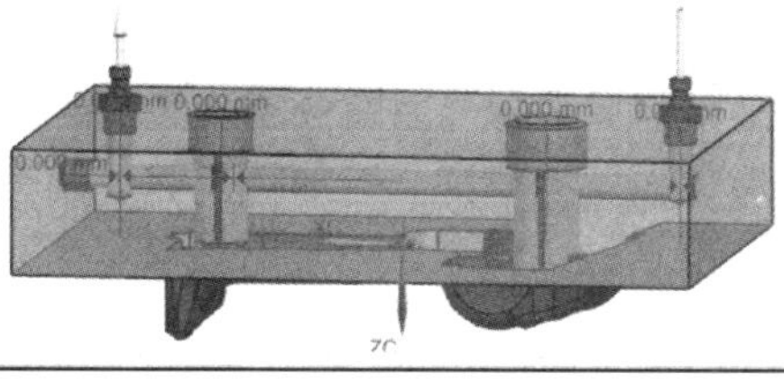

第9章
CHAPTER 9

详细设计

本章主要介绍与模具设计的详细设计相关的命令，如开腔体、模具的检验以及变更设计等。应用这些工具，可加强对模具细节的设计和提高模具的设计效率。

9.1 开腔及加工

模具中的零部件如型腔、型芯、推杆、水路、滑块和浇口等都需要安装在模架上，因此必须在模架的相应位置开腔体作为安装槽。在 NX 中就是对目标体和工具体进行求差的布尔操作，模架板是目标体，标准件等零件的假体是工具体。【开腔】功能通常用在模具设计整体装配完成后，考虑到开腔性能，需要对每个部分分别进行【开腔】操作。

本节案例模型和微课视频在教学资源包的 MW-Cases \ CH9 \ 9.1 目录中。

打开 Pocket_ASS.prt 文件，详细操作过程可以查看微课视频，其操作步骤见表 9-1。

表 9-1　开腔操作步骤

序号	操作步骤	图示
1	在【注塑模向导】工具栏上单击【开腔】图标，模式选择【去除材料】，选择需要开腔的目标体，选择开腔工具体螺钉	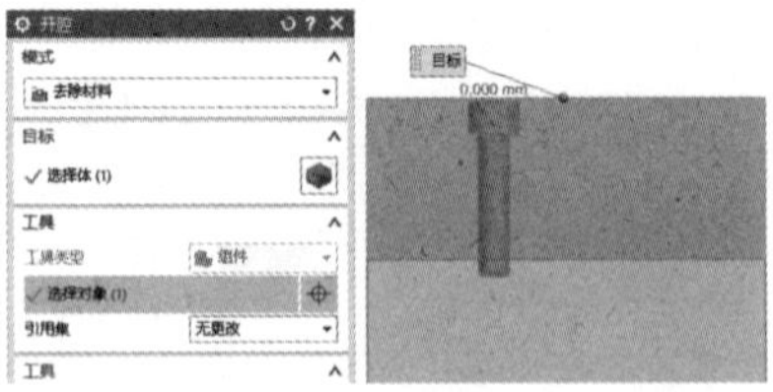
2	单击【确定】按钮	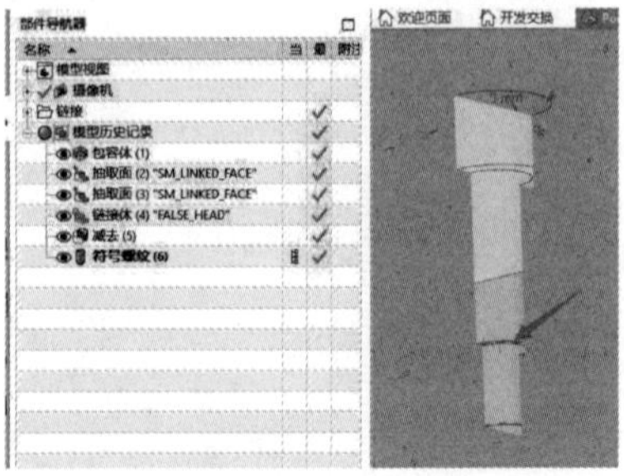

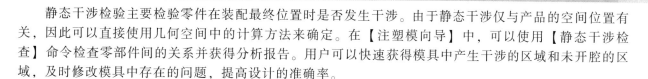

9.2 装配静态干涉检验

静态干涉检验主要检验零件在装配最终位置时是否发生干涉。由于静态干涉仅与产品的空间位置有关，因此可以直接使用几何空间中的计算方法来确定。在【注塑模向导】中，可以使用【静态干涉检查】命令检查零部件间的关系并获得分析报告。用户可以快速获得模具中产生干涉的区域和未开腔的区域，及时修改模具中存在的问题，提高设计的准确率。

本节案例模型和微课视频在教学资源包的 MW-Cases \ CH9 \ 9.2 目录中。

打开 intra_top_000.prt 文件，详细操作过程可以查看微课视频，其操作步骤见表 9-2。

表 9-2 静态干涉检验操作步骤

序号	操作步骤	图示
1	1）在【注塑模向导】的【模具验证】组中，单击【静态干涉检查】按钮 2）在【用户定义集】组中选择第一个对象，即需要进行干涉检查的模架板，同时观察提示行的信息"选择目标组件或实体以进行静态干涉检查" 3）选择第二个对象，即需要进行干涉检查的推杆。同时观察提示行的信息"选择工具组件或实体以进行静态干涉检查"。注意：可以选择【组件】或【实体】这两个选项中的其中一个，用于限制对象的选择范围。一旦用户选择了第一组对象，【组件】和【实体】选项将不再可用。因此，在第二组对象的选择中，必须选择与第一组对象相同的类型 4）除了在图形窗口中直接选择对象，还可以在【标准集】中选择一些预定义的类型集合。例如，在本案例中的第二个选择对象可以从【标准集】中选择【Sleeve Pin】后单击【添加到用户定义集】	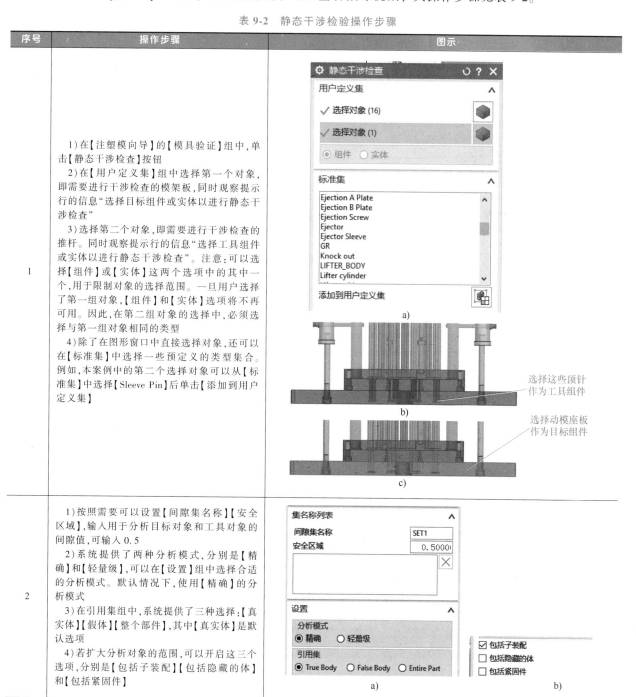
2	1）按照需要可以设置【间隙集名称】【安全区域】，输入用于分析目标对象和工具对象的间隙值，可输入 0.5 2）系统提供了两种分析模式，分别是【精确】和【轻量级】，可以在【设置】组中选择合适的分析模式。默认情况下，使用【精确】的分析模式 3）在引用集组中，系统提供了三种选择：【真实体】【假体】【整个部件】，其中【真实体】是默认选项 4）若扩大分析对象的范围，可以开启这三个选项，分别是【包括子装配】【包括隐藏的体】和【包括紧固件】	

（续）

序号	操作步骤	图示
3	1）单击【确定】按钮或【应用】按钮，系统将进行静态干涉分析 2）可以在【间隙浏览器】中检查分析结果，可以很清楚地查看发生干涉的组件	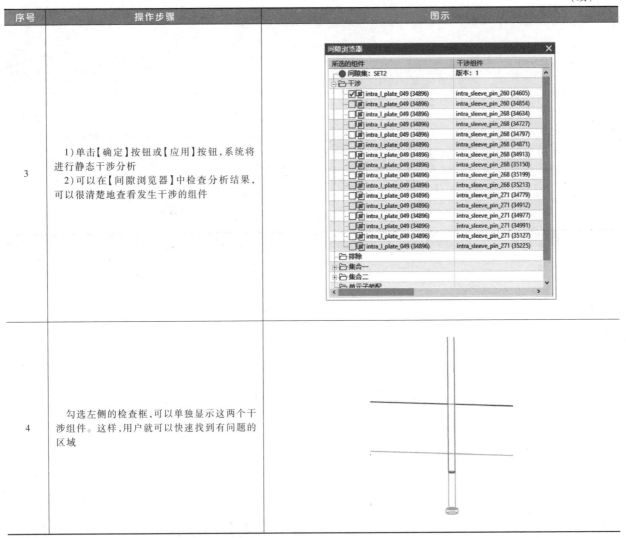
4	勾选左侧的检查框，可以单独显示这两个干涉组件。这样，用户就可以快速找到有问题的区域	

9.3 模具材料

　　一般按使用寿命的长短将模具分为五级，一级为百万次以上，二级为 50 万～100 万次，三级为 30 万～50 万次，四级为 10 万～30 万次，五级为 10 万次以下，一级与二级模具要求用热处理硬度为 50HRC 左右的钢材制作，否则易于磨损，注塑出的产品易超差，故所选的钢材既要有较好的热处理性能，又要在高硬度的状态下有好的切削性能。除此之外，注塑的原料及其所增加的填料对选用钢材有很大的影响，尤其是玻璃纤维对模具的磨损较大。

　　有些塑料有酸腐蚀性，有些因添加了增强剂或其他改型剂（如玻璃纤维）对模具的损伤大，选材时需要综合考虑。有强腐蚀性的塑料一般选 S136、2316、420 一类钢材；有弱腐蚀性的除了可选用 S136、2316、420 外，还有 SKD61、NAK80、PAK90、718M。强酸性的塑料有 PVC、POM、PBT，弱酸性的塑料有 PC、PP、PMMA、PA 等。

　　产品的外观要求对模具材料的选择也有很大的影响，透明件和表面要求抛镜面的产品，可选用的材料有 S136、2316、718S、NAK80、PAK90、420 等，对透明度要求很高的产品的模具应选 S136，其次是 420。

　　模具材料要列入物料清单中。常用模具材料见表 9-3。

表 9-3 常用模具材料

材料牌号	出厂硬度	适用模具	适用塑料	热处理	备注
M238	30~34HRC	需要抛光的前模、前模镶件	ABS、PS、PE、PP、PA	淬火至 54HRC	不耐腐蚀
718S	31~36HRC			火焰加硬至 52HRC	
M238H	33~41HRC	需要抛光的前模、前模镶件	ABS、PS、PE、PP	预加硬，无须淬火	
718H	35~41HRC				
M202	29~33HRC	(大模)前模、后模、镶件、行位		淬火至 54HRC	
MUP	28~34HRC				
M310	退火≤20HRC	镜面模、前模、后模	PC、PVC、PMMA、POM、TPE、TPU	淬火至 57HRC	耐腐蚀、透明件
S136	退火≤18HRC			淬火至 54HRC	
M300	31~35HRC	镜面模、前模、后模		淬火至 48HRC	
S136H	31~36HRC			预加硬，无须淬火	
黄牌钢	170~220HBW	(大模)后模、模板、后模镶件(含模镶件、镶件)	ABS、PS、PE、PP、PA		不耐腐蚀
2738H	32~38HRC	(小模)前模、镶件、行位		预加硬，无须淬火	
2316VOD	35~39HRC	需要抛光的前模、后模、镶件、行位	PC、PVC、PMMA、POM、TPE、TPU	淬火至 48HRC	耐腐蚀
2316ESR	27~35HRC	需要纹面的前模、后模、镶件、行位			
2311	29~35HRC	(大模)前模、后模、镶件、行位	ABS、PS、PE、PP	火焰加硬至 52HRC	不耐腐蚀
K460	退火≤20HRC			淬火至 64HRC	
NAK55	40~43HRC	后模、镶件、行位		预加硬，无须淬火	
NAK80	40~43HRC	前模、后模、镶件、行位	ABS、PS、PE、PP	预加硬，无须淬火	
PAK90	32~36HRC	镜面模、前模、后模	PC、PVC、PMMA、POM、TPE、TPU	预加硬，无须淬火	耐腐蚀、透明件

9.4 物料清单

9.4.1 功能概述

物料清单（BOM）是一个制造企业的核心文件。各个部门的活动都要用到物料清单，生产部门要根据物料清单生产产品，库房要根据物料清单进行发料，财务部门要根据物料清单计算成本，销售部门要根据物料清单确定客户定制产品的外形结构，维修服务部门要通过物料清单来了解需要的备件，质量控制部门要根据物料清单保证产品的正确生产，计划部门要根据物料清单计划物料需求。【注塑模向导】提供了【物料清单】工具，它可以通过收集模具装配部件的属性信息，从而生成完整的清单列表，并且可以导出 Excel 文件格式的清单数据，摆脱了以往靠人工制作的烦琐过程，提高了模具设计完成后的后处理效率。

9.4.2 操作步骤

本小节案例模型和微课视频在教学资源包的 MW-Cases \ CH9 \ 9.4 目录中。

打开 intra_top_000.prt 文件，详细操作过程可以查看微课视频。

在【注塑模向导】工具栏上单击【物料清单】，弹出【物料清单】对话框，如图 9-1 所示。

9.4.3 编辑物料清单

编辑物料清单的操作步骤见表 9-4。

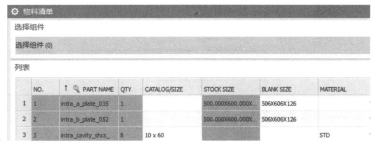

图 9-1 【物料清单】对话框

表 9-4　编辑物料清单的操作步骤

序号	操作步骤	图示
1	在【物料清单】对话框中选择需要进行编辑的行,也可以在图形窗口中选择需要编辑的标准件,还可以在【装配导航器】中选择待编辑的标准件	
2	在已选择的行中,在需要编辑修改的单元格上双击,即可进入编辑状态,此时输入相应的内容,再按<Enter>键,这样就可以保留修改结果;或者单击【退出】键,取消修改。注意:只有在 BOM LIST_TYPE = 1/3 时,才可以执行此操作	
3	常用数据模板中有四种类型的列表,可以通过将 LIST_TYPE 设置为 0、1、2、3 来定义它们 1)如果 LIST_TYPE 设置为 0,则组合框将使用参数填充到 BOM UI,并且不会执行比较 2)如果 LIST_TYPE 设置为 1,组合框就会用参数填充到 BOM UI 中,用户也可以在字符串框中输入自己的信息,不进行比较 3)如果 LIST_TYPE 设置为 2,组合框将使用参数填充到 BOM UI,如果单元格的值不在列表中,则单元格将以粉红色突出显示 4)如果 LIST_TYPE 设置为 3,那么 BOM UI 中将会导出一个 string box 而不是 combo box,可以在单元格中输入自己的信息,如果输入的值在列表中,单元格将以红色高亮显示 因此,能够根据 BOM 模板中定义的指定属性过滤 BOM 数据	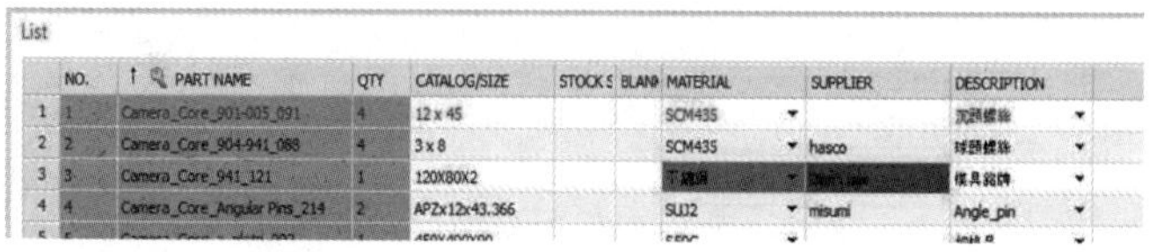 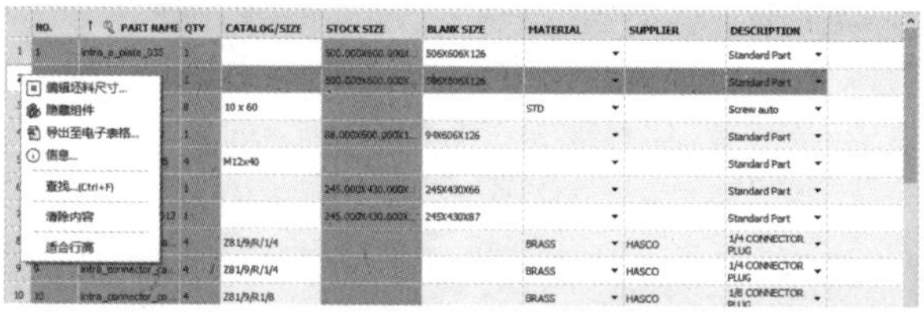
4	右击选择 intra_cavity_023→【编辑坯料尺寸】工具,系统将弹出【坯料尺寸】对话框,通过这个对话框,定义坯料的形状、尺寸和精度	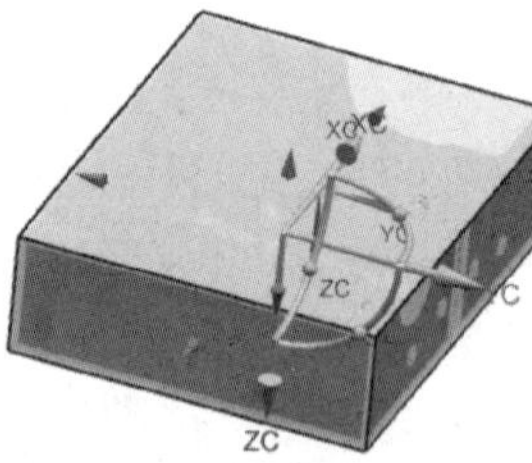 
5	选择【隐藏组件】工具,这个组件将从物料清单和部件明细表中移除,同时这类组件将被放置到【隐藏列表】中。以后,在【隐藏列表】中选择某个需要恢复显示的组件,右击,选择【显示组件】工具,即可使其重新显示在物料清单中	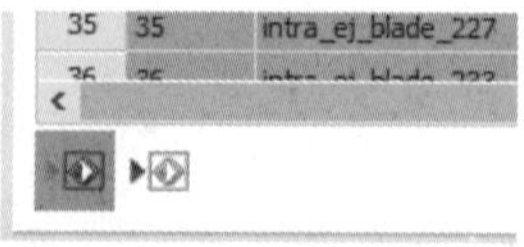
6	选择【添加显示部件】,即可将这个组件添加到物料清单中	
7	选择【组件信息】工具,系统将弹出【组件列表】对话框,其中列出了相关组件的名称	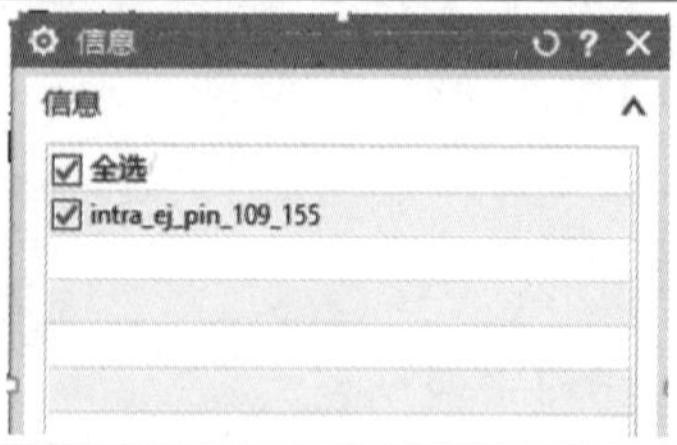

（续）

序号	操作步骤	图示
8	选择【导出至 Excel】工具，系统会将整个物料清单导出为 Excel 表格	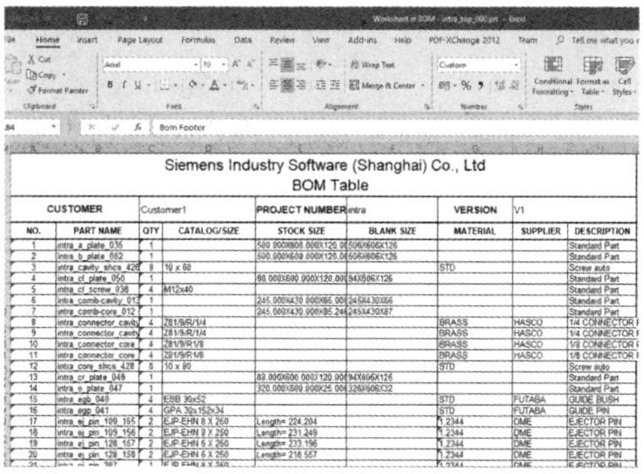 （Excel 表格图示：Siemens Industry Software (Shanghai) Co., Ltd BOM Table）

9.5 案例分析：运动仿真

本节案例将介绍一套已经完成设计的注塑模开模、闭模的运动仿真过程，运用【注塑模向导】提供的【模具验证】组中的一系列运动仿真工具，实现对模具运动的分析并找出存在的问题。

本节案例模型和微课视频在教学资源包的 MW-Cases \ CH9 \ 9.4 \ 9.5 目录中。

打开 intra_top_000. prt 文件，详细操作过程可以查看微课视频。

9.5.1 预处理运动

预处理运动的操作步骤见表 9-5。

表 9-5 预处理运动的操作步骤

序号	操作步骤	图示
1	在【注塑模向导】的【模具验证】组单击【预处理运动】按钮；在【类型】组中，选择【添加运动学模型】；设置【压力机行程】为 200mm，【顶出距离】为 60mm	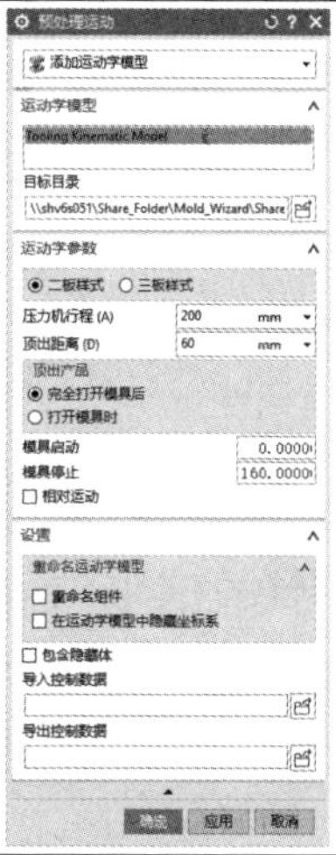 （预处理运动对话框图示）
2	1）单击【应用】按钮，这样就可以将运动学模型添加到模具装配中，可以看到新增加的节点 Tooling_kinematics 2）单击【确定】按钮，这样就为模型指定了运动学参数，同时在 A 板和 B 板接触面的中间位置显示坐标系	 （装配导航器图示）

9.5.2 安装组件

安装组件的操作步骤见表 9-6。

表 9-6 安装组件的操作步骤

序号	操作步骤	图示
1	在【注塑模向导】工具栏上单击【视图管理器】图标,弹出【视图管理器浏览器】对话框,可以控制模具组件的显示与隐藏	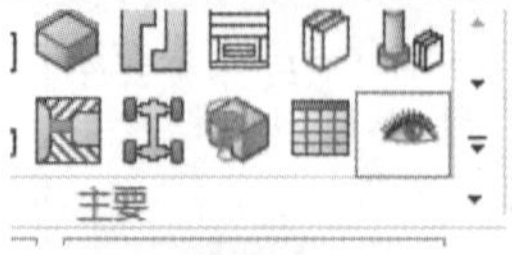
2	1)定义属于 FIX 类别的零件:利用【视图管理器浏览器】,在图形窗口中只显示属于定模的零件 2)打开【预处理运动】对话框,从【类型】组中选择【安装组件】,从列表中选择 FIX,此时会自动识别所有组件分类,然后在图形窗口中选择所有定模零件	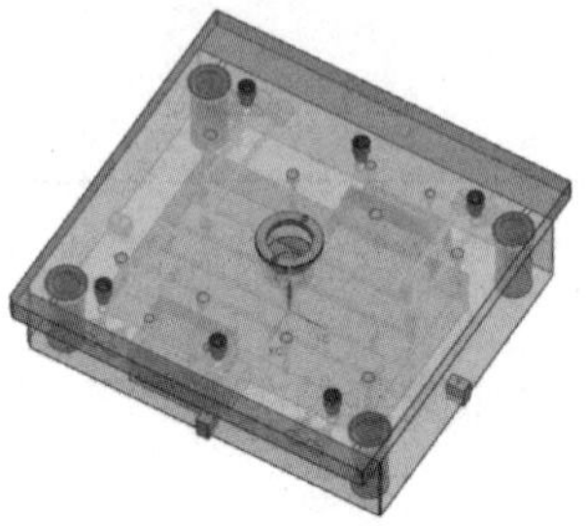
3	利用【视图管理器浏览器】,在图形窗口中只显示滑块结构的零件。在图形窗口中选择属于定模部分的零件,包括斜导柱和楔紧块,滑块结构可以被自动识别。组合工件部分需要手动选择	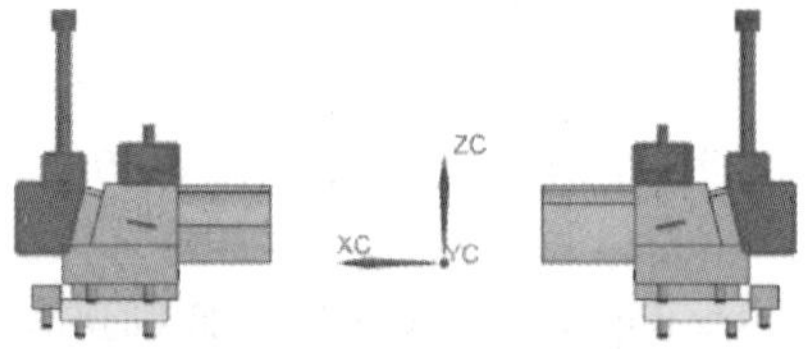
4	定义属于 MOVE 类别的零件:利用【视图管理器浏览器】,在图形窗口中只显示属于动模,但排除顶出机构的组件;在【组件安装】中选择 MOVE,然后在图形窗口中选择动模零件(包括斜顶的导向块)。组合工件部分需要手动选择	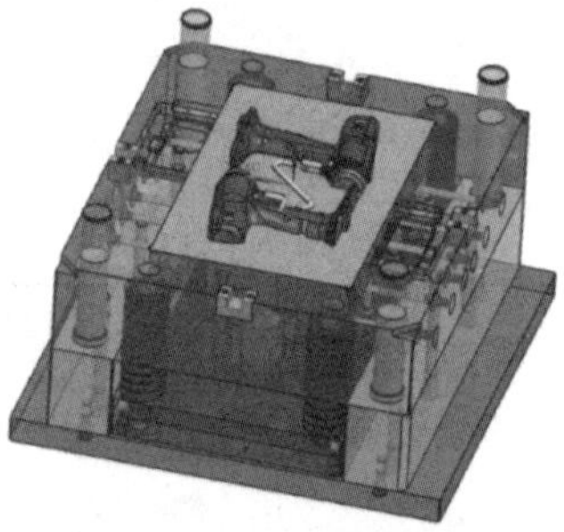 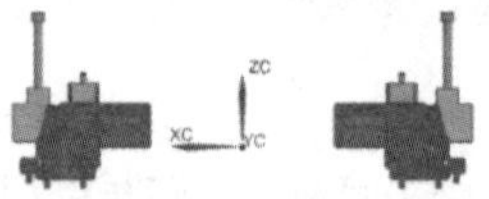
5	指定属于 EJECTION 类别的零件:利用【视图管理器浏览器】,在图形窗口中显示顶出机构和斜顶;在【组件安装】中选择 EJECTION,在图形窗口中选择顶出零件,包括顶杆、斜顶、斜顶座、推杆固定板和推杆垫板及其附属零件	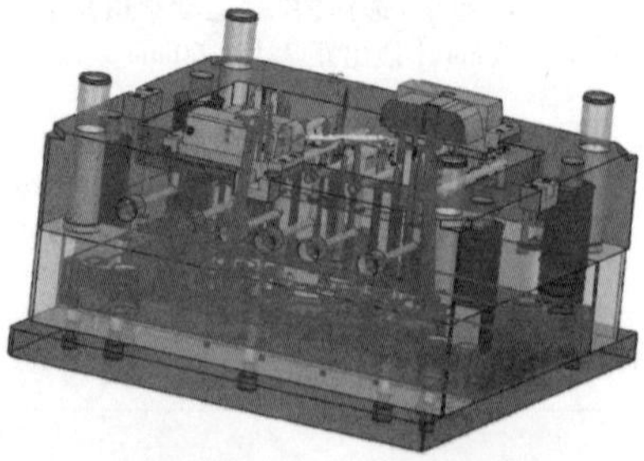
6	指定属于 PRODUCT 类别的零件:在【装配导航器】中,找到 intra_molding_021 节点,将产品显示在图形窗口中;打开【模具运动仿真】对话框,在【组件安装】中选择 PRODUCT,然后选择两个产品	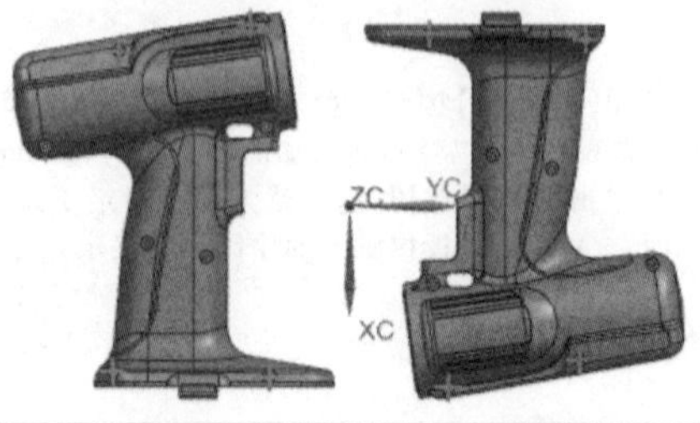

9.5.3 定义滑块和斜顶

定义滑块和斜顶的操作步骤见表9-7。

表 9-7 定义滑块和斜顶的操作步骤

序号	操作步骤	图示
1	定义滑块:利用【视图管理器浏览器】,只显示滑块结构;单击【定义滑块】按钮,弹出【定义滑块】对话框	
2	单击【自动识别】或【手动滑块机构】,首先设置滑块名称 Slide001;确认【滑块】组【选择体】处于激活状态,选择滑块体	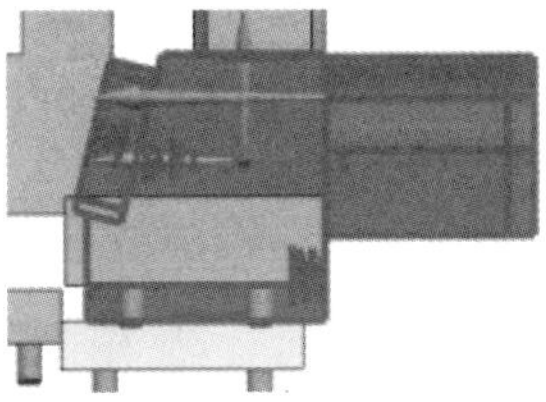
3	单击【滑块驱动】组中的【选择体】,选择斜楔;在【滑块方向】组中单击【指定矢量】,指定滑块向外运动	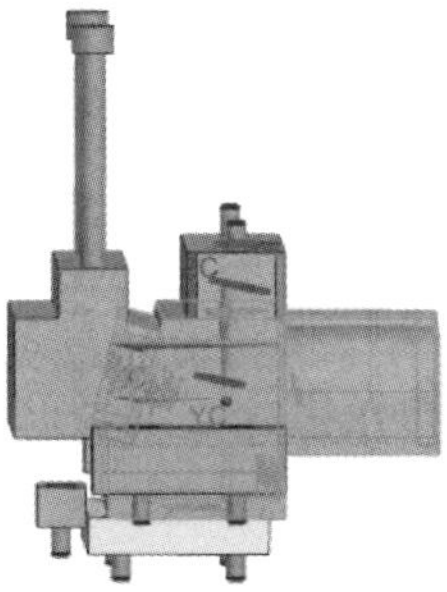
4	在【逆止器偏置】中,指定滑块侧向移动距离为10mm	
5	单击【应用】按钮,完成第一个滑块的定义	
6	重复上述步骤,定义另一个滑块机构	
7	定义斜顶:在【定义滑块】对话框中,添加新的滑块名称 Lifter001 来定义斜顶;确认【滑块】组中的【选择体】处于激活状态,选择斜顶杆;单击【滑块驱动】组中的【选择体】,选择导向块	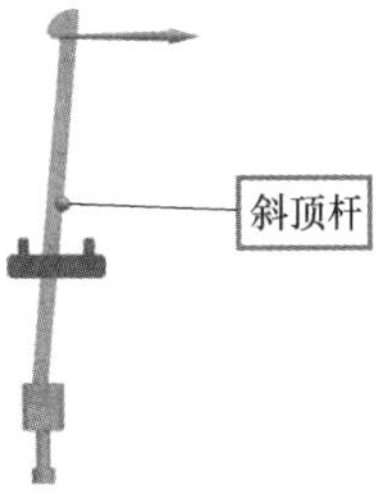

（续）

序号	操作步骤	图示
8	在【斜楔方向】组中,单击选择【方向】,窗口中出现快速定向工具,指定斜楔向产品体中心运动的方向;在【逆止器偏置】中,指定斜顶侧向移动距离为 8mm;单击【应用】按钮,即可完成一个斜顶机构的定义	
9	重复上述步骤,定义另一个斜顶机构。完成后的滑块列表如右图所示	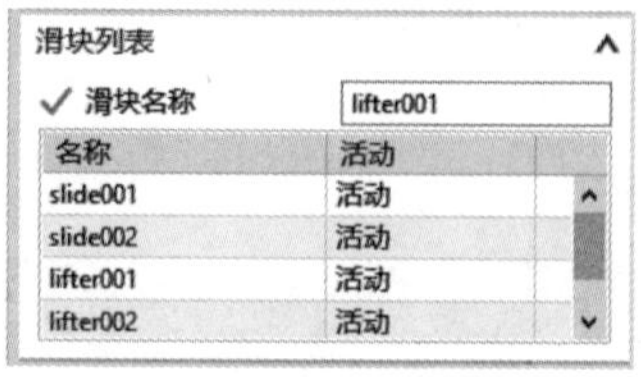 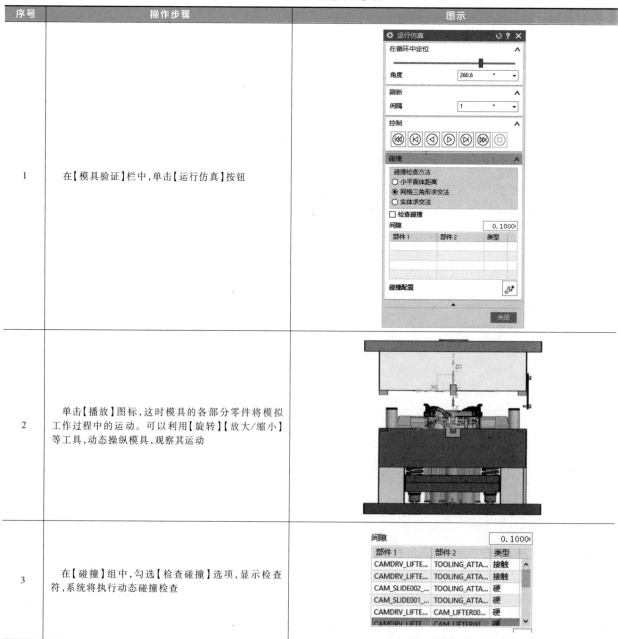

9.5.4 运动仿真

表 9-8 运动仿真的操作步骤

序号	操作步骤	图示
1	在【模具验证】栏中,单击【运行仿真】按钮	
2	单击【播放】图标,这时模具的各部分零件将模拟工作过程中的运动。可以利用【旋转】【放大/缩小】等工具,动态操纵模具,观察其运动	
3	在【碰撞】组中,勾选【检查碰撞】选项,显示检查符,系统将执行动态碰撞检查	

（续）

序号	操作步骤	图示
4	1）选择其中一个碰撞对，单击鼠标右键，选择【分析】，弹出【分析碰撞】对话框，其中列出了发生此次碰撞的角度、类型等信息 2）在【分析碰撞】对话框中单击缩放图标，即可在图形窗口中看到高亮显示的问题区域	
5	修改模型，直至没有任何碰撞，本次运动仿真完成	

9.6 注塑模工具

在注塑模设计中，尤其是分型时，需要用到设计工具，【注塑模向导】中提供了许多实用的注塑模工具，用于修补塑件、设计辅助分型面等。

9.6.1 包容体

使用【包容体】命令，通过选择面、实体、片体、小平面体、点、边和曲线来快速创建方块或圆柱体。包容块用于隔离模型上的特殊区域。

本小节案例模型和微课视频在教学资源包的 MW-Cases \ CH9 \ 9.6 \ 9.6.1 目录中。打开 Stern-griff.prt 文件，详细操作过程可以查看微课视频。

在【注塑模向导】工具栏上单击【包容体】，选择需要做包容体的对象，如图 9-2 所示。

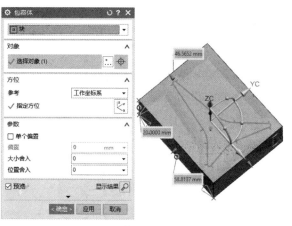

图 9-2 【包容体】命令

9.6.2 拆分体

使用【拆分体】命令，可将一个体拆分为多个体。

本小节案例模型和微课视频在教学资源包的 MW-Cases \ CH9 \ 9.6 \ 9.6.2 目录中。打开 Split-Body.prt 文件，详细操作过程可以查看微课视频。

在【注塑模向导】工具栏上单击【拆分体】，选择需要拆分的对象，如图 9-3 所示。

9.6.3 实体补片

当通过形成实体来填充开口比较容易时，可创建实体来封闭分型部件中开放区域的特征。

本小节案例模型和微课视频在教学资源包的 MW-Cases \ CH9 \ 9.6 \ 9.6.3 目录中。打开 Camera_Core_top_000.prt 文件，详细操作过程可以查看微课

图 9-3 【拆分体】命令

视频。

在【注塑模向导】工具栏上单击【实体补片】，首先选择模型，然后选择需要补片的实体，如图 9-4 所示。

实体补片完成后，需要运用【定义区域】命令继续把型芯和型腔区域设置好，如图 9-5 所示。

图 9-4 【实体补片】命令

图 9-5 【实体补片】结合【定义区域】命令

9.6.4 修剪区域补片

使用【修剪区域补片】命令，可通过选定的边修剪实体，创建曲面补片。

本小节案例模型和微课视频在教学资源包的 MW-Cases \ CH9 \ 9.6 \ 9.6.4 目录中。打开 phone_box.prt 文件，详细操作过程可以查看微课视频。

在【注塑模向导】工具栏上单击【修剪区域补片】，选择已创建好的包容体，选择边界实体，勾选【保留】选项，如图 9-6 所示。修补完成后的结果如图 9-7 所示。

图 9-6 【修剪区域补片】命令

图 9-7 修补完成结果

9.6.5 扩大曲面补片

使用【扩大曲面补片】命令，可通过控制 U 向和 V 向数值扩大面，并沿边界修剪扩大面。

本小节案例模型和微课视频在教学资源包的 MW-Cases \ CH9 \ 9.6 \ 9.6.5 目录中。打开 phone.prt 文件，详细操作过程可以查看微课视频。

在【注塑模向导】工具栏上单击【扩大曲面补片】，选择需要补片的曲面区域，选择边界，如图 9-8 和图 9-9 所示。

9.6.6 引导式延伸

使用【引导式延伸】命令，可沿引导线延伸曲面。

本小节案例模型和微课视频在教学资源包的 MW-Cases \ CH9 \ 9.6 \ 9.6.6 目录中。打开 v0.prt 文

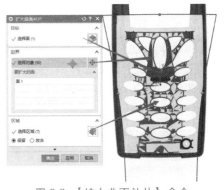

图 9-8 【扩大曲面补片】命令

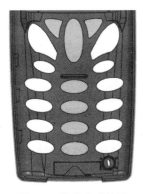

图 9-9 修补完成结果

件，详细操作过程可以查看微课视频。

在【注塑模向导】工具栏上单击【引导式延伸】，选择需要延伸的轮廓边，按照需要单击【反转延伸方向】或【更改面侧】，如图 9-10 所示。

9.6.7 延伸片体

使用【延伸片体】命令创建模具设计中的分型面，按照距离或与另一个体的交点延伸片体。

本小节案例模型和微课视频在教学资源包的 MW-Cases \ CH9 \ 9.6 \ 9.6.7 目录中。打开 solid-parting_x_t.prt 文件，详细操作过程可以查看微课视频。

在【注塑模向导】工具栏上单击【延伸片体】，选择需要延伸片体的面，注意边的选择方式、合适的反转和偏置值，如图 9-11 所示。

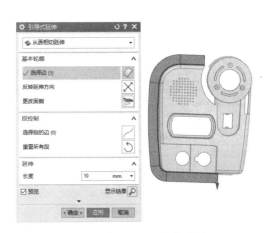

图 9-10 【引导式延伸】命令

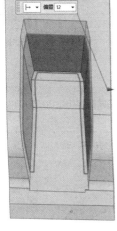

图 9-11 【延伸片体】命令

9.6.8 拆分面

使用【拆分面】命令，可将一个面拆分成两个或多个面。

本小节案例模型和微课视频在教学资源包的 MW-Cases \ CH9 \ 9.6 \ 9.6.8 目录中。打开 v0_top_004.prt 文件，详细操作过程可以查看微课视频。

在【注塑模向导】工具栏上单击【拆分面】，选择要分割的面，分割对象可以选择曲线、面、交点、斜度等方式，分割完成后，重新分配型芯、型腔区域，如图 9-12 所示。

图 9-12 【拆分面】命令

9.6.9　对象属性管理

使用【对象属性管理】命令，可对模具或模具组件中选定的对象添加特定的属性，并编辑或删除属性。用户还可以将属性分配给组件，以便将其显示在视图管理器树中的特定视图下。

本小节案例模型和微课视频在教学资源包的 MW-Cases \ CH9 \ 9.6 \ 9.6.9 目录中。打开 intra_top_000.prt 文件，详细操作过程可以查看微课视频。

在【注塑模向导】工具栏上单击【对象属性管理】，按照设计需要选择【具有属性的对象】或【对象属性】两个类型，查找并编辑自己的零部件属性，如图 9-13 所示。

9.6.10　面颜色管理

使用【面颜色管理】命令，可以管理各种类型孔的颜色和属性，包括圆形孔和非圆形孔，以及当前部分的所有其他类型的孔。

本小节案例模型和微课视频在教学资源包的 MW-Cases \ CH9 \ 9.6 \ 9.6.10 目录中。打开 sp_withattr.prt 文件，详细操作过程可以查看微课视频。

在【注塑模向导】工具栏上单击【面颜色管理】，可以给所选面赋予制造信息，或者勾选【自动计算面数】以显示包含所列属性的面数，如图 9-14 所示。

图 9-13　【对象属性管理】命令

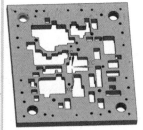

图 9-14　【面颜色管理】命令

9.6.11　MW WAVE 控制

可以通过【MW WAVE 控制】命令来冻结部件，控制注塑模向导项目中的 WAVE 数据，停止更新直到解冻。

本小节案例模型和微课视频在教学资源包的 MW-Cases \ CH9 \ 9.6 \ 9.6.11 目录中。打开 intra_top_000.prt 文件，详细操作过程可以查看微课视频。

在【注塑模向导】工具栏上单击【MW WAVE 控制】，进行解冻操作，如图 9-15 所示。

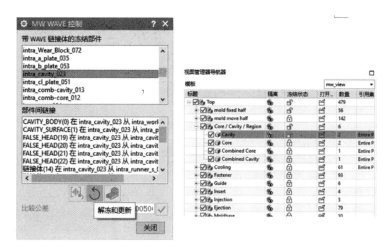

图 9-15 【MW WAVE 控制】命令

9.6.12 坯料尺寸

使用【坯料尺寸】命令，可以在工作部件中创建或编辑坯料尺寸，添加额外的材料到加工组件，并且把这个尺寸添加至材料清单中。

本小节案例模型和微课视频在教学资源包的 MW-Cases \ CH9 \ 9.6 \ 9.6.12 目录中。打开 Camera_Core.prt 文件，详细操作过程可以查看微课视频。

在【注塑模向导】工具栏上单击【坯料尺寸】，选择工件体，如图 9-16 所示。

9.6.13 合并腔

使用【合并腔】命令，可以通过合并现有镶块来创建组合型芯、型腔和工件，用于设计包括多个工件的镶件，可以通过相加和相减操作来设计工件体。

本小节案例模型和微课视频在教学资源包的 MW-Cases \ CH9 \ 9.6 \ 9.6.13 目录中。打开 case_top_025.prt 文件，详细操作过程可以查看微课视频。

在【注塑模向导】工具栏上单击【合并腔】，在【组件】栏中选择 case_comb-cavity_038.prt，然后选择属于型腔的工件体，如图 9-17 和图 9-18 所示。

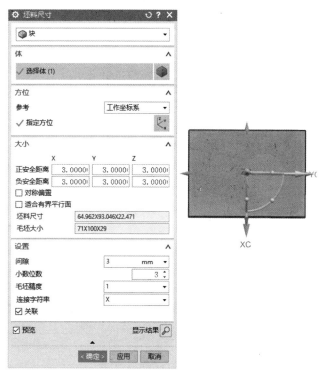

图 9-16 【坯料尺寸】命令

9.6.14 转换

使用【转换】命令，可以创建和管理现有模具项目的转换数据。在现有的模具设计中创建包含不同组件配置的转换，以生成与原始产品类似的产品。

本小节案例模型和微课视频在教学资源包的 MW-Cases \ CH9 \ 9.6 \ 9.6.14 目录中。打开 intra_top_000.prt 文件，详细操作过程可以查看微课视频。

在【注塑模向导】工具栏上单击【转换】，创建一个转换数据，在【管理】选项中管理转换数据，如图 9-19 和图 9-20 所示。

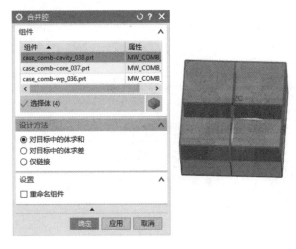

图 9-17 【合并腔】命令

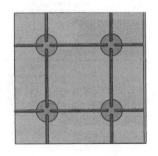

图 9-18 合并腔结果

图 9-19 【转换管理】命令

图 9-20 转换数据结果

9.6.15 设计镶块

使用【设计镶块】命令，可以选择任何体作为入子，为入子设计脚部形状，自动创建新的组件，包含入子设计和标准脚部。

本小节案例模型和微课视频在教学资源包的 MW-Cases \ CH9 \ 9.6 \ 9.6.15 目录中。打开 intra_top_000.prt 文件，详细操作过程可以查看微课视频。

在【注塑模向导】工具栏上单击【设计镶块】，选择一个底面，此时子镶块实体会被自动选中，如图 9-21 和图 9-22 所示。

9.6.16 复制实体

使用【复制实体】命令，可以复制一个实体、链接所选实体到一个新建或现存的部件下。

图 9-21 子镶块

本小节案例模型和微课视频在教学资源包的 MW-Cases \ CH9 \ 9.6 \ 9.6.16 目录中。打开 assm_top.prt 文件，详细操作过程可以查看微课视频。

在【注塑模向导】工具栏上单击【复制实体】，选择需要复制的实体，选择需要复制到的父项，勾选【新建组件】，如图 9-23 和图 9-24 所示。

9.6.17 颜色表达式

使用【颜色表达式】命令，可以创建和管理实体面的颜色数据，包括为一个面赋予指定的颜色，将不同的颜色赋予不同的面，并创建相应的表达式。

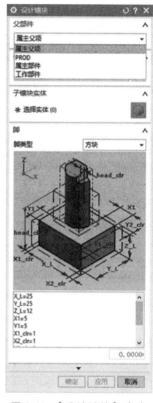

图 9-22 【设计镶块】命令

图 9-23 【复制实体】命令

图 9-24 复制实体结果

本小节案例模型和微课视频在教学资源包的 MW-Cases \ CH9 \ 9.6 \ 9.6.17 目录中。打开 model1. prt 文件，详细操作过程可以查看微课视频。

在【注塑模向导】工具栏上单击【颜色表达式】，选择一个面，单击【颜色】，选择颜色，如图 9-25 所示。

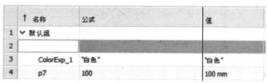

图 9-25 【颜色表达式】命令

9.6.18 特征引用集

使用【特征引用集】命令，可以将实体的特征添加到引用集列表中，对特征体的引用集进行管理。

本小节案例模型和微课视频在教学资源包的 MW-Cases \ CH9 \ 9.6 \ 9.6.18 目录中。打开 test. prt 文件，详细操作过程可以查看微课视频。

在【注塑模向导】工具栏上单击【特征引用集】，在引用集列表中选择需要添加特征的引用集，选择特征，如图 9-26 所示。

选择【菜单】→【格式】→【引用集】命令，可以筛选想要显示的特征，如图 9-27 所示。

图 9-26 【特征引用集】命令

图 9-27 【引用集】命令

9.6.19 引用复制

使用【引用复制】命令，可以在模具装配中高效地复制选定实体或组件。

本小节案例模型和微课视频在教学资源包的 MW-Cases \ CH9 \ 9.6 \ 9.6.19 目录中。打开 intra_top_ 000. prt 文件，详细操作过程可以查看微课视频。

将 intra_prod_014 设置为工作部件，在【注塑模向导】工具栏上单击【引用复制】，选择 in-tra_cavity_023，移动手柄，如图 9-28 所示。

9.6.20 修剪实体

使用【修剪实体】命令，可通过选定的面修剪实体。

本小节案例模型和微课视频在教学资源包的 MW-Cases \ CH9 \ 9.6 \ 9.6.20 目录中。打开 Camera_Core_top_000. prt 文件，详细操作过程可以查看微课视频。

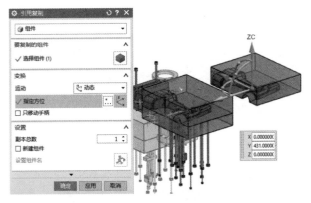

图 9-28 【引用复制】命令

在【注塑模向导】工具栏上单击【修剪实体】，选择用来修剪的面，选择【修剪目标体】，如图 9-29 所示。

9.6.21 替换实体

使用【替换实体】命令，可以通过选定的面创建包容块，并使用选定的面替换包容块上的一个面。

本小节案例模型和微课视频在教学资源包的 MW-Cases \ CH9 \ 9.6 \ 9.6.21 目录中。打开 Camera_Core_top_000. prt，详细操作过程可以查看微课视频。

在【注塑模向导】工具栏上单击【替换实体】，选择替换面，编辑包容块的大小，如图 9-30 所示。

9.6.22 参考圆角

使用【参考圆角】命令，可以创建一个圆角特征，该特征将继承被引用圆角或面的半径。

本小节案例模型和微课视频在教学资源包的 MW-Cases \ CH9 \ 9.6 \ 9.6.22 目录中。打开 Camera_ Core_top_000. prt 文件，详细操作过程可以查看微课视频。

在【注塑模向导】工具栏上单击【参考圆角】，选择参考圆角面，选择需要倒圆的边，如图 9-31 所示。

9.6.23 计算面积

【计算面积】命令的使用可参照第 15.14 节中的介绍。

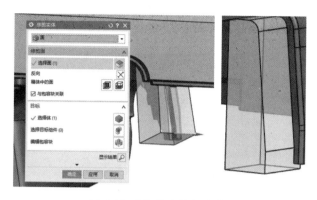

图 9-29 【修剪实体】命令

图 9-30 【替换实体】命令

9.6.24 修边模具组件

使用【修边模具组件】命令，可以修剪子镶块、电极和标准件（如滑块、浮升销和中心销），以形成型腔或型芯的局部形状。

图 9-31 【参考圆角】命令

本小节案例模型和微课视频在教学资源包的 MW-Cases \ CH9 \ 9.6 \ 9.6.24 目录中。打开 intra_top_000.prt 文件，详细操作过程可以查看微课视频。

在【注塑模向导】工具栏上单击【修边模具组件】，选择需要修剪的实体，或者在取消修剪中选择取消修剪的实体，如图 9-32 所示。

9.6.25 设计修剪工具

使用【设计修剪工具】命令，可以创建或编辑修剪部件和修剪曲面。

本小节案例模型和微课视频在教学资源包的 MW-Cases \ CH9 \ 9.6 \ 9.6.25 目录中。打开 intra_top_000.prt 文件，详细操作过程可以查看微课视频。

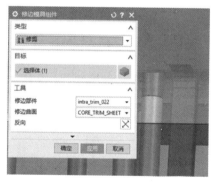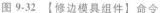

图 9-32 【修边模具组件】命令

在【注塑模向导】工具栏上单击【设计修剪工具】，单击【创建修边部件】，单击【生成曲面名称】，选择修剪的对象面，如图 9-33 所示。完成以后可以结合修边模具组件修剪目标体。

9.6.26 定位特征

使用【定位特征】命令，可以创建包含草图中几个点的特征，用于定位可重用对象或组件。在最初的设计阶段，模具中可能包含数百个不是必需的组件在装配中，使用【定位特征】命令创建一个草图，在稍后的模具设计过程中添加组件。

本小节案例模型和微课视频在教学资源包的 MW-Cases \ CH9 \ 9.6 \ 9.6.26 目录中。

新建一个模型，在【注塑模向导】工具栏上单击【定位特征】，选择初始位置，定义需要添加点的个数和方位，可以通过许多类型添加点，如图 9-34 所示。

9.6.27 部件族工具

使用【部件族工具】命令，可以更新【注塑模向导】中的关联部件，如智能螺钉的长度。

本小节案例模型和微课视频在教学资源包的 MW-Cases \ CH9 \ 9.6 \ 9.6.27 目录中。打开 update_tool_assm.prt 文件，详细操作过程可以查看微课视频。

　　在【注塑模向导】工具栏上单击【部件族工具】，选择需要自动调整的智能螺钉。注意：保存部件族成员时，需要先保存模型，再选择【将部件族成员复制到项目文件夹中】，如图 9-35 所示。

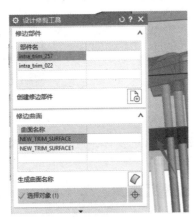

图 9-33　【设计修剪工具】命令　　　　　　　　　　图 9-34　【定位特征】命令

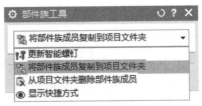

图 9-35　【部件族工具】命令

第10章

CHAPTER 10

模具工程图设计

10.1 模具工程图理论

10.1.1 通用要求

1. 比例

所有图样均应在"比例"栏内填写实际采用的比例，优先和允许采用的比例见表 10-1。

表 10-1 优先和允许采用的比例

种类	定义	优先选择系列	允许选择系列
原值比例	比值为 1 的比例	1∶1	—
放大比例	比值大于 1 的比例	5∶1 2∶1 $5×10^n∶1$ $2×10^n∶1$ $1×10^n∶1$	4∶1 2.5∶1 $4×10^n∶1$ $2.5×10^n∶1$
缩小比例	比值小于 1 的比例	1∶2 1∶5 1∶10 $1∶2×10^n$ $1∶5×10^n$ $1∶1×10^n$	1∶1.5 1∶2.5 1∶3 $1∶1.5×10^n$ $1∶2.5×10^n$ $1∶3×10^n$ 1∶4 1∶6 $1∶4×10^n$ $1∶6×10^n$

注：n 为正整数。

2. 图样名称栏

在模具装配图的名称栏内，必须以固定的格式表达清楚型腔数及产品名称（字高为 5mm）、产品编号（字高为 4mm）、本张图样所出现的视图（字高为 5mm）。型腔数及产品名称的标准中文写法为："出（X）件（产品名）模具"，标准英文写法为："（X）CAVITIES MOLD FOR（英文产品名）"。填写示例如图 10-1 所示。

3. 未注公差栏

未注公差分为"未注尺寸公差"和"未注几何公差"两栏。尺寸分段是按 GB/T 1804"未注尺寸公差精密 f 级"确定，因此对未注几何公差而言，则显得分段过粗，在同一尺寸段内，对于小尺寸等于降低了精度，对于大尺寸等于提高了精度，因此，在实际应用中，对小尺寸可严于此规定掌握，对大尺寸则不可以降低要求，最后仲裁仍按此规定执行。

未注几何公差的基准与被测要素的确定原则：以任选基准进行测量，所得值大者为测得值（倾斜度、对称度公差除外）。

塑料制品的未注尺寸公差按《塑胶产品技术标准》中的相应要求填写。

4. 尺寸标注

标注尺寸时要有计划地编排好，勿造成图形及尺寸混杂、交错；数值、备注、说明应尽量在图形外面；尺寸引出线等应尽量少跨越其他文字、线条和图形等，以保持图面简明、美观。

5. 其他说明

除非另有注明，否则图样中的
所有尺寸单位（包括技术要求和其他说明的尺寸）均以 mm 计。

第三角投影: ⊕ 🖃	图样名称:
设 计:	日 期:
审 核:	日 期:

图样名称栏内容：

出一件"15"电视机前壳"模具
〈P/N:32000·011〉
上模平面图 *A—A*

| 标准化: | 日 期: | 塑料: HIPSHF·1690 | 模号: MJ280 | 版号: B |
| 批 准: | 日 期: | 缩水率: 1.005 | 第 2 页 / 共 5 页 |

图 10-1 图样名称栏

10.1.2 对模具装配图的要求

1. 视图表达

（1）投影方式 采用第三角投影。

（2）视图比例 无论选用何种视图比例，均应在图样的"比例"栏中明确标示出。

（3）常用视图 一般至少应有上模俯视图（CAVITY PLAN VIEW）、下模俯视图（CORE PLAN VIEW）、SECTION C—C 和 SECTION D—D 剖视图。

（4）视图设置 下模俯视图用 TOP 视图（俯视图），上模俯视图则用 TOP 视图侧翻两次后的视图（仰视图旋转180°），上、下模俯视图的不可见部分用虚线表示，表达模具里面的结构。剖视图原则上不显示虚线和剖面线，未剖到的零件不表达，剖切不全的部分及显示出来的多余图线应删除。

2. 主视图上应表达的内容

（1）尺寸标注 主视图中应标注模板和模仁的长宽尺寸，模具最大外形尺寸，模具中心线、浇口套中心线、产品中心线或产品基准位置尺寸，顶棍孔位置尺寸，码模孔或码模槽的相关位置尺寸，吊模螺钉孔规格尺寸等。

（2）标识

1）标出边钉（G.P）、边司（G.B）、水口边（S.P），以及各自的偏移一角标出"OFFSET"，回针（R.P）、导柱（E.G.P）、撑头（S.P）、顶杆孔（K.O）。

2）标出模具中心线（MOLD C/L）、浇口套中心线（SPRUE C/L）、产品中心线（PRODUCT C/L）或产品基准（PRODUCT DATUM）等符号。

3）标出冷却水路编号及进、出（IN、OUT）标识，气道（AIR）和油路（OIL）。

4）标出螺钉编号（除模坯本身带有之外，所有螺钉均应标上其编号）。

5）标出零件序列号。

（3）水路示意图 所有冷却水路路线都必须画出示意图，用轴测图的方式表达。一般分为上模水路示意图、下模水路示意图、滑块水路示意图、斜顶水路示意图等，如图 10-2 所示。

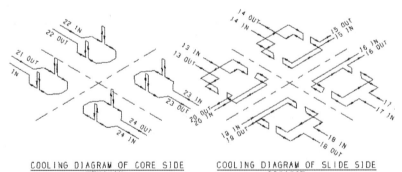

图 10-2 水路示意图

（4）注塑机资料及模具基本数据说明 注塑机资料及模具基本数据说明一般应放在下模俯视图的左下角，书写范例如图 10-3 所示。

3. 剖视图上应表达的内容

（1）尺寸标注 各模坯组板的厚度、型腔深度、模具厚度、法兰外径、法兰突出高度、浇口套球径、浇口套流道尺寸及锥度、浇口套凹球部距外板面深度、顶棍孔直径及顶出行程、码模孔或码模槽的相关尺寸、吊模螺纹孔型号。

（2）标识

1）开模次序标记，并标出各自的开模行程或最小开模行程。当只有一次分型时，只标出最小开模行程；若为多次分型，则要标出各自的开模行程。

2）所有剖到的螺钉均应标上序号（模坯本身带有的螺钉的除外）。

（3）应剖到的结构及其相关标注

1）各板：标出各板厚度。

2）滑块：标出斜边及铲基楔面角度，并备注行程。

3）斜顶：标出斜顶倾斜角度，并备注行程。

4）弹簧：以双点画线标示弹簧范围，并备注弹簧的最大压缩比。

5）法兰、浇口套、分型面管位块、撑头、限位块、拉模扣、推方等。

6）边钉、水口边、哥林柱等。

模具装配图示例如图 10-4 所示。

TO SUIT MACHINE: 150T
TIE BAR DISTANCE: 510X510
MOLD THICKNESS: 220~450
注塑机型：150T
拉杆间距：510X510
容模厚度：220-450
EST. PROJECTION AREA 321Cm²(49.81N²)
EST. SHOT VOL 240C.C
EST. PARTING SURFACE CONTACT AREA 1115Cm²(172.81N²)
EST. MOLD WEIGHT 1700kg
估计投影面积 321Cm²(49.81N²)
估计射胶容积 240C.C
估计受压面积 1115Cm²(172.81N²)
预算模具重量 1700kg

图 10-3　注塑机资料及模具基本数据说明

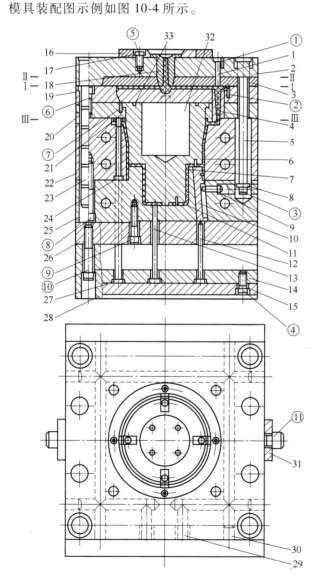

a) 模具总装图

图号	名称	材料	数量
⑪	螺钉M10×40	与拉块匹配	各4共8
⑩	螺钉M12×75		6
⑨	螺钉M12×50		8
⑧	螺钉M12×80		8
⑦	销4×15		1
⑥	螺钉M10×35		8
⑤	螺钉M10×25		4
④	螺钉M12×25		10
③	螺钉M12×20		4
②	销4×15		4
①	螺钉M5×12		4
33	O形密封圈0100×3.1		1
32	隔水板	45	1
31	拉块	45	2对
30	水堵	45	24
29	水嘴	45	8
28	模足	45	2
27	复位杆	45	4
26	支承板	45	1
25	导滑板	CrWMn	1
24	型芯	CrWMn	4
23	导柱	45	4
22	型腔板	P20	1
21	固定板	45	1
20	导套	ZQSn6-6-3	8
19	压板	45	1
18	浇口套	CrWMn	1
17	定位圈	45	1
16	镶圈	45	1
15	推板	45	1
14	推杆固定板	45	1
13	推杆	45	4
12	推杆	45	4
11	小型芯	CrWMn	2
10	滑块	T10A	4
9	限位钉	M6螺钉改制	4
8	垫圈	45	4
7	大型芯	P20	1
6	型芯	CrWMn	4
5	限位杆	45	4
4	浇口套	CrWMn	4
3	脱浇口板	45	1
2	定模板	45	1
1	拉料杆	55	4
图号	名称	材料	数量

b) 明细栏及模具材料

图 10-4　模具装配图示例

10.2　工程图设计

在【注塑模向导】中，提供了三种用于绘制模具二维工程图的工具，分别是【装配图纸】【组件图纸】【孔表】，用于输出总装和零件图。使用【注塑模向导】中的制图工具，可以大大提高模具设计效率。

10.2.1　模具零件图

1. 功能概述

【注塑模向导】提供了【组件图纸】工具，专门用于创建和管理模具零件的工程图，此时采用主模型的方式。注意：先切换到【制图】模块。

2. 使用方法

本小节案例模型和微课视频在教学资源包的 MW-Cases \ CH10 \ 10.2 \ 10.2.1 目录中。

打开 intra_top_000. prt 文件，详细操作过程可以查看微课视频，其操作步骤见表 10-2。

表 10-2　工程图设计操作步骤

序号	操作步骤	图示
1	在【注塑模向导】工具栏上单击【模具图纸】中的【组件图纸】图标，弹出【组件图纸】对话框。从组件列表中选择需要创建工程图样的组件	
2	单击【创建】，可以为当前的组件创建图样。此外还要对这些图样进行编辑处理，才可以得到合格的零件工程图	
3	单击【更新图纸】，切换到【更新图纸】界面。指定图纸页的名称、模板以及投影方法	

10.2.2　模具零件的孔表

1. 功能概述

使用【孔表】工具可以为零件中的孔自动创建表格注释，可以基于孔的直径与类型进行分类；按照直径的递增关系安排孔表的顺序；每个分类中的孔，按照与基准间的距离进行增量排列。

这个工具只支持单个实体或单个组件，图样中包含多个实体/组件，孔表中显示的只是其中某个体的注释。另外，一旦创建了孔表，若模型进行了更改，孔表是不会随着视图/图样的更新而更新的，必须利用孔表提供的工具进行更新。

2. 使用方法

打开 sp_withattr_dwg1.prt 文件，详细操作过程可以查看微课视频，其操作步骤见表 10-3。

本小节案例模型和微课视频在教学资源包的 MW-Cases \ CH10 \ 10.2 \ 10.2.2 目录中。

表 10-3 【孔表】工具的操作步骤

序号	操作步骤	图示
1	1）打开需要创建孔表的组件，如一块模板，先切换到【制图】模块，创建相关的视图 2）在【注塑模向导】工具栏上单击【孔表】，弹出【孔表】对话框 3）在【原点】组中，单击选择【坐标原点】，在已创建的视图上选择一个点作为原点 4）在【选择对象】中选择需要创建孔表的视图。需要标注的孔可以在【矩形选择】或【属性选择】中选择 5）注意：在【属性选择】组中，可以根据 MW 项目中孔的属性自动选取希望标注的孔，并且可以勾选【使用定制的孔类型符号】，在孔表中以不同符号进行分类 6）单击【原点】中的【指定位置】工具，在图形窗口中指定孔表的放置位置	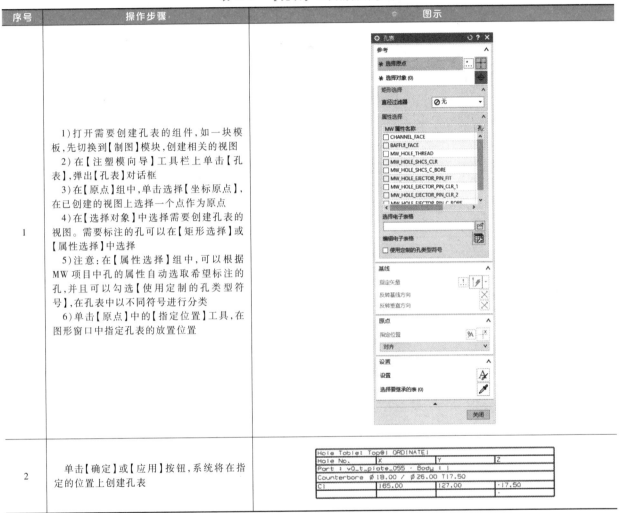
2	单击【确定】或【应用】按钮，系统将在指定的位置上创建孔表	

10.2.3 自动尺寸

使用【自动尺寸】命令，可以实现孔坐标尺寸创建的自动化，包括线切割起始孔。

打开 sp_withattr_dwg1.prt 文件，详细操作过程可以查看微课视频。

本小节案例模型和微课视频在教学资源包的 MW-Cases \ CH10 \ 10.2 \ 10.2.3 目录中。

在【注塑模向导】工具栏上单击【自动尺寸】，勾选【自动选择孔】选项，选择坐标原点，如图 10-5 所示。

10.2.4 孔加工注释

使用【孔加工注释】命令，可为选定的孔添加加工注释。

本小节案例模型和微课视频在教学资源包的 MW-Cases \ CH10 \ 10.2 \ 10.2.4 目录中。打开 manu-facturing_case_dwg.prt 文件，详细操作过程可以查看微课视频。

在【注塑模向导】工具栏上单击【孔加工注释】，选择视图，指定位置，如图 10-6 所示。

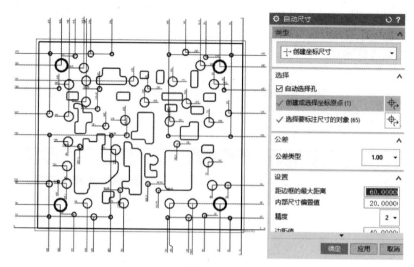

图 10-5 【自动尺寸】命令

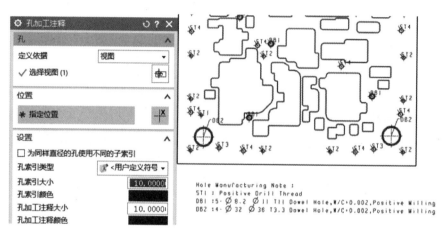

图 10-6 【孔加工注释】命令

10.2.5 顶杆表

使用【顶杆表】命令，可实现顶杆表图样创建的自动化。

本小节案例模型和微课视频在教学资源包的 MW-Cases \ CH10 \ 10.2 \ 10.2.5 目录中。

打开 intra_top_000. prt 文件，详细操作过程可以查看微课视频。

在【注塑模向导】工具栏上单击【顶杆表】，单击【确定】按钮，如图 10-7 所示。

10.2.6 图样拼接

使用【图纸拼接】命令，可将一个部件中的图样与另一个部件中的图样合并。

本小节案例模型和微课视频在教学资源包的 MW-Cases \ CH10 \ 10.2 \ 10.2.6 目录中。

打开 sp_withattr_dwg1. prt 文件，详细操作过程可以查看微课视频。

在【注塑模向导】工具栏上单击【图纸拼接】，选择包含图样的文件夹，指定输出的文件类型和文件名，如图 10-8 所示。

10.2.7 重命名和导出组件

使用【重命名和导出组件】命令，可以重命名组件，也可以导出装配。

本小节案例模型和微课视频在教学资源包的 MW-Cases \ CH10 \ 10.2 \ 10.2.7 目录中。

打开 intra_top_000. prt 文件，详细操作过程可以查看微课视频。

在【注塑模向导】工具栏上单击【重命名和导出组件】，选择需要重命名的组件，如图 10-9 所示。

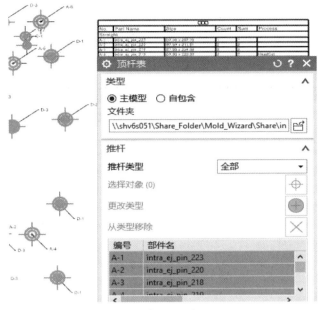

图 10-7 【顶杆表】命令

图 10-8 【图纸拼接】命令

10.2.8 孔基准符号

使用【孔基准符号】命令，可将基准符号添加到选定的孔。

本小节案例模型和微课视频在教学资源包的 MW-Cases\CH10\10.2\10.2.8 目录中。

打开 sp_withattr_dwg1.prt 文件，详细操作过程可以查看微课视频。

在【注塑模向导】工具栏上单击【孔基准符号】，选择视图，选择孔，如图 10-10 所示。

图 10-9 【重命名和导出组件】命令

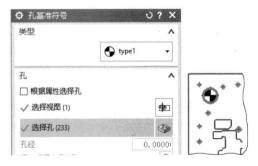

图 10-10 【孔基准符号】命令

10.3 案例分析：模具工程图设计

本节案例将以之前已经完成的模具整体装配为例，介绍生成装配图的过程。

本节案例模型和微课视频在教学资源包的 MW-Cases\CH10\10.3 目录中。

打开 intra_top_000.prt 文件，详细操作过程可以查看微课视频。

10.3.1 创建图纸

创建图纸的操作步骤见表10-4。

表 10-4　创建图纸的操作步骤

序号	操作步骤	图示
1	切换至【制图】模块,在【注塑模向导】工具栏上单击【装配图纸】图标,弹出【装配图纸】对话框	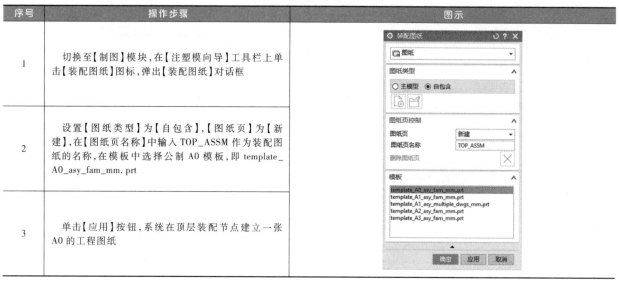
2	设置【图纸类型】为【自包含】,【图纸页】为【新建】,在【图纸页名称】中输入 TOP_ASSM 作为装配图纸的名称,在模板中选择公制 A0 模板,即 template_A0_asy_fam_mm. prt	
3	单击【应用】按钮,系统在顶层装配节点建立一张 A0 的工程图纸	

10.3.2 定义模具部件可见性

定义模具部件可见性的操作步骤见表10-5。

表 10-5　定义模具部件可见性的操作步骤

序号	操作步骤	图示
1	1)在【装配图纸】对话框中,切换到【可见性】选项卡。此时,图形窗口自动切换到 3D 模型的观察状态。可以在【视图】选项卡上单击【适合窗口】图标,恢复模型的完整显示 2)在【属性值】下拉列表中依次选择 A 和 B,观察图形窗口中高亮显示的部件。当属性值为 A 时,显示的是定模部分的零件;当属性值为 B 时,显示的是动模部分的零件 3)在【属性值】下拉列表中选择 A,然后在图形窗口中选择所有属于定模部分的零件(注意:intra_comb-cavity_013 也是 A 侧部件),勾选【列出相关对象】,完成选择后,单击【应用】,这些被选中的零件就被赋予了 A 侧的属性值	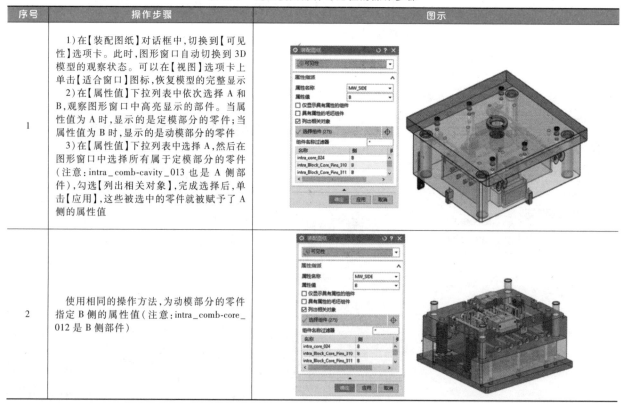
2	使用相同的操作方法,为动模部分的零件指定 B 侧的属性值(注意:intra_comb-core_012 是 B 侧部件)	

10.3.3 添加视图

添加视图的操作步骤见表10-6。

表 10-6　添加视图的操作步骤

序号	操作步骤	图示
1	1）在【装配图纸】对话框中单击【视图】选项卡，切换到工程图纸环境，设置【比例】为 1：1 2）在视图列表中选择【CORE】，选择俯视图 3）在视图列表中选择【CAVITY】，然后单击【应用】，系统自动在图纸的右上角放置定模的底视图 4）在视图列表中选择【FRONTSECTION】，然后单击【应用】，系统提示选择剖切位置，在已添加的动模俯视图中选择两个合适的剖切位置（剖切位置可以在制图模块中进行编辑），再单击【确定】，系统自动在图纸的左下角放置前剖视图 5）在视图列表中选择【RIGHTSECTION】，然后单击【应用】，系统提示选择剖切位置，在已添加的动模俯视图中选择两个合适的剖切位置，再单击【确定】，系统自动在图纸的右下角放置右剖视图	
2	单击【取消】按钮，退出【装配图纸】对话框，图形窗口切换回 3D 环境	

10.3.4　完善装配图

通过前述步骤创建的四个视图与需要的模具装配图相差甚远，因此必须切换到【制图】模块，针对这四个视图进行详细的编辑，同时添加适当的尺寸标注和注释，操作步骤见表 10-7。

表 10-7　完善装配图的操作步骤

序号	操作步骤	图示
1	1）启动【制图】模块 2）如果未看到刚才创建的图样，可在【部件导航器】中展开图纸节点，在工作表【TOP_ASSM】的节点上双击，即可打开装配图纸	
2	1）显示动模俯视图、定模底视图的隐藏线 2）在动模俯视图的视图边界上单击鼠标右键，弹出右键快捷菜单，选择【设置】，弹出【设置】对话框 3）单击【隐藏线】选项卡，勾选【隐藏线】选项显示检查符，从线型下拉菜单中选择虚型 4）单击【确定】按钮，将该视图的隐藏线显示出来。以同样的操作将定模底视图的隐藏线显示出来	
3	1）为动、定模视图添加中心线标记 2）对于两个剖视图，为了改善观察效果，可以显示背景线，关闭剖面线的显示 3）单击【菜单】→【首选项】→【制图】→【图纸视图】→【截面】→【设置】 4）勾选【显示背景】显示检查符，勾选【显示装配剖面线】隐藏检查符 5）单击【确定】按钮，这样就可以显示剖视图的背景线，并关闭剖面线的显示	

（续）

序号	操作步骤	图示
4	1）为主要零件标注尺寸 2）添加冷却回路的视图。所有冷却管道应画出示意图,采用轴测图方式表达 3）添加材料清单和技术要求	
5	至此,完成了模具装配图的设计(右图为示意图)	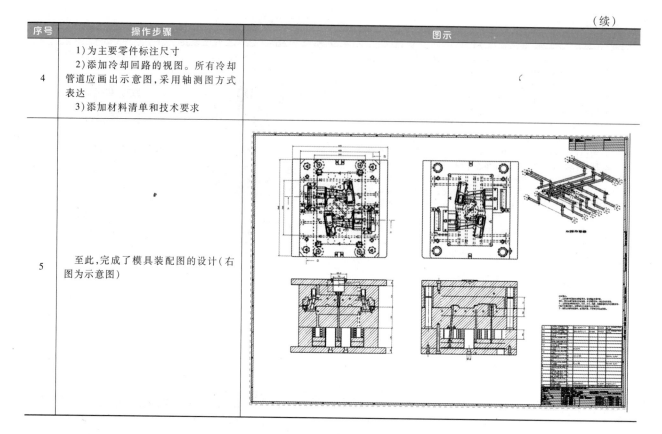

10.3.5　保存文件

确认模具项目的顶层节点 intra_top_000 为工作部件，如果不是，则双击该节点，然后在【标准】工具栏上单击【保存】按钮，系统将保存模具装配中的所有文件。

CHAPTER 11

注塑模向导客制化

本章主要介绍注塑模向导客制化的方法，可以利用【注塑模向导】中的模板技术，根据企业的需求定制模板，大大提高了设计效率。

本章案例模型在教学资源包的 MW-Cases \ CH11 \ moldwizard 目录下，练习前请复制到本地。

11.1 Top 结构的客制化

【注塑模向导】的 TOP 模具结构是装配结构，利用 WAVE 技术实现自动拆模、零件分类、物料清单的备料等，方便模架和标准件的调入、查找、2D 图标注等。

11.1.1 Top 结构介绍

模具结构的 TOP 主关系结构如图 11-1 所示。

在【注塑模向导】的【初始化项目】中，配置栏默认为【Mold.V1】，下拉菜单中还有【ESI】和【原始】。其中【ESI】也是一种 TOP 模板，用于做模具前期分析，即 DFM 检讨报告。只有在做产品前期分析，需要做 DFM 检讨报告时才选择【ESI】。

11.1.2 Top 结构的客制化方法

Top 结构可以根据企业的需求进行定制，Top 结构模板放在软件安装目录的 MOLDWIZARD 的【pre_part】文件夹中，其具体的映射关系如图 11-2 所示。【pre_part】文件夹中有【english】和【metric】两

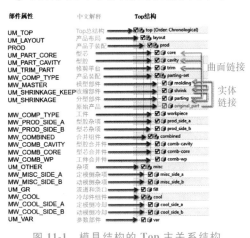

图 11-1 模具结构的 Top 主关系结构

图 11-2 Top 结构关系图

个文件夹，分别存放英制和公制的 3D 文件模板，mw_var 文件为注册表。

用户可以根据需要定制所需的模板，具体操作步骤见表 11-1。详细操作过程可查看微课视频。

表 11-1 定制模板的操作步骤

序号	操作步骤	图示
1	在 MOLDWIZARD/pre_part/metric 下面新建文件夹【Mold. V2】。ESI、Mold. V1、Orig 是系统自带模板	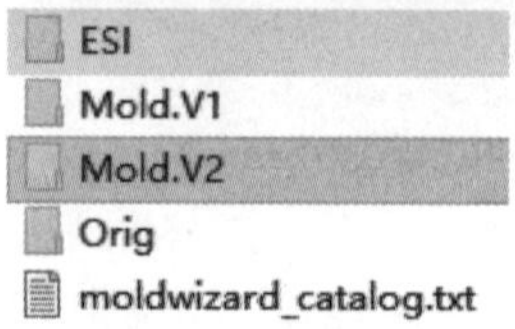 ESI Mold.V1 Mold.V2 Orig moldwizard_catalog.txt
2	1）建立总参数化装配模型图档，放置于【Mold. V2】文件夹中 2）装配模型文档必须为参数化模型，总装配为 TOP 文件，当 TOP 文件调入时，整个装配结构也能被加载，可以通过参数来驱动参数化模型的变化	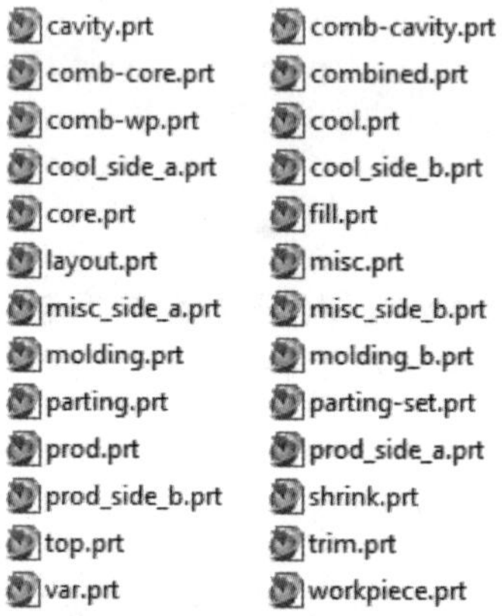 cavity.prt comb-cavity.prt comb-core.prt combined.prt comb-wp.prt cool.prt cool_side_a.prt cool_side_b.prt core.prt fill.prt layout.prt misc.prt misc_side_a.prt misc_side_b.prt molding.prt molding_b.prt parting.prt parting-set.prt prod.prt prod_side_a.prt prod_side_b.prt shrink.prt top.prt trim.prt var.prt workpiece.prt

序号	操作步骤	图示
3	1）建立注册文件； 2）在 MOLDWIZARD/pre_part 下面打开注册文件【prepart_config. xls】 3）在 MM 表单里增加一行【Mold. V2】内容 文档中定义参数的具体含义如下 CONFIG_NAME：在对话框中显示的名称 PART_SUBDIR：装配模型所在的路径 TOP_ASM：装配模型中的总装配文档，TOP 文档属性 PROD_ASM：是否加载模型，NONE 表示没有 ACTION：是否在 TC 中克隆名称	<table><tr><td>CONFIG_NAME</td><td>PART_SUBDIR</td></tr><tr><td>Mold.V1</td><td>\pre_part\metric\Mold.V1</td></tr><tr><td>ESI</td><td>\pre_part\metric\ESI</td></tr><tr><td>Original</td><td>\pre_part\metric\Orig</td></tr><tr><td>Mold.V2</td><td>\pre_part\metric\Mold.V2</td></tr></table> <table><tr><td>TOP_ASM</td><td>PROD_ASM</td><td>ACTION</td></tr><tr><td>top</td><td>prod</td><td>CLONE</td></tr><tr><td>ESI_Top</td><td>NONE</td><td>CLONE</td></tr><tr><td>top</td><td>prod</td><td>CLONE</td></tr><tr><td>top</td><td>prod</td><td>CLONE</td></tr></table>
4	1）测试【Mold. V2】主模型结构模板 2）在重用库中选择【MW Project Template Library】→【鼠标右键】→【刷新】 3）单击【初始化项目】功能，在对话框的【配置】中选择【Mold. V2】 4）单击【确定】,【Mold. V2】主模型结构模板将被加载进来 5）注释：材料数据、收缩率和添加属性可以通过【设置】里面的功能来客制化 ①可以通过【编辑材料数据库】修改材料和收缩率 ②可以通过【编辑项目配置】修改配置模板 ③可以通过【编辑定制属性】修改添加的属性	

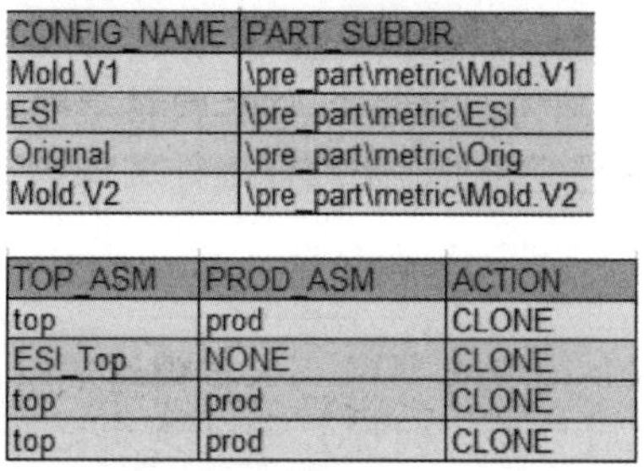

11.2 标准件库的客制化

注塑模向导提供的标准件管理系统可以进行标准件的注册、在模具装配中添加标准件和重定位标准件、编辑数据库中的标准件参数以及移除标准件。

11.2.1 标准件库介绍

在【注塑模向导】的【主要】工具栏中，可以看到【模架库】【标准件库】【设计顶杆】等标准件库，其数据库位于 MOLDWIZARD 路径下。

对于大部分用户来说，【注塑模向导】默认安装的标准件库并不能完全满足实际的设计需求，因而很多企业都会开发一套符合其产品特点的标准件库，以便最大限度地提高软件的使用效率。以下介绍各个库的客制化过程。

11.2.2 单个标准件的客制化

标准件数据库路径位于 MOLDWIZARD \ standard 文件夹中，其具体的映射关系如图 11-3 所示。【standard】文件夹中有【english】和【metric】两个文件夹，分别存放英制和公制的文件，两个文件夹中是各个厂商的标准件库。每个厂商对应的文件夹中分别有【bitmap】【data】【model】三个文件夹和注册文件以及注册文本文档。

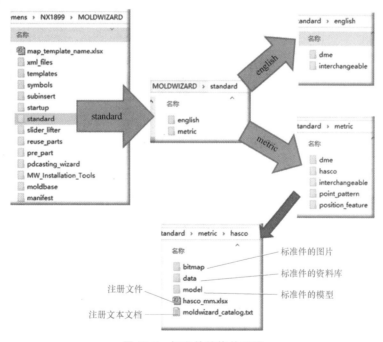

图 11-3 标准件结构关系图

本小节案例微课视频在教学资源包的 MW-Cases \ CH11 目录中，详细操作过程可查看微课视频。

用户可以根据需要定制所需的标准件，本案例通过添加一个块进行练习，具体操作步骤见表 11-2。

11.2.3 装配标准件的客制化

以上是一个简单的、不带螺钉的标准件的客制化过程，实际模具运用中，需要用螺钉将 block 块固定到模板上。所以在客制化过程中，可以将螺钉增加到零件中，以简化模具的设计过程，这就是装配标准件。本案例是在上面做好的 block 块上添加螺钉进行实例练习，具体操作步骤见表 11-3。

本小节案例微课视频在教学资源包的 MW-Cases \ CH11 目录中，详细操作过程可查看微课视频。

表 11-2　单个标准件客制化的操作步骤

序号	操作步骤	图示
1	1）在 MOLDWIZARD \ standard \ metric 下创建一个新资料夹 wisdom 2）在新建文件夹中建立三个子文件夹,分别为 bitmap、data、model	metric › wisdom 名称 bitmap data model
2	1）注册文本文档:在 WISDOM_MM 下建立一档案 moldwizard_catalog.txt,内容填写参考右图,增加此档案的目的在于在【标准零件】对话框中新增该选项 2）刷新标准件库,可见新增目录 WISDOM	moldwizard_catalog.txt - 记事本 文件(F) 编辑(E) 格式(O) 查看(V) 帮助(H) ! Standard part register file WISDOM_MM　　/standard/metric/WISDOM/wisdom_mm.xlsx 第 1 行,第 1 列　100%　Windows (CRLF)　UTF-8 标准件管理 文件夹视图 名称 STRACK_MM UNIVERSAL_MM WISDOM_MM

序号	操作步骤	图示	
3	制作注册文件:在 WISDOM 下建立档案 WISDOM_MM.xlsx。标准件的注册文件为【注塑模向导】模块定义其显示的名称、文件的路径、文件的数据表格、模型的路径及加载模型的名称等。其定义参数的具体含义见右表	NAME	DATA_PATH	DATA
		-----block -----	/standard/metric/wisdom/data	block.xlsx
		block		block.xlsx
		MOD_PATH		MODEL
		/standard/metric/wisdom/model		block.prt
				block.prt

NAME	【标准件】对话框内对应的名称,前后有虚线的表示不同的大类,大类下面的表示具体标准件的名称
DATA_PATH	零件数据资料文档路径位置
DATA	零件数据资料对应的名称,在【标准件】对话框中单击【编辑数据库】可直接打开
MOD_PATH	对应零件实体位置
MODEL	零件实体的名称
注:DATA 与 MODEL_PATH 设定为[/],非一般正向[\]

序号	操作步骤	图示
4	1）建立一个完全由参数驱动的数字模型 block.prt,保存在 WISDOM\model 路径下 2）对重要表达式必须进行命名,可实现多个规格型号标准零件的调用 3）定义标准件实体与虚体,一个是真正被安装到模具上的标准件实体,一般放置在 1 层,属于 True 的引用集,它的线型是实线;另一个则是用于在模板上开腔虚体,放置在 99 层,属于 False 的引用集,它的线型是虚线 4）NX 保存零件时,显示所有零件的 True Body,渲染模式设置成局部着色,仅显示 1 层,其他层设置为不显示;将所有组件设置成非抑制状态后再保存	名称 公式 值 单位 量纲 1 默认组 2 　 　 　 mm 长度 3 C 1 1 mm 长度 4 H 10 10 mm 长度 5 L 30 30 mm 长度 6 W 20 20 mm 长度 部件导航器 名称 当 模型视图 摄像机 用户表达式 模型历史记录 基准坐标系 (0) 基准坐标系 (1) 草图 (2) "SKETCH_0... 拉伸 (3) 倒斜角 (4) 拉伸 (5) 标准件实体,放置在1层 开腔虚体,放置在99层

（续）

序号	操作步骤	图示
5	1）建立数据资料文档 block.xlsx，保存在 WISDOM\data 路径下 2）将标准件的参数按格式要求输入注册文件中，建立对应的数据库文件夹。标准件模型可以从数据库中读取某一行的正确参数，从而驱动模型进行更新，达到不同型号的需要 文档中定义参数的具体含义见右表 3）编辑资料库的作用在于编辑零件各细节尺寸、图形位置及相关属性 ①父组件位置 PARENT。父组件位置是建立零件时所参考组件的位置 ②预设放置方式 POSITION。预设放置方式，放置时指定其位置，标准件加载时参考标准 ③零件属性 ATTRIBUTES。零件属性可为物料清单中列出的参数 ④参考其他组件参数 EXPRESSION。例如：LEVEL = < UM _ MOLDBASE >::TCP _ top；零件的 LEVEL 的算式参考 MOLDBASE 中的 TCP_top 参数；如同顶出销的底部在 B 顶出板的顶面 ⑤装配的零件 INTER _ PART。用于描述装配体中零件与零件的数据传递 ⑥【零件】对话框图形 BITMAP。用于说明【零件】对话框图形摆放位置及文件名，格式为 *.bmp，大小为 400×300 ⑦SYMBOL：概念设计显示的符号 ⑧内部参数 PARAMETERS。在完成定制零件之后，将所需修改的数值加到这个位置，以后就可以修改其参数，进而修改零件的尺寸及外形。在 EXCEL 表格中第一参数都会出现在对话框中，其他参数则需要设定，而在 EXCEL 中有两种表格设定方式	见下表及图示

## block	
PARENT	<UM_OTHER>
POSITION	PLANE
ATTRIBUTES	
CATALOG=<W>X<L>	
DESCRIPTION=REGULATOR	
MATERIAL=SK3	
MW_COMPONENT_NAME=Others	
SUPPLIER=WISDOM	
BITMAP	..\bitmap\block.bmp
PARAMETERS	

L	W	H
30	20	10
40	30	
50	40	
60	50	
80	60	
END		

PARENT	设定<UM_OTHER>为父组件位置,即会自动切换 OTHER 组件下作为参考的显示工作件
POSITION	设定 PLANE,即将 PLANE 作为预选值
ATTRIBUTES	主要为物料清单内的 Catalog 设定
BITMAP	图片文件的路径及文件名
PARAMETERS	对应对话框的下拉菜单资料,当文档内有多个选项时,会对应至对话框的下拉菜单

父组件位置 PARENT

<UM_TOP>	装配最顶层	<UM_LAYOUT>	放置 PROD 装配
<UM_PROD>	产品装配体	<UM_FS>	FUTABA S 型
<UM_MISC>	标准零件	<UM_PRPD_SIDE_A>	产品定模侧
<UM_PRPD_SIDE_B>	产品动模侧	<UM_MISC_A>	标准件定模侧
<UM_MISC_B>	标准件动模侧	<UM_COOL_SIDE_A>	冷却水路定模侧
<UM_COOL_SIDE_B>	冷却水路动模侧	<UM_OTHER>	其他

名称	预设放置方式	名称	预设放置方式
MULL	空的(依照原始零件的位置)	PLANE	平面
WCS	工作坐标	ABSOLUTE	绝对坐标
WCS_XY	工作坐标的 XY 平面	REPOSITION	重新定位
POINT	点	MATE	装配

选项	说明	选项	说明
CATALOG	型号名称	DESCRIPTION	描述
SUPPLIER	供应商	MATERIAL	材料
MW_SIDE = A	定模侧	MW_COMPONENT_NAME	模组中名称

第二参数值写在同一行中,并用逗点隔开	D	G	H
	100	90	8,12,15,17,19
	110		8,12,15,17,19,21
	120	100	8,12,15,17,19,21,22

第二参数值写在不同的行中	D	G	H
	100	90	8
			12
			15
			17
			19
	110		8
			12
			15

（续）

序号	操作步骤	图示
6	1）绘制 BITMAP 格式图片，保存路径为 WISDOM \ bitmap \ block. BMP，格式为 16 色点阵位以上 BMP 资料 2）图片转 SVG 格式的网站有 https://www.draw.io，对主要参数进行修改。在 File 中选择 Exportd As，保存为 SVG 格式，保存在原有路径下且名字相同，也可修改 SVG 格式图片参数	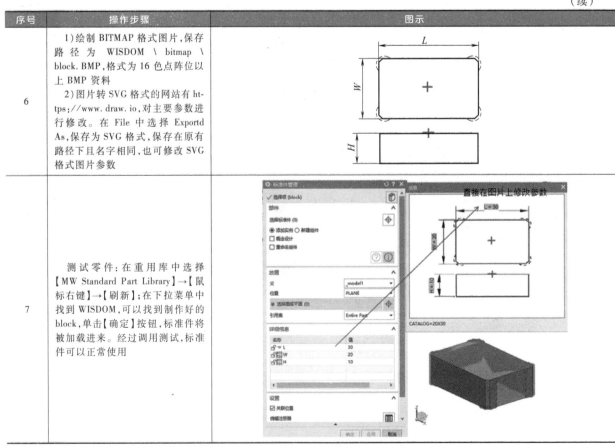
7	测试零件：在重用库中选择【MW Standard Part Library】→【鼠标右键】→【刷新】；在下拉菜单中找到 WISDOM，可以找到制作好的 block，单击【确定】按钮，标准件将被加载进来。经过调用测试，标准件可以正常使用	

表 11-3 装配标准件客制化的操作步骤

序号	操作步骤	图示
1	1）将 block 标准件另存为 block_Set. prt，单击【重用库】导入已有的螺钉（选择螺钉型号为 Auto）。需要几颗螺钉就导入几颗（导入最多需要的个数）。根据本案例 block 的尺寸，最多需要两颗螺钉 2）修改螺钉的属性和名称，将螺钉设置为工作部件，右键单击【修改属性】，在【应用于】对话框中选择部件，将原有的螺钉属性名删除，在标题/别名栏中设置新的名称，数据类型为【1】。【MW_SIDE】值按照标准件位置选择【A】或【B】 3）在【保存】中选择【另存为】，名称尽量与新设置的属性名一致。单击【OK】按钮后，出现同样的对话框，再单击【取消】（Cancel），可以看到装配导航器中螺钉的名字已经变更	
2	1）创建螺钉与部件间表达式的关系，将螺钉中的【PLATE_HEIGHT】参数链接到 block 的【H】参数 2）按照标准件的尺寸要求，对螺钉位置尺寸进行装配约束 3）单击【注塑模向导】中的【开腔】，使螺钉在 block 中开好腔，再对螺钉进行抑制，需要同时抑制掉【TRUE】和【FALSE】，【TRUE】是指螺钉标准件，【FALSE】是指开出的腔	

（续）

序号	操作步骤	图示
3	1）编辑更新数据库 2）添加【INTER PART】，即导入的螺钉，螺钉的名称与属性名称必须一致，后面一行是螺钉的表单读取路径。SIZE＝SIZE 表示本部件文档中的 SIZE 参数值等于路径 .. \ Screws \ data \ shcs. xlsx；；auto_shcs_ref 部件文档中的 SIZE 参数值 3）【BITMAP】：因螺钉的数量不同，图片也相应做了调整，对应到相应的参数下。BITMAP 前面加#表示此参数将不在【标准件】对话框中显示，同时 SVG 格式图片也相应地做出调整	**INTER_PART** SHCS_block ..\Screws\data\shcs.xlsx::auto_shcs SIZE=SIZE **PARAMETERS** L / W / / H / SIZE / #BITMAP 30 / 20 / / 10 / 6 / ..\bitmap\block_1.bmp 40 / 30 / / / / ..\bitmap\block_2.bmp 50 / 40 60 / 50 80 / 60 END
4	编辑注册文件：在表单中增加一行，添加 block_Set，在 DATA 下出现::符号，表示读取 Excel 中的某一分页，如 block.xlsx::block_set 是读取 block 文档中的 block_set 分页	NAME / DATA_PATH / DATA / MOD_PATH / MODEL -----block----- / /standard/metric/wisdom/data / block.xlsx / /standard/metric/wisdom/model / block.prt block / / block.xlsx / / block.prt block_Set / / block.xlsx::block_set / / block_Set.prt
5	测试零件，刷新后找到标准件"block_Set"。经过调用测试，标准件可以正常使用。至此，完成了带螺钉装配标准件的客制化。在一个零件上导入其他标准件成为进行装配的标准件，其制作方式与导入螺钉的标准件相同	

11.2.4 部件族的客制化

NX 中除了上述标准件的制作方法外，还可以利用部件族来创建标准件库。

与标准件的常规制作方法不同，部件族标准件的制作实体与假体分别放在不同的文件夹中，数据库路径位于 MOLDWIZARD \ reuse_par 部件族文件夹中，其具体的映射关系如图 11-4 所示。【reuse_parts】文件夹中有【false_bodies】和【part_families】两个文件夹，两个文件夹中是各个厂商的标准件库。打开【hasco】库中的【pin】标准件，可以看到两个文件夹中分别有三种类型的文件，分别称为假体三要素和实体三要素。

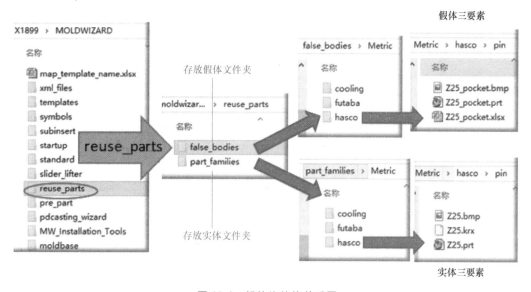

图 11-4　部件族结构关系图

用户可以根据需要定制所需的部件族，具体操作步骤见表 11-4。详细操作过程可查看微课视频。

表 11-4　部件族客制化的操作步骤

序号	操作步骤	图示
1	实体资料夹的建立：在 MOLD-WIZARD_DIR \ reuse_parts \ part_families \ metric 下创建一个新资料夹 text；在【重用库】中选择【MW Part Family Library】，单击右键，再单击【刷新】，可以看到刚刚创建的文件夹 text	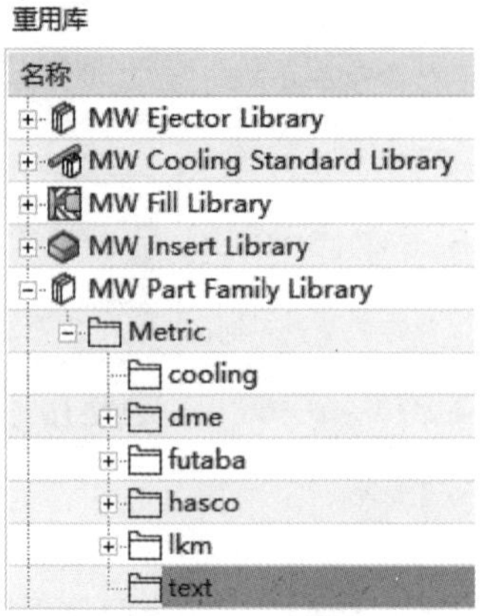 重用库 名称 MW Ejector Library MW Cooling Standard Library MW Fill Library MW Insert Library MW Part Family Library 　Metric 　　cooling 　　dme 　　futaba 　　hasco 　　lkm 　　text
2	创建实体 prt 文件 1）建立一个完全由参数驱动的数字模型 text.prt，保存在 part_families \ metric \ text 路径下。模型制作参照标准件模型制作要求，此参数化模型只需要实体，不需要假体 2）在装配导航器中选择【text】，单击鼠标右键选择【属性】，增加两个属性值，其值为 1：UM_STANDARD_PAPT 和 UM_STANDARD_PAPT_ROOT 3）部件族的建立：创建好实体后，在【菜单】中选择【工具栏】→【部件族】，选择相应的属性或将表达式添加至下面的【选定的列】中 4）单击【编辑电子表格】，在出现的表单中编辑零件各细节尺寸及相关属性（注：每行的数据都是唯一的） 5）保存表单：单击【加载项】中的【部件族】→【保存族】	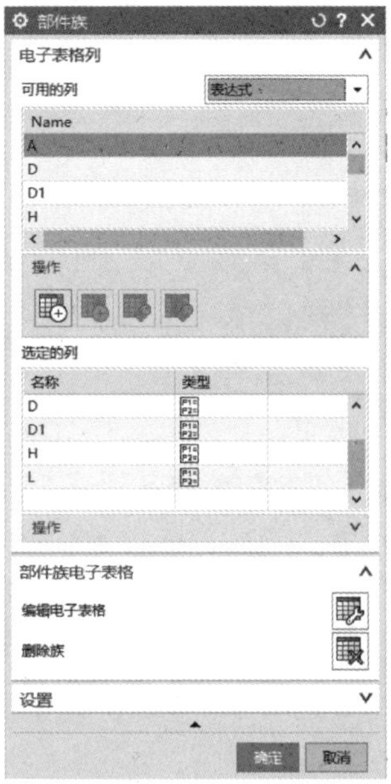 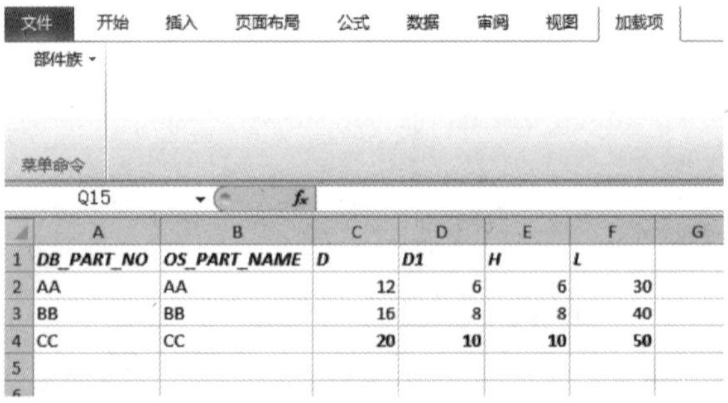 部件族 电子表格列 可用的列　表达式 Name / A / D / D1 / H 操作 选定的列 名称　类型 D / D1 / H / L 操作 部件族电子表格 编辑电子表格 删除族 设置 确定　取消 （电子表格） 文件 开始 插入 页面布局 公式 数据 审阅 视图 加载项 部件族 菜单命令 Q15 　　A / B / C / D / E / F / G 1 DB_PART_NO / OS_PART_NAME / D / D1 / H / L 2 AA / AA / 12 / 6 / 6 / 30 3 BB / BB / 16 / 8 / 8 / 40 4 CC / CC / 20 / 10 / 10 / 50
3	创建 BITMAP 文件：以图片形式直观地显示出零件的实体特征，其中含零件主要尺寸参数及坐标原点等，格式为 BITMAP；创建好的图片保存在 part_families \ metric \ text 路径下	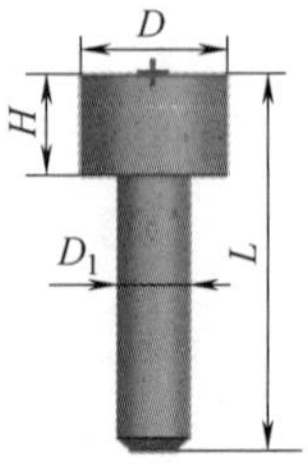

（续）

序号	操作步骤	图示
4	创建 KRX 文件 1）刷新【MW Part Family Library】，在【重用库】中找到制作好的 text 文件，右键单击【创建 KRX 文件】 2）在【图例图像】中选择上一步制作好的图片 3）在【族成员保存目录】中选择 reuse_parts \ part_families \ metric \ text 文件 4）在【主参数】中选择主要参数并移到右边 5）在【自动匹配】中选择一个主要参数 6）单击【确定】按钮后生成 KRX 文件，在实体的路径中可以看到	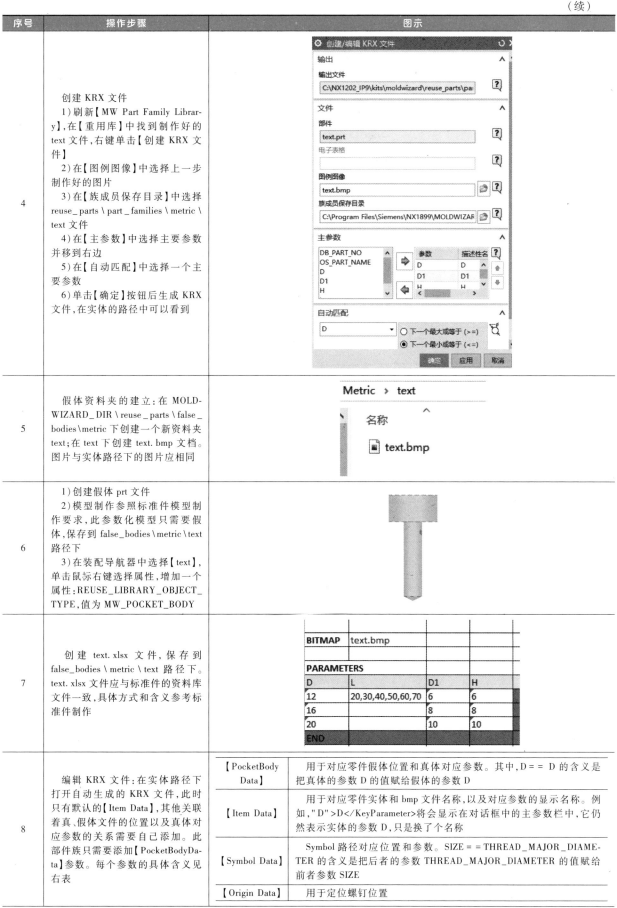
5	假体资料夹的建立：在 MOLDWIZARD_DIR \ reuse_parts \ false_bodies\metric 下创建一个新资料夹 text；在 text 下创建 text.bmp 文档。图片与实体路径下的图片应相同	Metric › text 名称 text.bmp
6	1）创建假体 prt 文件 2）模型制作参照标准件模型制作要求，此参数化模型只需要假体，保存到 false_bodies \ metric \ text 路径下 3）在装配导航器中选择【text】，单击鼠标右键选择属性，增加一个属性：REUSE_LIBRARY_OBJECT_TYPE，值为 MW_POCKET_BODY	
7	创建 text.xlsx 文件，保存到 false_bodies \ metric \ text 路径下。text.xlsx 文件应与标准件的资料库文件一致，具体方式和含义参考标准件制作	BITMAP text.bmp 表格见下

表格（序号7图示）：

BITMAP	text.bmp		
PARAMETERS			
D	L	D1	H
12	20,30,40,50,60,70	6	6
16		8	8
20		10	10
END			

序号8：

序号	操作步骤		图示
8	编辑 KRX 文件：在实体路径下打开自动生成的 KRX 文件，此时只有默认的【Item Data】，其他关联着真、假体文件的位置以及真体对应参数的关系需要自己添加。此部件族只需要添加【PocketBodyData】参数。每个参数的具体含义见右表	【PocketBody Data】	用于对应零件假体位置和真体对应参数。其中，D==D 的含义是把真体的参数 D 的值赋给假体的参数 D
		【Item Data】	用于对应零件实体和 bmp 文件名称，以及对应参数的显示名称。例如，"D">D</KeyParameter>将会显示在对话框中的主参数栏中，它仍然表示实体的参数 D，只是换了个名称
		【Symbol Data】	Symbol 路径对应位置和参数。SIZE==THREAD_MAJOR_DIAMETER 的含义是把后者的参数 THREAD_MAJOR_DIAMETER 的值赋给前者参数 SIZE
		【Origin Data】	用于定位螺钉位置

（续）

序号	操作步骤	图示
8		``` 文件(F) 编辑(E) 格式(O) 查看(V) 帮助(H) <?xml version="1.0" encoding="UTF-8"?> <KnowledgeReuse> <PocketBodyData> <PocketPartLibrary Name="MW Pocket Tool Body Library"/> <Relative Location="/Metric/text/text.prt"/> <MatchCondition Condition="D==D"/> <MatchCondition Condition="L>=L"/> </PocketBodyData> <ItemData> <Part Location="text.prt"/> <KeyParameter DescriptiveName="D">D</KeyParameter> <KeyParameter DescriptiveName="D1">D1</KeyParameter> <KeyParameter DescriptiveName="H">H</KeyParameter> <KeyParameter DescriptiveName="L">L</KeyParameter> <DetailImage Location="text.bmp"/> </ItemData> <MatchData GeomType="" ParaName="D" ValueMatch="LE"/> <FamilyMemberSaveDir>C:\Program Files\Siemens\NX1899\MOLDWIZARD\reuse_parts\fa </KnowledgeReuse> ```
9	部件族 TRUE 和 FALSE 的实际调用:在 part_family 标准件库中选择建立的实体 text,在【注塑模向导】中单击【开腔】命令,【目标】栏不选择,【工具】栏选择调出的实体,【设置】栏勾选【预览工具体】,即可看到 text 的实际和假体	

11.2.5 模架的客制化

模架的客制化方法和标准件的客制化方法基本一致,数据库路径位于 MOLDWIZARD_DIR \ moldbase 文件夹中,其具体的映射关系如图 11-5 所示,有【bitmap】【english】【metric】三个文件夹,分别

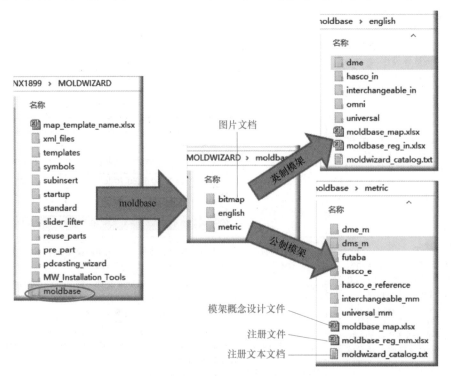

图 11-5 模架结构关系图

用于存放图片文档、英制标准模架、公制标准模架。每个文件夹中（如【metric】文件夹）中存放各个公司的模架数据模型，有 dme、dms、futaba、hasco、interchangeable 等模架。文件夹中有注册文件、注册文本文档、模架概念设计文件。

用户可以根据需要定制所需的模架库，本案例通过制作一个新的模架进行实例练习，具体操作步骤见表 11-5。

本小节案例模型和微课视频在教学资源包的 MW-Cases \ CH11 目录中，详细操作过程可查看微课视频。

表 11-5　模架客制化的操作步骤

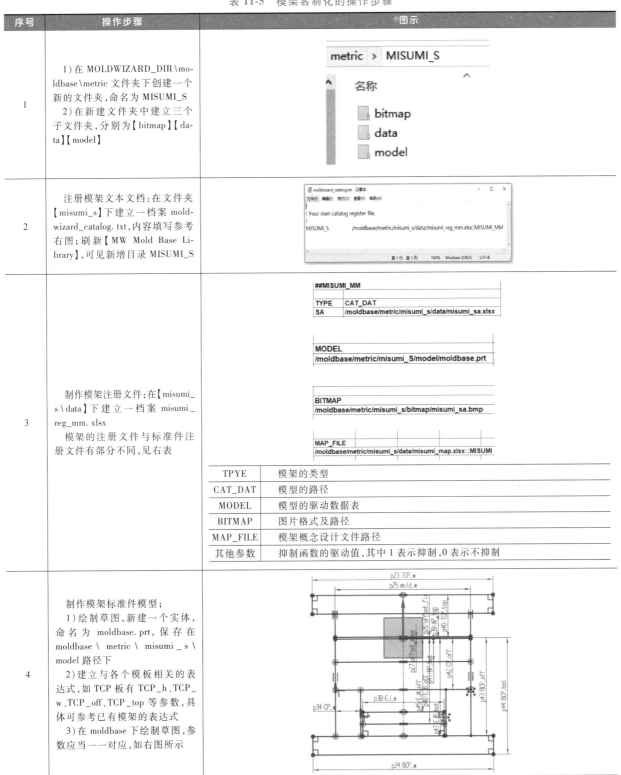

序号	操作步骤	图示
1	1）在 MOLDWIZARD_DIR\moldbase\metric 文件夹下创建一个新的文件夹，命名为 MISUMI_S 2）在新建文件夹中建立三个子文件夹，分别为【bitmap】【data】【model】	
2	注册模架文本文档：在文件夹【misumi_s】下建立一档案 moldwizard_catalog.txt，内容填写参考右图；刷新【MW Mold Base Library】，可见新增目录 MISUMI_S	
3	制作模架注册文件：在【misumi_s \ data】下建立一档案 misumi_reg_mm.xlsx 模架的注册文件与标准件注册文件有部分不同，见右表	

TPYE	模架的类型
CAT_DAT	模型的路径
MODEL	模型的驱动数据表
BITMAP	图片格式及路径
MAP_FILE	模架概念设计文件路径
其他参数	抑制函数的驱动值，其中 1 表示抑制，0 表示不抑制

序号	操作步骤	图示
4	制作模架标准件模型； 1）绘制草图，新建一个实体，命名为 moldbase.prt，保存在 moldbase \ metric \ misumi_s \ model 路径下 2）建立与各个模板相关的表达式，如 TCP 板有 TCP_h、TCP_w、TCP_off、TCP_top 等参数，具体可参考已有模架的表达式 3）在 moldbase 下绘制草图，参数应当一一对应，如右图所示	

（续）

序号	操作步骤	图示
5	添加动定模子组件 1）在 moldbase 下添加两个组件，分别为 movehalf 和 fixhalf 2）在动定模下创建每个板的空组件，如 a_p、tcp、b_p 等 3）根据草图，将各个板的草图利用【WAVE 几何链接器】链接复合曲线到对应的模板组件下，再逐一拉伸出实体建立出模板	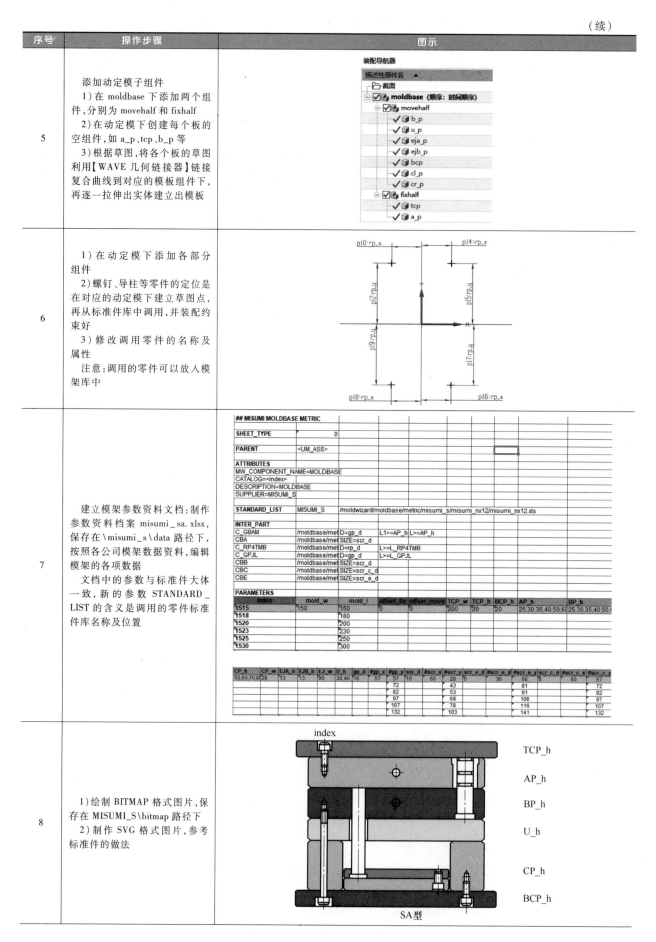
6	1）在动定模下添加各部分组件 2）螺钉、导柱等零件的定位是在对应的动定模下建立草图点，再从标准件库中调用，并装配约束好 3）修改调用零件的名称及属性 注意：调用的零件可以放入模架库中	
7	建立模架参数资料文档：制作参数资料档案 misumi_sa.xlsx，保存在 \misumi_s\data 路径下，按照各公司模架数据资料，编辑模架的各项数据 文档中的参数与标准件大体一致，新的参数 STANDARD_LIST 的含义是调用的零件标准件库名称及位置	
8	1）绘制 BITMAP 格式图片，保存在 MISUMI_S\bitmap 路径下 2）制作 SVG 格式图片，参考标准件的做法	

（续）

序号	操作步骤	图示
9	1）在【重用库】中选择【MW Mold Base Library】，单击右键→【刷新】按钮 2）在下拉菜单中找到 MISUMI_S，选择模架 SA，单击【确定】，将模架加载进来 3）经过调用测试，模架可以正常使用	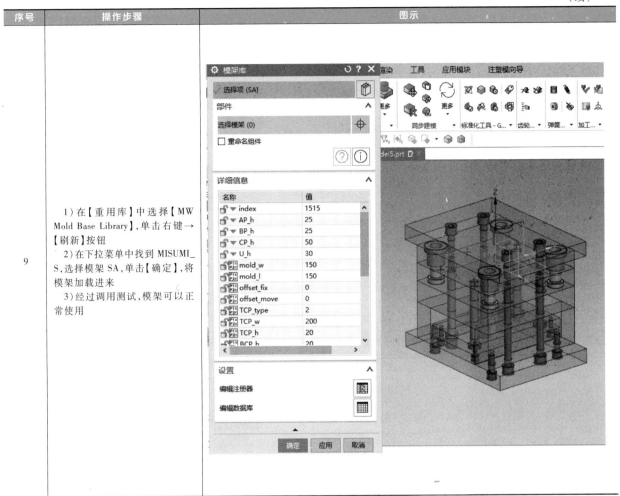

11.3 物料清单模板的客制化

在【注塑模向导】的【主要】工具栏中，单击【物料清单】，生成的表单是模具项目的物料清单。

11.3.1 物料清单模板的介绍

物料清单称为产品结构表或用料结构表，是用来表示一种产品、成品或半成品是由哪些零部件或原料所结合而成的组成元素明细。物料清单是所有 ERP 系统的基础，如果物料清单有误，会导致所有物料需求都不正确。

11.3.2 物料清单模板的客制化方法

物料清单模板可以根据企业的需求进行定制，物料清单模板结构存放在 MOLDWIZARD \ templates \ bom 文件夹中，其具体的映射关系如图 11-6 所示。【bom】文件夹中有【Bom_Data】和【Bom_Templates】两个文件夹，分别存放公共数据模板和物料清单模板。制作物料清单可以参考 ReadMe.docx 文档。

本案例通过制定一个新的物料清单模板进行实例练习，具体操作步骤见表 11-6。

本小节案例模型和微课视频在教学资源包的 MW-Cases \ CH11 目录中，详细操作过程可查看微课视频。

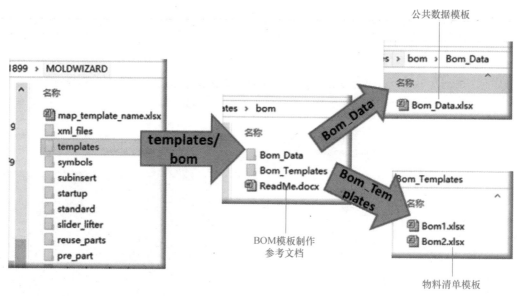

图 11-6　物料清单模板结构关系图

表 11-6　物料清单模板客制化的操作步骤

序号	操作步骤	图示
1	定制物料清单模板：新建一个文档 Bom3. xlsx，保存到. MOLD-WIZARD \ templates \ bom \ Bom _ Templates 路径下（只有保存在此路径下才能读取到），其内容可根据公司需求自行定制 所有灰色部分在导出后将不会显示出来，模板的顶部可以定义用户信息，此模板中有五个参数，各参数的具体含义见右表	**Display Name**：BOM 列表项的显示名称，在 BOM 用户界面中显示为列标题 **Attribute Name**：介绍项目的属性名称列表，属性值显示在 BOM 的 UI 界面中，属性不具有相应的"显示名称"将不会在 BOM 的 UI 中显示 **Key Field**：描述相应的属性是否用作关键字段属性，具有相同的"关键领域"的组件将被组合在一起，并在 BOM 的 UI 界面行显示 **Locked**：表示对应的值能否在 UI 界面修改 **Read Attribute From**：表示属性从 Part 中读取 （BOM Table 表格图示：Siemens Industry Software (Shanghai) Co., Ltd BOM Table，含 CUSTOMER、PROJECT NUMBER、VERSION、RELEASE DATE、DESIGNER BY、APPROVED BY 及 Display Name: NO. / PART NAME / QTY / CATALOG/SIZE / STOCK SIZE / BLANK SIZE / MATERIAL 等）
2	定义公共数据模板路径 MOLDWIZARD \ templates \ bom \ Bom_Data。通过定义公共数据模板，可以从指定列中更改预定义的更改列表中的值，具体内容可根据公司需求自行添加 常用数据模板中有四种类型的列表，用户可以通过将 LIST_TYPE 设置为 0、1、2、3 来定义它们，其含义见右表	**Type = 0**：用户只能选择存在于 data 文档里的数据信息 **Type = 1**：用户可以同时选择和修改存在于 data 文档里的数据信息 **Type = 2**：用户只能选择数据信息，并且不存在于 data 文档里的数据会亮显出来 **Type = 3**：只能手动输入数据信息 （数据模板图示：ATTRIBUTES，LIST TYPE=2，PARAMETERS：BRASS、S45C、S50C、SKH51、SKD61、SS400、SKH51、SUJ2、SCM435、SWOSC-V、SKS3、NAK80、SKD11、P20；底部选项卡：DESCRIPTION / MATERIAL / SUPPLIER）

（续）

序号	操作步骤	图示
3	1）在【注塑模向导】的【主要】工具栏中单击【物料清单】 2）在【设置】一栏中可以找到新增加的表单 BOM3 3）对照公共数据模板，查看各属性的选择方式 注意：DESCRIPTION 的 LIST_TYPE=1 可以手动输入，也可以在下拉菜单中选择；MATERIAL 的 LIST_TYPE=2 只能在下拉菜单中选择，并且 data 文档中不存在的会高亮显示；SUPPLIER 的 LIST_TYPE=3 只能手动输入	

第12章
CHAPTER 12

工作流程管理

模具设计制造过程中有大量协同工作，模具生产流程的规范化和标准化对减少差错、保证模具质量非常重要。本章不仅介绍注塑模向导中一些工作流程和支持流程的工具，而且介绍对模具设计和加工流程数字化管理至关重要的 PDM 和 MES 系统。

12.1 设计流程导航

使用【注塑模向导】提供的【设计流程导航器】工具，可以很好地查看模具设计的进度。同时，用户可以方便地进行模具的设计及修改，快速获取模具相关信息，并以 PowerPoint 演示文稿的方式进行输出，见表 12-1。

表 12-1 【设计流程导航器】的功能

功　能	图　示
1）对已完成、进行中和未开始的工作进行区分，方便跟踪设计进度。同时，其状态会自动更新 2）【产品信息】在目录状态下不进行修改，在【信息】列会显示对应信息。在【产品信息】上单击鼠标右键，可操作【模具设计验证】和【检查区域】两项功能 3）可以在目录上双击或单击鼠标右键，对应的模具设计命令将会打开 4）在目录上单击鼠标右键，可通过【报告到 PPT】功能输出 PowerPoint 文件	

下面通过【设计流程导航器】加载模架的案例进行介绍，本节案例模型和微课视频均在教学资源包的 MW-Cases \ CH12 \ 12.1 目录中。

案例一：打开 intra_top_000.prt 文件，启动【注塑模向导】，在【资源】栏中选择【设计流程导航器】，操作步骤见表12-2。

表 12-2　案例一操作流程

序号	操作步骤	图　示
1	在【设计流程导航器】中双击模架节点或者在节点上单击鼠标右键选中模架	
2	在弹出的【模架库】对话框中，选择需要添加的模架类型	
3	单击【确定】按钮 结果说明：模架节点前的状态自动更新，在【信息】列显示【组件属性】的目录值	

本案例只操作了【设计流程导航器】中的模架节点，用户也可通过其他模具设计节点进行练习和使用，还可通过【设计流程导航器】中的节点对设计好的模具进行修改。

下面的案例介绍将报告信息输入到 PowerPoint 文档中的方法，案例模型和微课视频在教学资源包的 MW-Cases\CH12\12.1目录中。

案例二：打开 intra_top_000.prt 文件，启动【注塑模向导】，在【资源】栏选择【设计流程导航器】，操作步骤见表12-3。

表 12-3　将信息输出到 PowerPoint 文档中的操作步骤

序号	操 作 步 骤	图示
1	1）在【设计流程导航器】的模架节点上单击鼠标右键，选择【报告至 PPT】 2）单击【定义图像】，设置文件【路径】和【名称】，单击【应用】 3）单击【编辑报告】，查看生成的 PowerPoint 报告，关闭【设计流程导航器】对话框	
2	功能说明 1）【报告至 PPT】对话框：通过对幻灯片模板进行定义，将内容输入到 PowerPoint 报告中 2）幻灯片演示文稿的模板及模板制作说明可查看以下文档：UGII_BASE_DIR\moldwizard\templates\report_PPT 3）可以指定演示文稿中需要编辑的幻灯片页面；可截取图片并输入演示文稿中；可在附注中添加信息并输入演示文稿中	
3	生成的演示文稿如右图所示	

12.2 视图管理导航

　　用户可以根据需要选择结构，查看动模、定模、推杆、水路等结构，利用属性管控装配，使用【可见性】和【颜色】等控件管理模具装配组件的演示。

　　本节案例模型和微课视频在教学资源包的 MW-Cases \ CH12 \ 12.2 目录中。

　　打开 intra_top_000.prt，操作过程可查看微课视频，见表 12-4。

表 12-4　视图管理导航的操作步骤

序号	操作步骤	图示
1	1）单击【注塑模向导】中的【视图管理器】图标 2）观察【视图管理器导航器】窗口，通过对模板的定义，自动将模具的装配结构分为如右图所示的装配结构树	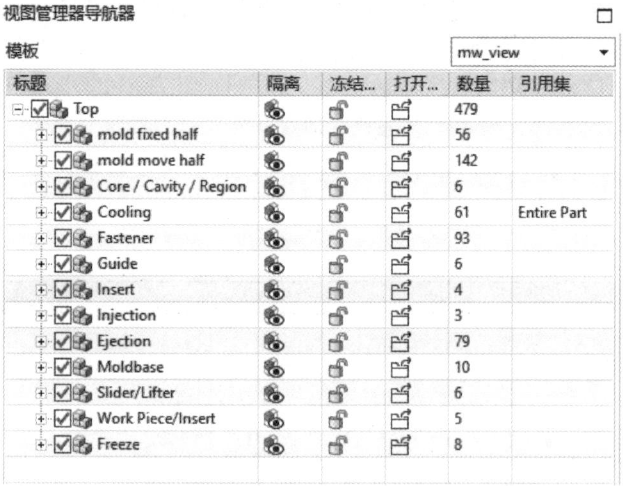 视图管理器导航器　□ 模板　　mw_view ▼ 标题　隔离　冻结…　打开…　数量　引用集 ☑ Top　👁　🔓　🗁　479 　☑ mold fixed half　👁　🔓　🗁　56 　☑ mold move half　👁　🔓　🗁　142 　☑ Core / Cavity / Region　👁　🔓　🗁　6 　☑ Cooling　👁　🔓　🗁　61　Entire Part 　☑ Fastener　👁　🔓　🗁　93 　☑ Guide　👁　🔓　🗁　6 　☑ Insert　👁　🔓　🗁　4 　☑ Injection　👁　🔓　🗁　3 　☑ Ejection　👁　🔓　🗁　79 　☑ Moldbase　👁　🔓　🗁　10 　☑ Slider/Lifter　👁　🔓　🗁　6 　☑ Work Piece/Insert　👁　🔓　🗁　5 　☑ Freeze　👁　🔓　🗁　8
2	右击装配结构树中的某一栏，如 Core/Cavity/Region，弹出编辑工具菜单	 ☑ Core / Cavity / Region 　☑ Cavity　　🔘 隔离 　☑ Core　　　🔒 冻结 　☑ Combined Core　🎨 设置组件颜色 　☑ Combined Cavity　🔄 替换引用集 ▶ 　☑ Cooling　　⚙ 对象属性管理 　☑ Fastener 　☑ Guide　　🗁 关闭 　☑ Insert
3	单击【隔离】，或者双击，这一项结构将被单独显示在图形窗口	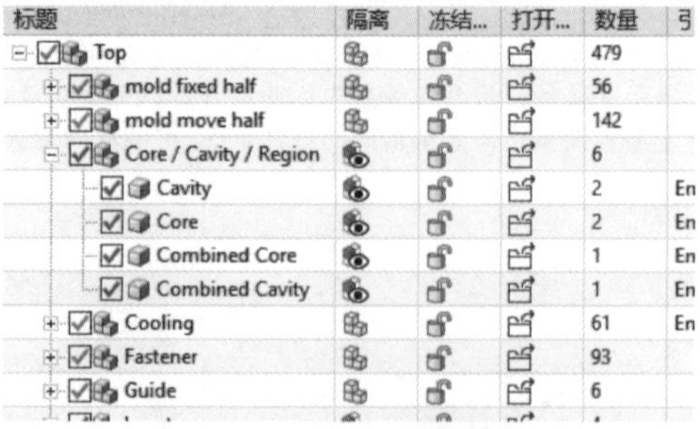 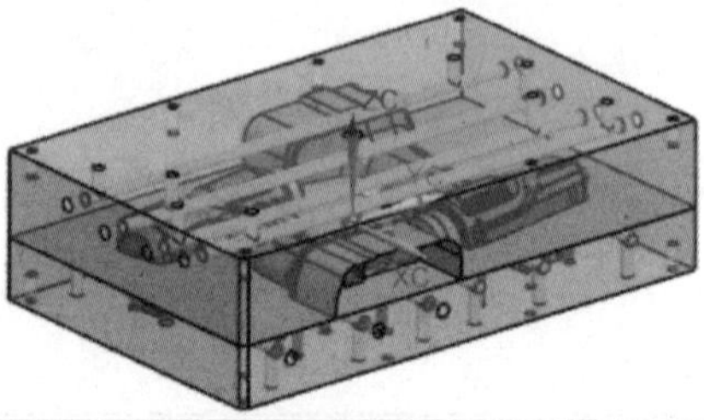 标题　隔离　冻结…　打开…　数量　引 ☑ Top　　🔓　🗁　479 　☑ mold fixed half　　🔓　🗁　56 　☑ mold move half　　🔓　🗁　142 　☑ Core / Cavity / Region　　🔓　🗁　6 　☑ Cavity　　🔓　　2　En 　☑ Core　　🔓　　2　En 　☑ Combined Core　　🔓　🗁　1　En 　☑ Combined Cavity　　🔓　🗁　1　En 　☑ Cooling　　🔓　🗁　61 　☑ Fastener　　🔓　🗁　93 　☑ Guide　　🔓　🗁　6

（续）

序号	操作步骤	图示
4	单击【冻结】，本功能可以与【WAVE控制】功能结合使用，详细操作可以查看第9.6.11节	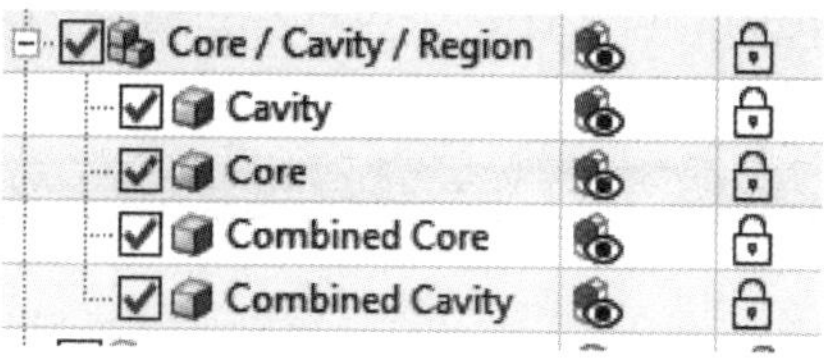
5	单击【设置组件颜色】，在弹出来的【编辑颜色】对话框中选取需要的颜色	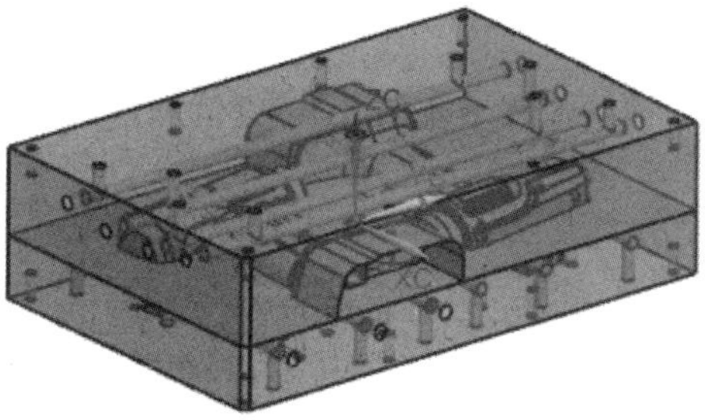
6	单击【替换引用集】，选择【空】，此时图形窗口的模型将会消失	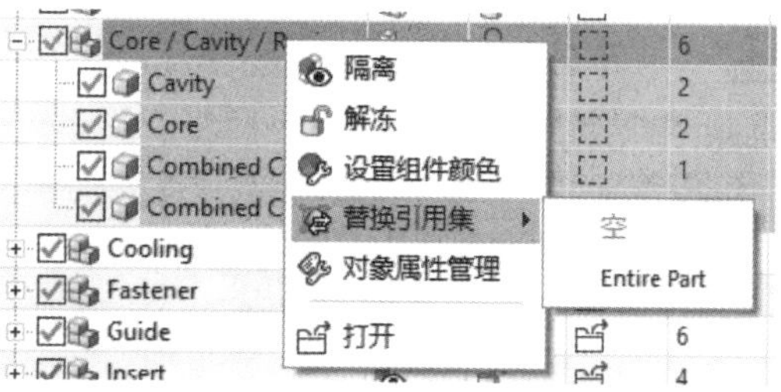
7	单击【关闭】，可以关闭装配中的这些组件，并且可以随时打开这些组件	
8	单击【对象属性管理】，弹出【对象属性管理】对话框 注意：如果这个属性并不在【对象属性管理】中的电子表格里定义，将会找不到这样对象 具体操作可以参考第9.6.9节中的操作	

12.3 设计变更

　　在模具生产中，产品设计会经常变更，模具设计也在变更，设计变更是常态。一副模具有上千个零件，要学会控制设计变更，才能有效地修改变更区域，提高设计效率。

　　注塑模向导是基于 NX 装配结构和 WAVE 功能建立起的框架，这使得各个模块之间既相对独立又相互关联。利用注塑模向导提供的工具，可以有效地管理设计变更。

本节案例模型和微课视频在教学资源包的 MW-Cases \ CH12 \ 12.3 目录中。

打开 2000_top_01.prt 文件，操作过程可查看微课视频，见表 12-5。

表 12-5　设计变更的操作步骤

序号	操作步骤	图　示
1	使用【视图管理器导航器】，双击框选的图标，查看型腔和型芯	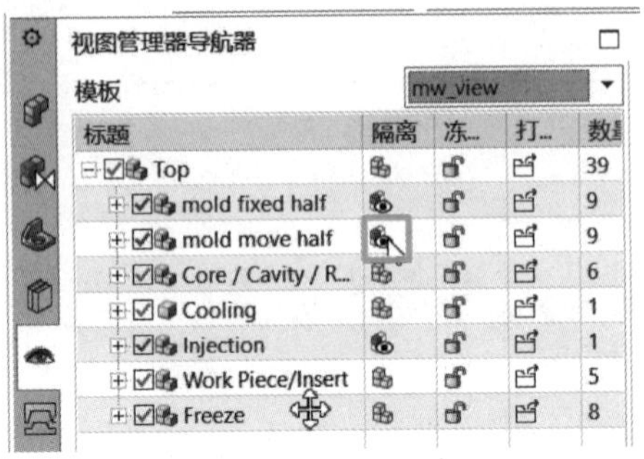
2	双击【Freeze】后的图标，这个子树下面的所有节点的锁变成关闭状态，这些节点不参与装配设计更新	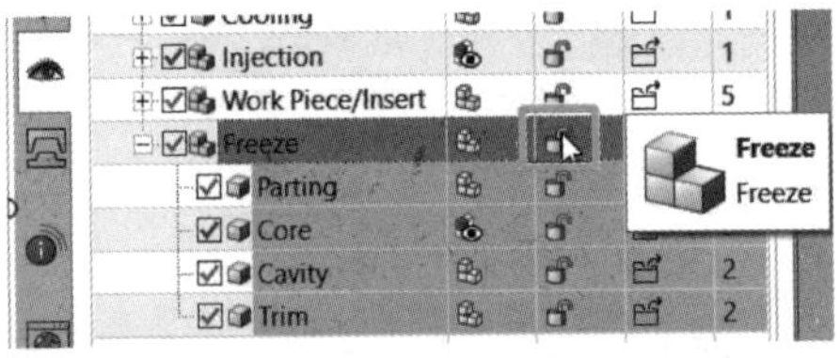
3	1)在【分型工具】中单击【交换模型】，弹出【文件选择】对话框，选择 part001_v1.prt 文件 2)在【替换设置】对话框，单击【确定】按钮 3)在【模型比较】对话框中设置可见性	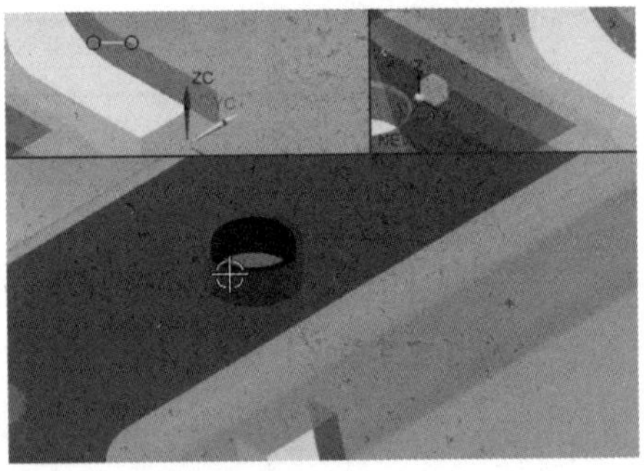
4	1)选择【匹配】，选择变更的面对 2)匹配面对使得边、面在互换过程中使用相同的内部编号，保证后面的相关特征关联性更新 3)退出互换，信息窗口显示分模部件里所有特征被抑制。这样做的目的是如果有大的变更，需要用户去除抑制，查看哪些特征更新失败，去做修改 4)使用注塑模工具中的 MW WAVE 变更控制功能可以看到哪些部件受到影响，也可以比较具体实体的变化 5)在 MW WAVE 变更控制对话框中选择 2000_parting_001 部件，单击【更新】按钮，在分模部件中的塑件模型得到更新	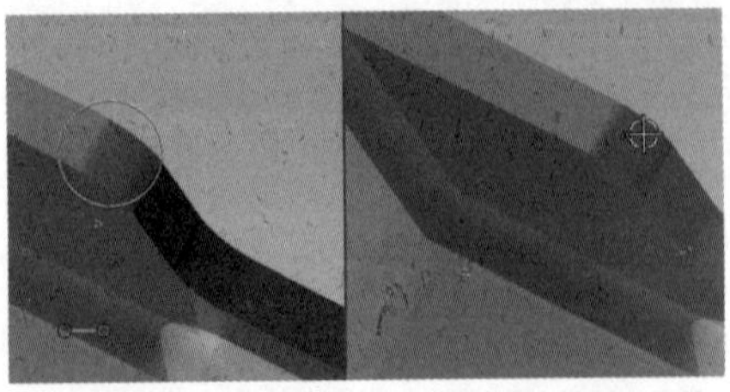
5	也可以使用【视图管理器导航器】，双击右图所示图标，分模部件锁被打开和更新	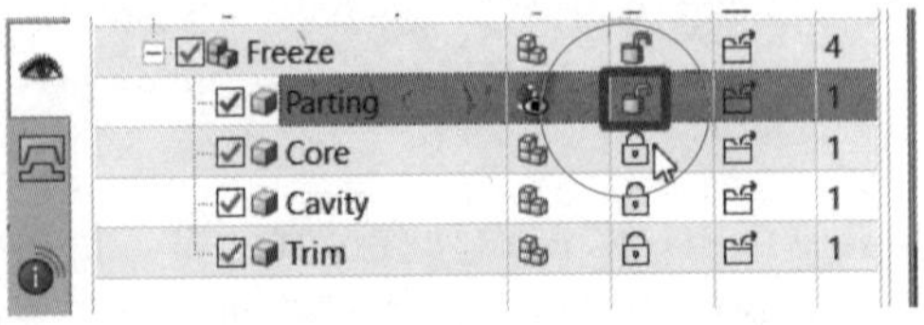

（续）

序号	操作步骤	图　示
6	在窗口中打开分模部件,选择最后的特征,单击鼠标右键后选择【设为当前特征】,所有特征更新 注意:产品中改动的孔和边界线的补片和延展特征都得到自动更新。这是因为在模型比较【匹配】中关联了变更	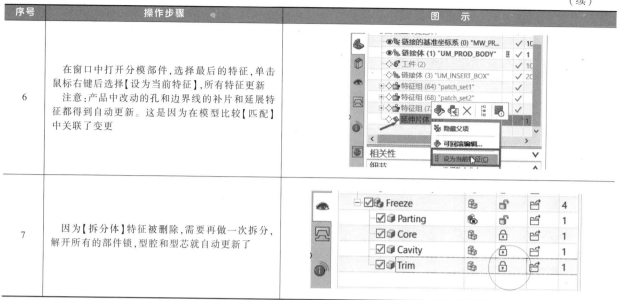
7	因为【拆分体】特征被删除,需要再做一次拆分,解开所有的部件锁,型腔和型芯就自动更新了	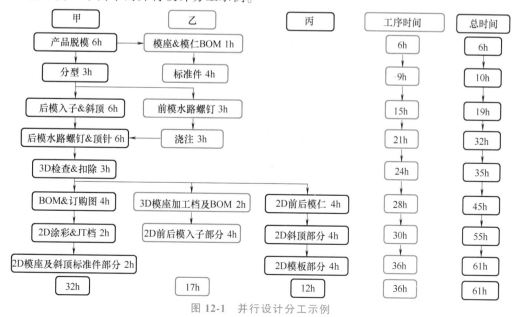

上述例子演示了如何控制变更、发现变更和更新变更。实际案例更加复杂，但原理和流程是一样的。经过反复练习和思考，即可掌握设计变更的方法。

12.4　并行设计流程

在注塑模设计中，使用并行设计可以极大地提高生产率，缩短模具产品投放市场的时间，降低设计成本，提高设计质量，从而增强模具生产企业的市场竞争力。

【注塑模向导】提供的装配模板【Mold.V1】是一个支持并行设计的模板，参阅图11-1所示的模具结构的 Top 主关系结构。

12.4.1　设计分工

图 12-1 所示为一个简单的并行设计分工示例。

图 12-1　并行设计分工示例

12.4.2 档案管理

通常并行设计可以采用同一档案或不同档案两种方式（建议采用第二种）。

（1）同一档案 并行设计者分别将档案复制到自己的计算机里，各自设计自己的模块，然后定期将档案整合在一起，如图 12-2 所示。

（2）不同档案 并行设计者打开同一个档案，然后将自己不用设计的模块关闭，并分别对自己设计的模块进行存盘，如图 12-3 所示。

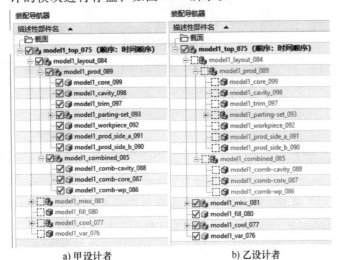

图 12-2 同一档案

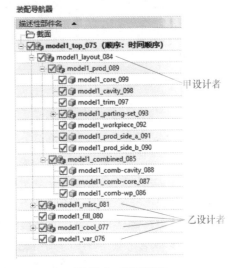

图 12-3 不同档案

12.5 模具设计与 PDM 系统

12.5.1 数字化模具企业

数字化企业是指在企业的经营管理、产品设计与制造、物料采购与产品销售等各方面全面采用信息化技术，实现信息化技术与企业业务的融合，使企业能够采用数字化的方式对其生产经营管理中的所有活动进行管理和控制。

数字化企业是现代企业运行的一种新模式。它将信息化技术、现代管理技术和制造技术相结合，并应用到企业产品生命周期全过程和企业运行管理的各个环节，实现产品设计制造、企业管理、生产控制过程以及制造装备的数字化和集成化，提升企业的产品开发能力、经营管理水平和生产制造能力，从而提高企业的综合竞争力。随着企业信息化建设的深入，企业对信息化建设的要求越来越高，建设全面集成的数字化企业成为企业信息化工作的目标。

西门子为模具企业提供了完善的数字化平台架构和方案，如图 12-4

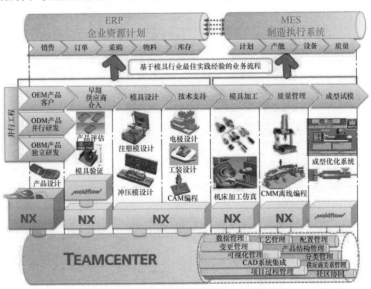

图 12-4 西门子模具企业数字化架构

和图 12-5 所示。

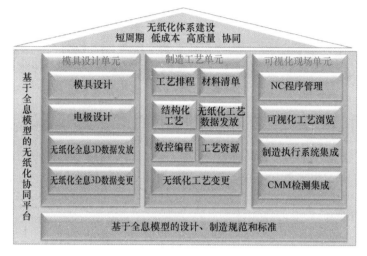

图 12-5 无纸化项目业务建设架构

1. 典型模具企业产品开发流程及改善点（图 12-6 和图 12-7）

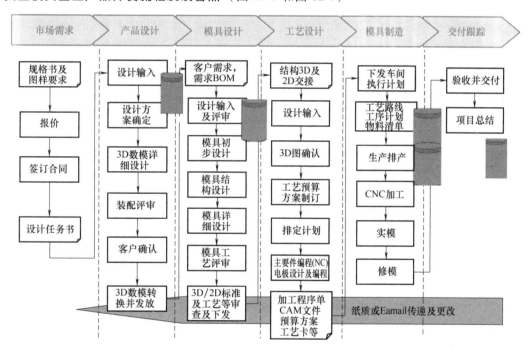

图 12-6 典型模具企业产品开发流程

2. 核心 PLM-Teamcenter 系统平台

通过改善作业业务，实现模具设计和制造一体化、知识化及服务化，提高核心竞争力。模具企业的最终目标如图 12-8 所示。

为了实现上述目标，需要一个核心的 PLM 系统平台作为 IT 战略架构，如图 12-9 所示。

西门子 Teamcenter 为模具企业提供完整的 PLM 解决方案，针对模具不同领域提供不同功能单元模块，如图 12-10 所示。这些功能模块是以 Teamcenter 为骨架的单一数据源，能够保证数据的一致性。

模具设计的 Teamcenter 配置与其他设计相同，这里重点介绍 NX 级进模设计向导和注塑模设计向导

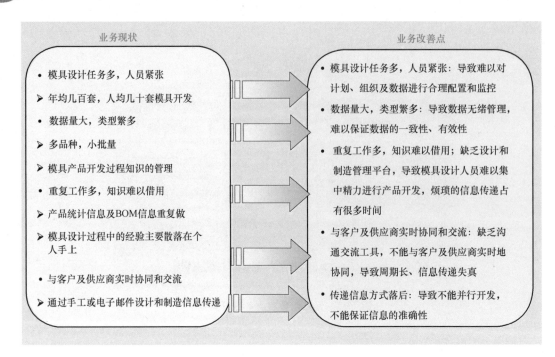

图 12-7 模具企业业务现状及改善点

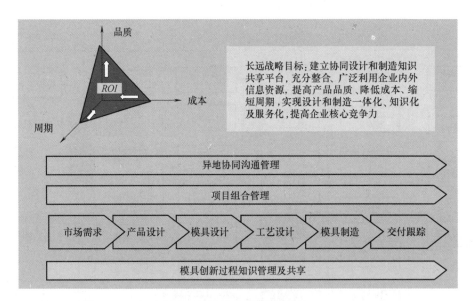

图 12-8 模具企业的最终目标

在 Teamcenter 环境下的配置，以及设计样板的复制和引用。

1. 模具设计在 Teamcenter 环境下的模式

模具公司使用 Teamcenter 一般有三种模式，企业可根据自己的情况选择合适的模式。

1）模具设计在本机上进行，然后将完成后的模具数据复制到 Teamcenter 环境下。这种设计模式只是将 Teamcenter 作为企业数据的管理工具。因为在设计过程中本机和 Teamcenter 之间不进行数据转换，所以对速度没有任何影响。

2）模具设计在 Teamcenter 环境下进行。标准件用零件族（Part Family）创建，整个标准件库都存放在 Teamcenter 环境中，其他设计的模板（Template）都在本机中。采用这样的模式，标准件可以直接引用（Reference），不需要复制，所以没有数据冗余。但其他的模板，如项目模板、各种弯曲凸凹模、冲裁凸凹模、模架等，需要从本机的工程库里复制到 Teamcenter 环境下使用。因为在设计过程中，本机和 Teamcenter 之间进行数据转换，所以速度会比第一种模式慢。设计结果直接存放在 Teamcenter 数据库中。

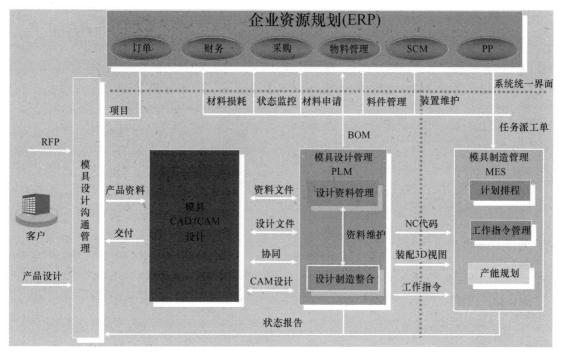

图 12-9 以 PLM 为系统平台的 IT 战略架构

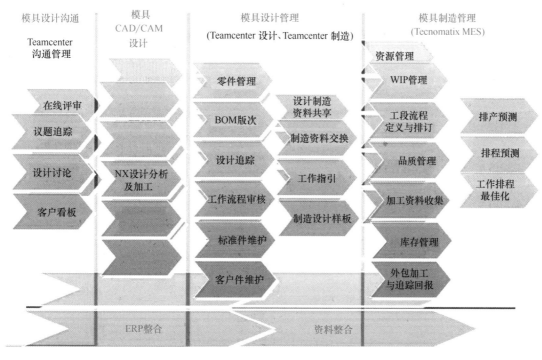

图 12-10 Teamcenter 功能单元模块

3）所有的模具工程库都安装在 Teamcenter 环境中，模具设计全部在 Teamcenter 环境下完成。采用这种模式时，对于 Part Family 创建的标准件，可以直接引用，但是其他的模板需要复制。因为 Teamcenter 内部复制是先把数据转入本机，然后再从本机转入 Teamcenter，所以速度比较慢。

这里重点介绍第二种模式。

2. 系统配置和工程库的准备

模具公司一般都会首先在 Teamcenter 环境下创建不同的项目类型（Item Type）供不同的部门使用，如 TOOL_ITEM。

（1）用户默认设置　部件名定义如图 12-11 所示。

（2）模板名称映射文件　级进模设计向导和注塑模设计向导都有"模板名称映射文件"，这个文件可以预先定义模板文件在 Teamcenter 中的对应名称和所属的 Item Type。

级进模设计向导：\stamping_tools\pdiewizard\map_template_name.xlsx。

注塑模设计向导：\moldwizard\map_template_name.xlsx。

用户可以定义不同的【Sheet】，设计时可以选择不同的定义，如图 12-12 所示。

（3）部件名管理　对于每一个模具设计步骤，如果有新的部件产生，当用户在【用户默认设置】或每个具体的设计模块界面勾选【部件名管理】时，设计结束前会弹出图 12-13 所示对话框。

图 12-11　部件名定义

6	TEMPLATE_NAME	CUSTOMIZED_NAME	TCE_ITEM_TYPE	DB_PART_DESCRIPTION
7	top	top	None	None
8	cool	cool		
9	misc	misc		
10	misc_side_a	misc_side_a		
11	misc_side_b	misc_side_b		
12	var	var		
13	fill	fill		
14	layout	layout		
15	prod	prod		

图 12-12　模板名称映射文件

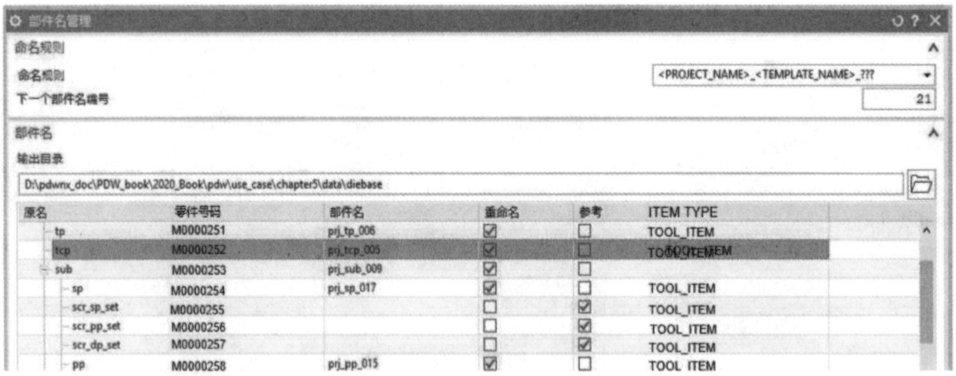

图 12-13　【部件名管理】对话框

零件号码：由 Teamcenter 自动产生。

部件名：按照命名规则来定义。

重命名：如果选择此项，将复制生成新的零件。

参考：如果选择此项，将采用引用方式，不产生新的零件。

（4）Teamcenter 部件命名方法　命名规则如图 12-14 所示。

3. 标准件库安装及管理

级进模设计向导和注塑模设计向导工程数据库里提供自动安装工具。该工具可以将所有工程库安装到 Teamcenter 环境下。由于速度以及版本维护和更新问题，建议用户只将用 Part Family 创建的标准件库放在 Teamcenter 环境中。

级进模设计向导：\stamping_tools\pdiewizard\pdw_installation_tools\。

注塑模设计向导：\moldwizard\MW_Installation_Tools\。

（1）安装要求　本机有以下软件：Teamcenter Rich Client、2-Tier connection info、4-Tier connection info、NX1899或更高版本、Java 1.8 或更高版本。

（2）安装步骤

1）安装登记文件 TC_register_file. xls。如果用户不安装除 Part Family Library 之外的文件，可以删除其他库。如果用户想装入客制化的库，可以添加在该文件里，如图 12-15 所示。

库名（Library Name）、库的路径（Library Path）、数据类型（Data Type），参考重用库的 KRX 文件：\nxparts\Reuse Library\Configure\ReuseLibraryCofiguration. krx。

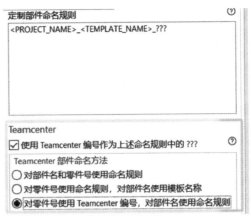

图 12-14　命名规则

1	##CONFIG_DEFINE			
2	Library Name	Library Path	Sheet Name	Data Type
3	PDW Standard Part Library	/standard	PDW_Standard	11
4	PDW Piercing Insert Library	/insertgroup/piercing	PDW_Piercing	12
5	PDW Bending Insert Library	/insertgroup/bending	PDW_Bending	13
6	PDW Burring Insert Library	/insertgroup/burring	PDW_Burring	14
7	PDW Mount Insert Library	/insertgroup/mount_punch	PDW_Mount	15
8	PDW Part Family Library	/reuse_parts/part_families	PDW_Reuse	16
9	PDW Die Base Libraray	/prodiebase	PDW_DieBase	17
10	PDW Forming Insert Library	/insertgroup/forming	PDW_Forming	18
11	##CONFIG_END			
12				

CONFIG

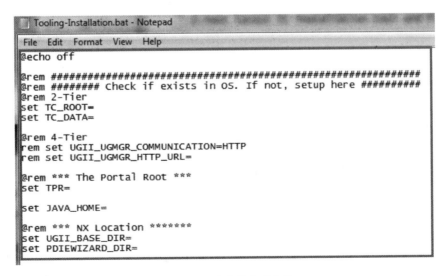

图 12-15　安装登记文件

Sheet Name：Teamcenter 下的新登记名，用户可以定义自己的 Sheet Name。

2）修改安装批处理文件：Tooling-Installation. bat。根据用户机器安装的软件，输入正确的软件路径信息，如图 12-16 所示。

Tooling-Installation.bat - Notepad

File Edit Format View Help

```
@echo off

@rem ####################################################################
@rem ######## Check if exists in OS. If not, setup here ##########
@rem 2-Tier
set TC_ROOT=
set TC_DATA=

@rem 4-Tier
rem set UGII_UGMGR_COMMUNICATION=HTTP
rem set UGII_UGMGR_HTTP_URL=

@rem *** The Portal Root ***
set TPR=

set JAVA_HOME=

@rem *** NX Location *******
set UGII_BASE_DIR=
set PDIEWIZARD_DIR=
```

图 12-16　安装批处理文件

3）双击【Tooling-Installation. bat】，进入安装界面，如图 12-17 所示。

4）单击【同意以上条款】。

5）选择与 Teamcenter 的连接方式，如图 12-18 所示。

6）输入用户 ID 和密码，选择【Server】，如图 12-19 所示。

7）指定 NX 和 JAVA 安装路径，如图 12-20 所示。

图 12-17　进入安装界面

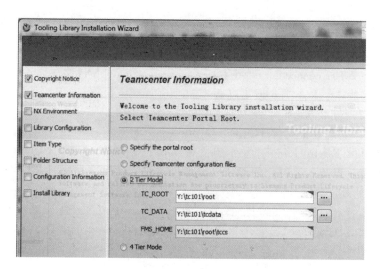

图 12-18　选择连接方式

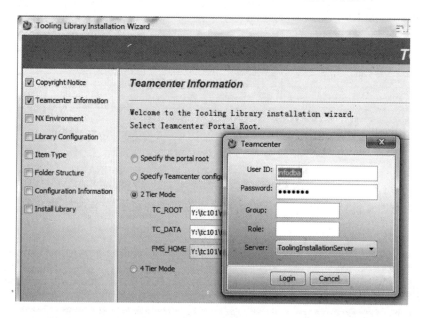

图 12-19　输入 ID 和密码

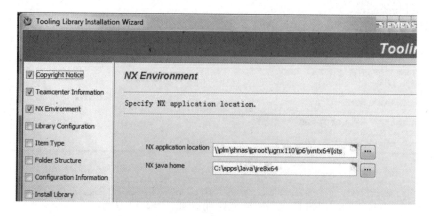

图 12-20　指定安装路径

8）指定步骤 1 定义的库和配置文件，如图 12-21 所示。

9）指定 Item Type，如图 12-22 所示。

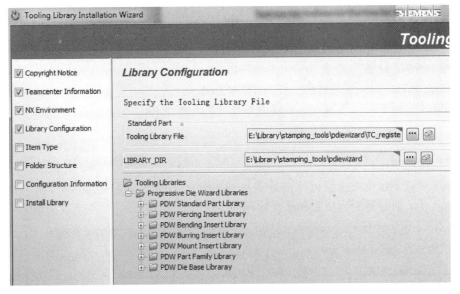

图 12-21　指定库和配置文件

10）指定工程库安装的根目录，如图 12-23 所示。

11）仔细检查安装信息，然后按【Install】键，如图 12-24 所示。

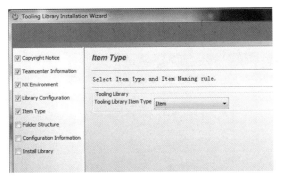

图 12-22　指定 Item Type

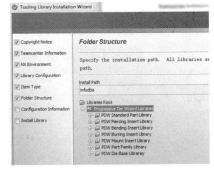

图 12-23　指定根目录

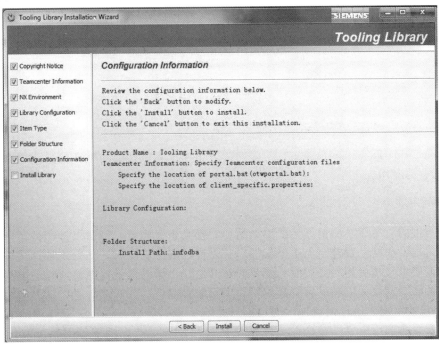

图 12-24　检查安装信息

12）安装完毕后，按【Finish】键。根据库的大小，可能需要几个小时进行安装。

图 12-25 所示为安装好的 PDW 工程库示例。

13）修改用户默认设置。格式为 @ DB/023464-TC _ Config/A023464-TC_Config（Teamcenter 下的登记文件 A-ITEM 版本）。

如果用户想继续使用本机的工程库，可以修改图 12-26 所示用户默认设置。

12.5.4 Teamcenter 环境下模具设计

在 Teamcenter 环境下使用级进模设计向导或注塑模设计向导，和在用户本机上没有区别，界面、功能和流程均相同。

图 12-25 PDW 工程库示例

图 12-26 用户默认设置

12.6 模具 MES 应用

MES（Manufacturing Execution System）是面向制造企业车间执行层的生产信息化管理系统。本节介绍 MES 在模具行业的应用。

12.6.1 模具 MES 概述

模具是一种典型的订单驱动的单件生产型产品。对模具企业而言，每副模具都是新产品，都需要重新开发。一副模具通常包括上百甚至上千个零件，其设计、制造难度大，变更频繁，交货期短，而且每个零件的制造工艺要求又不尽相同。当模具企业同时开发几十副甚至上百副模具时，模具的设计和制造方式、制造过程的管理就成为影响模具制造质量和周期的关键。

借助 MES 实现数字化、信息化管理，通过信息系统实现人、机、料、法、环等各个维度的信息数据的实时掌控，实现各部门信息共享，减少由信息孤岛导致的生产率低下等问题。模具企业实施 MES 的主要收益如图 12-27 所示。

12.6.2 MES解决方案

1. MES功能架构

基于模具行业的生产特性，模具企业的 MES 架构必须是基于单件小批量生产模式，需要按订单进行生产，其核心功能架构如图 12-28 所示。

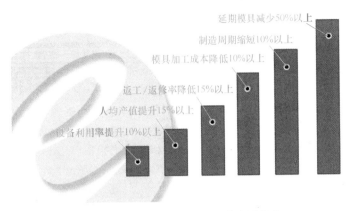

图 12-27 模具企业实施 MES 的主要收益

由图 12-28 可知，模具 MES 的设计思路如下：

1）将项目作为管理的主线，对模具从报价开始至模具交付的整体项目的流程进行管控。

2）将 BOM 作为数据主线，从基于 NX 的注塑模向导进行数据贯通，为采购、生产和库存提供数据管理。

2. MES 的核心功能

MES 的核心功能模块主要有模具报价、项目管理、设计管理、CAPP 工艺管理、高级自动排程管理、车间现场管理、外协管理、质量管理、看板管理、物料管理等。

（1）模具报价 针对客户需求，进行模具成本评估，完成模具报价单并发送给客户，以确定合作意向，达成订单签订。

（2）项目管理 根据用户订单合同的交付期及技术要求，对模具工厂各部门的生产计划拟定及进度跟踪、异常预警等进行项目管理。

（3）设计管理 按照项目计划要求，开展模具设计工作，拟定设计任务，确定每个设计任务的时间计划及工作量，做设计部门负荷及进度跟踪管控。

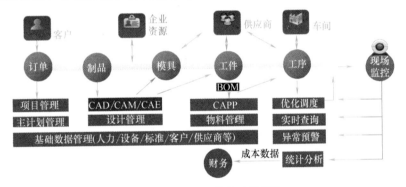

图 12-28 MES 核心功能架构

（4）CAPP 工艺管理 根据设计部门下发的图样，为每个零件制订其加工工艺流程、加工内容要求、加工资源排配以及加工工时预估，以明确每个工序的加工工艺要求，并为车间加工计划提供基础数据。同时，针对需要组装或多零件配合加工的情况定义零件加工工艺关系，提供工艺知识库的管理，帮助企业积累工艺知识，建立标准，为每个零件提供工艺卡的打印，并实现零件条码化。图 12-29 所示为现场工艺卡样表。

EMAN 益模 EMan·益模模具智能制造系统
模具零件加工工艺卡

模具名称	EMan模具1	零件名称	A托板	数量	3	材质
生产任务号	19-55G7K-SJ014_T0	件号	19-55G7K-SJ014_T0	版本号	V5	钳工班组
项目名称	EMan项目1	规格	1540*620*80	制品名称	EMan项目1	模具客户编号

序号	工序	工步序号	工作内容	单工时	总工时	生产资源	工序类型	工序检验	自由工序
1	编程工序1	1	按精料技术协议检测	0.50	1.50	品管	正常	否	否
2	编程工序1	1	按精料技术协议检测	0.50	1.50	品管	返修	否	否

图 12-29 现场工艺卡样表

（5）车间现场管理 在车间现场为每个班组设置数据采集终端，通过条码扫描的方式快速采集每个零件每个工序的加工者、加工资源、开始加工时间以及完工时间信息,采集车间加工数据,实现加工状态的数字化和信息化管理。

(6)高级自动排程管理 每家模具企业的在制模具一般有几十套到几百套不等,每套模具有几十到几千个零件,而每个零件有5~10道工序,所以每家企业都面临几万到几十万的任务安排,如果靠人工进行计划安排,是难以实现良好统筹的。

借助信息系统,可以实现结合模具企业的资源、工艺、人员、零件加工进度、加工工时等即时状态,自动完成每套模具的自动排程,由系统自动生成每台资源/人员的加工计划,进行产能负荷预测,并对每套模具的交付期实现预警和风险把控。

12.6.3 模具报价管理

模具报价的合理与否,直接决定了企业的利润。如果报价太低,企业就会亏本制造;报价太高,则毫无竞争力。制订既有利润空间,又有竞争力的报价单,是每个企业追求的目标。

报价员在模具报价之前,首先要对模具的规格及要求进行分析,确定模具规格及要求的合理性与可行性。然后根据模具的规格及详细要求进行模具报价,主要流程如图 12-30 所示。

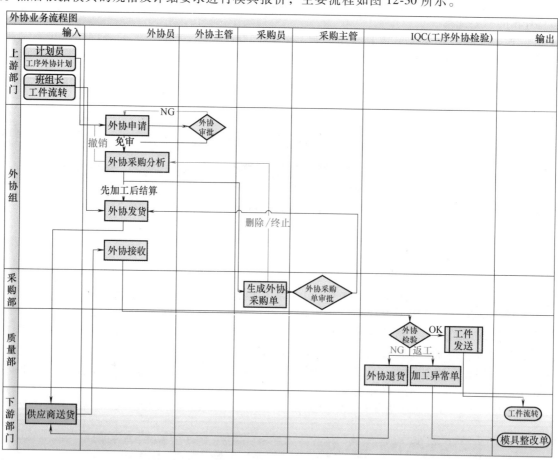

图 12-30 模具报价流程

具体操作过程如下:

1)客户发出意向订单询价通知后,市场部工作人员或报价员接受询价,将意向订单的相关信息输入系统,系统记录意向订单询价信息,并通知报价员组织报价。

2)对于新产品或客户对产品有特殊要求的,报价前需要技术人员分析模具制作方式,由工作人员或报价员下发技术分析的任务给技术部门主管。

3)技术部门主管将任务分配给技术人员进行处理,技术人员将分析资料或结果以电子邮件等方式告知报价员。

4)报价员根据技术员提供的制品开模资料,若制品需要开制多套模具,由报价员根据技术要求添加模具信息。

5）不同的客户报价单的样式和要求各不相同，报价员需要针对客户的报价单样式，提前制作报价单模板，以便报价时快速取用。

报价单模板分为模具材料、模具辅料、设计费用、制造费用、其他费用五大类，每个类别下可以添加子类别，子类别下可以添加具体费用计算方式。

6）报价员取历史报价单快速匹配报价，若客户模板临时调整，可以对报价单的组成方式进行调整后完成报价。

7）报价单提交后，在系统内完成审批过程和版本记录。审批拒绝的报价单，重新调整。审批通过后，可以为客户提供报价清单表或报价单明细，客户如果不接受，则报价员需要重新按客户要求调整报价，再次报价给客户；如果客户同意报价结果，则下发正式产品信息给项目经理。

12.6.4 项目管理

模具项目管理从订单承接后，一般均会为每个模具项目指定一名项目经理，项目经理负责从项目计划制订、项目变更发起/处理/跟踪到项目最终交付的全过程管控，其主要工作流程如图 12-31 所示。

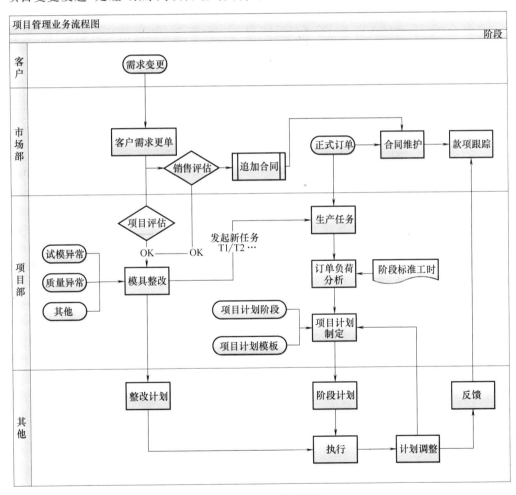

图 12-31　项目管理流程

项目计划模板示例如图 12-32 所示。

整个项目管理过程中经常面临和需要解决的问题如下：

1）记录客户发起的需求变更，方便追溯；若销售人员反馈了客户的变更需求内容，由业务员在客户需求下发布技术任务。

2）销售经理或项目经理对客户提出的需求变更进行受理审批，销售人员确定是否需要收费，追加子合同。

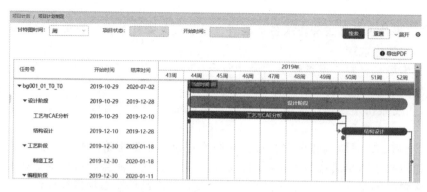

图 12-32　项目计划模板设置

3）业务员将签订合同的订单维护记录，包括订单的开模要求、技术资料等以文字或附件的方式记录，供项目经理和技术人员查看。

4）针对非合同性质的订单，如备件、模具维修中的零件、厂标件等，业务员需要根据生产需求，创建订单进行记录和跟踪管理。

5）正式订单的数据，市场人员会维护合同款项以及同客户确认沟通的付款批次和每批款项的付款节点。

6）若付款节点与项目阶段有直接关联，可以设置款项节点对应的项目阶段，阶段实际完成后通知业务员，业务员可以跟踪款项节点。例如，首样款可以设置在 T0 试模后触发。

7）项目经理收到开模通知单后，将项目任务指派到项目工程师（有些企业在开模通知单下达前，会提前确认项目工程师、设计负责人等信息），项目工程师根据合同节点，拟订项目任务的计划完成时间，预留安全周期。

8）模具整改由对应项目工程师统筹处理，有些企业车间的质量整改由品质部门发起并组织生产，针对品质异常、试模整改、客户设变、售后整改、其他整改任务，统一以整改单形式进行组织。

9）项目工程师针对整改问题点，组织相关部门确定整改方案（例如模具试模后，项目会根据试模结果整理对应的改善资料，一般为 PPT 文档），确定整改需要哪些技术部门协同完成，以及相应的计划完成时间。

10）跟进整改单的处理进度，并确认问题关闭状态。

11）记录并组织模具 T0/T1/T2……生产交付活动。

12）企业模具通过验证交付客户后，提出新的质量问题，记录客户需要变更的内容，并由项目发起新的生产任务来组织下一轮整改。

13）项目经理在订单投放车间前，会评估整体负荷，确定哪些阶段是否需外包，或是否整套模具外包处理。

14）项目经理根据模具制作工时标准，定义每个阶段对应的工时负荷。

15）项目经理制订模具从设计、工艺、编程、加工、采购到装配等每个阶段的计划，并跟踪阶段的执行情况。

12.6.5　设计管理

1. 模具设计任务

对于模具设计而言，企业最关心和需要解决的问题如下：

1）基于项目计划的设计任务分配模式，快速分配任务，并实时反馈进度到项目计划下。

2）实时了解设计员任务情况，提供任务分配决策，合理制订设计计划。

3）覆盖设计部门所有生产活动，包括新订单、整改任务、意向订单以及非项目性质的任务等。

4）记录设计员工时，输出工时统计分析报表。

5）可查看物料清单库存状况，实时了解物料清单零件当前状态，便于物料清单变更决策和沟通。

6）备份物料清单版本变更记录，并追踪每个版本的执行状态。

主要工作流程如图 12-33 所示。

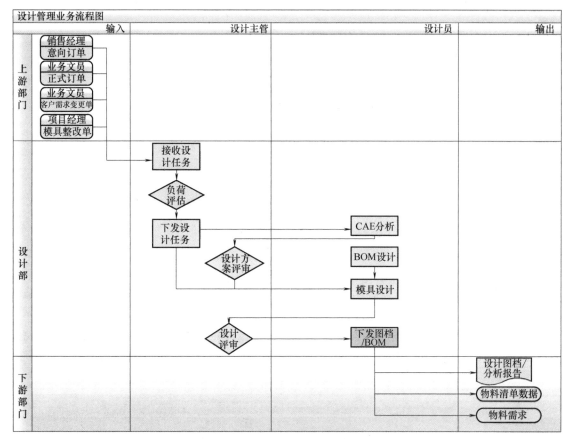

图 12-33　设计管理流程

MES 需要具有的功能及场景如下：

1）管理来自客户意向询价订单提出的技术支持。

2）管理来自客户需求变更提出的产品变更技术评估任务。

3）管理来自整改单发起的涉及设计变更的任务。

4）管理正式订单下发后，需要企业自主设计的任务。

5）管理非项目订单产生的任务，如会议、现场跟踪等。

6）设计组长或主管能够实时了解设计员的任务情况。

7）设计组长能够收到项目启动通知，根据项目计划中对设计阶段的节点要求，制订模具设计计划，并分配到组员。

8）设计员下载技术资料，汇报个人任务进度。

9）针对设计员完成的设计模型，组织工艺、装配、加工部门进行设计结构评审，通过电子邮件通知并上传评审单等附件。

10）记录物料清单上传的版本，对物料清单变更进行审批，审批通过的物料清单数据会下发到相关部门，并记录版本。

11）以增补物料清单的形式，管理合并料、备件等非模具设计结构导出的物料清单数据。

12）管理物料清单最终审批的版本，以及每一次审批的内容。

13）支持文员统一上传物料清单数据和设计员根据设计任务上传物料清单两种模式。

14）设计员任务延期时须提供延期原因。

15）物料清单对应的物料需求（库存供应、采购）下发到采购员和库管员。

2. 注塑模向导设计数据集成应用

注塑模向导作为 NX 的重要模块，通过和 MES 的设计任务管理集成，应用注塑模向导进行模具设计，同时将设计任务、物料清单数据、工艺数据通过注塑模向导集成到 MES，便于整体规划和管控。

具体对 MES 与注塑模向导集成的过程，需要在设计实习阶段学习，以便了解模具整体制造过程的信息化。MES 和 MW 集成应用流程如图 12-34 所示。

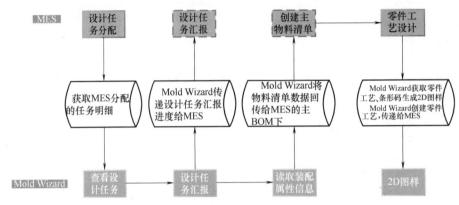

图 12-34　MES 和 MW 集成应用流程

3. 设计任务管理

当用户打开【注塑模向导】工具菜单后，会出现【设计任务管理】对话框，用户可以看到分配的设计任务，设计任务由 MES 根据当前的项目信息分配给用户，可以查看任务的进度状态和项目模具编号。

当用户在【注塑模向导】中完成模具设计，可以在【设计任务管理】中汇报设计任务，【设计任务管理】将设计任务回传给 MES，以便进行设计进度的管理。下面对主要命令进行简单介绍，如图 12-35 所示。

图 12-35　MW 在 NX 的工具栏

目前企业的所有设计工作全部在 NX 中进行，因此可从 NX 中直接获取 MES 中所需的设计任务信息进行汇报，并且把实时进度传递到 MES 中。

（1）MES 操作

1）登录 MES 系统界面→【设计管理】→【技术班组任务管理】，如图 12-36 所示。

图 12-36　设计任务管理

2）在【技术班组任务管理】→【新任务设计】界面，重置查询条件，根据生产任务号（模具编号）查询对应的模具，如图 12-37 所示。

3）在对应的模具下，单击任务分配链接，在弹出的窗中进行添加的设计任务下发，如图 12-38 所示。

（2）操作流程

1）选择【设计任务管理】，通过 MES 账号登录，输入用户名、模具编号，单击【查询任务】→【五金设计】→【继续】，如图 12-39 所示。

图 12-37　设计新任务管理

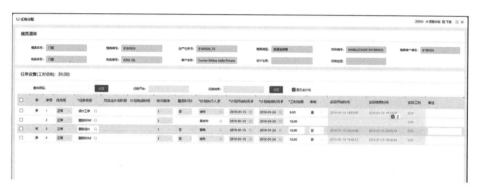

图 12-38　设计任务分配

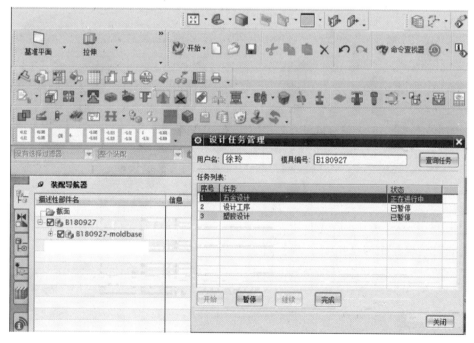

图 12-39　基于 NX 的设计任务管理

2）上述设计任务汇报结果会同步更新到 MES 中，打开 MES 首页个人任务窗口显示。

4. 设计物料清单与 MES 集成管理

打开【注塑模向导】工具菜单后，执行【物料清单】工具，在 NX 当前界面弹出【物料清单】对话框，通过物料清单读取零件的信息，直接将识别完的信息传递给 MES 的主物料清单模块，通过 MES

审批后直接进入采购环节。

用户在【注塑模向导】中完成模具物料清单的输出，快速进入采购环节，提升物料采购数据的准确性和时效性，帮助学生快速了解模具整体业务流程。

操作流程：

1）进入 MoldWizard【物料清单】模块，选择【自动识别零件】→【导入 MES】。

2）物料清单会弹出要导入 MES 的物料清单数据预览信息，单击【退出】，退出预览，如图 12-40 所示。

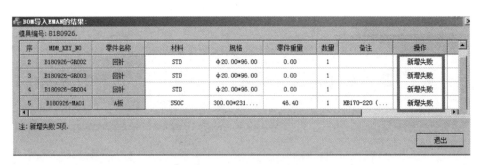

图 12-40　基于 NX 的 BOM 导入

3）当部分零件预览时操作列提示【新增失败】，需要按照错误原因修改零件信息，如图 12-41 所示，才可以正常导入 MES 中。修改完成后，再打开【物料清单】，选择【自动识别零件】→【导入 MES】。

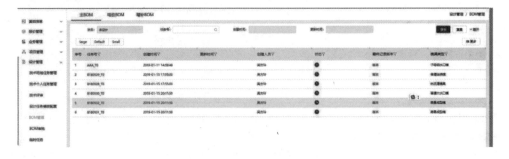

图 12-41　导入结果反馈

4）物料清单导入 MES 后，设计人员可在 MES 的【设计管理】栏进行查看。

①单击【设计管理】中的【BOM 管理】→【主 BOM】，如图 12-42 所示。

图 12-42　在 MES 查看物料清单

② 重置查询，输入需查询的生产任务号，进行物料清单查询，如图 12-43 所示。

图 12-43　根据任务号查询物料清单

③ 单击搜索到的生产任务号，即可显示对应的物料清单，如图 12-44 所示。

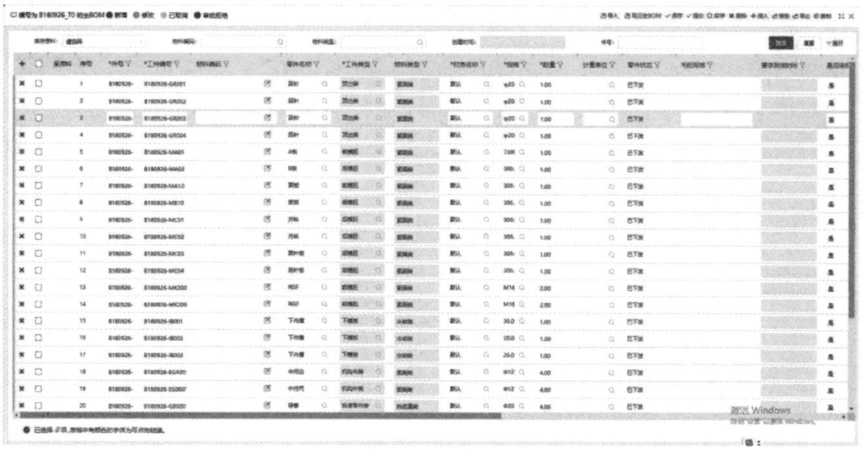

图 12-44　物料清单

12.6.6　CAPP 工艺规划和管理

1. 零件工艺设计

零件工艺设计需要借助 MES 解决如下核心问题：

1）基于项目计划的工艺任务分配模式，快速分配任务，并实时反馈进度到项目计划下。

2）实时了解工艺员工作负荷，提供任务分配决策，合理制订工艺计划。

3）记录工艺员工时，输出工时统计分析报表。

4）建立企业典型工艺知识库，方便快速编制工艺，逐步积累企业自身的工艺知识库。

5）管理工艺版本，追溯工艺修改的过程记录。

6）BOM 变更以颜色高亮警示工艺员，快速进行工艺变更操作。

7）管理模具整改流程，以工艺指导生产，形成整改成本数据统计。

其主要工艺管理流程如图 12-45 所示。

需要具有的功能及场景如下：

1）管理来自客户需求变更提出的工艺变更技术评估任务。

2）管理来自整改单发起的涉及工艺变更的任务。

3）管理正式订单下发后，需要企业自主完成工艺的任务。

4）管理非项目订单产生的任务，如会议、现场跟踪等。

5）工艺组长或主管能够实时了解工艺员工作负荷。

6）工艺组长能够收到项目启动通知，根据项目计划中对工艺阶段的节点要求，制订模具工艺详细计划，并分配到组员。

7）工艺员接收设计员下发的模型、图样以及 BOM 数据，进行零件工艺设计。

8）记录零件工艺修订的版本，包括工步版本、工序版本、工艺版本。

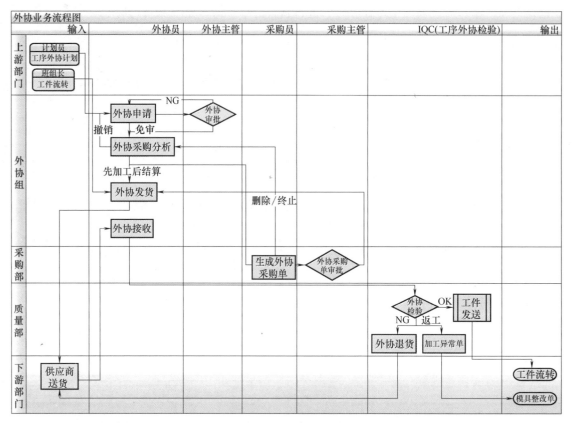

图 12-45　工艺管理流程

9）管理主 BOM、电极 BOM、增补 BOM 的零件工艺。

10）对整改单进行工艺异常判定，对责任工序、工件的返工、报废而自动生成零件的返工或报废工序。

11）记录员工工艺设计工时。

12）支持零件工艺相关性的设置。

13）支持工艺卡的打印。加工工艺卡样例如图 12-46 所示。

图 12-46　加工工艺卡样例

2. 注塑模向导工艺数据集成应用

（1）BOM 对接　通过 MES 与【注塑模向导】完成 BOM 数据对接后，不需要手动导入中间文件（如 Excel）的 BOM 数据，大幅降低了 BOM 版本不一致的风险。

1）在 NX 2D 图中直接获取 MES 工件条码+工艺信息。

2）所有要获取条码的工件都需要在 MES 中存在，用户还需要在 MES 中输入工件的工艺名称、加工工时、加工内容、生产资源、工艺类型、质检等信息，否则使用工艺单里的【获取信息】会提示未找到工件，也就无法获取条码和工艺信息。

（2）工艺数据对接　通过注塑模向导与 MES 对接，可以实现工艺数据和工程图合并，从而有效避免工艺人员从 MES 中打印工艺卡后，还需与已打印的工程图进行对应装订，大幅度地提升了工作效率。同时，可以将条形码直接附在工程图上，实现图样的条码化管理，如图 12-47 和图 12-48 所示。

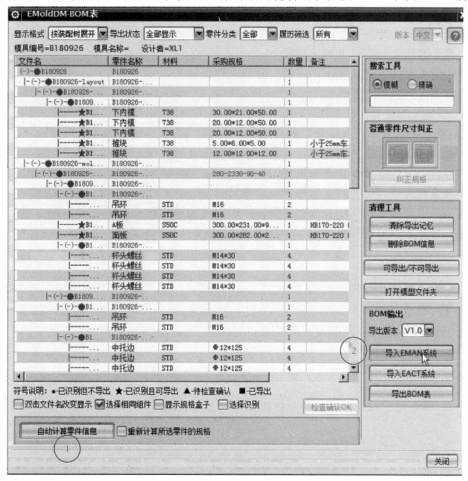

图 12-47　基于 NX 获取 MES 工艺信息

图 12-48　物料清单

通过注塑模向导与 MES 的集成，在工程图中嵌入工艺条码和工艺路线，可以使用户更直观地查看车间现场，使车间管理更高效。下面将详细介绍中车间现场管理和应用情况。

12.6.7 车间现场管理

本小节案例模型在教学资源包的 MW-Cases\CH12\12.6\12.6.7 目录中。

1. 车间现场管理需要解决的主要问题

1）员工通过终端扫描采集数据，操作简捷方便，无须占用过多时间。

2）能实现现场工件流转的过程管理，对零件进行流转跟踪。

3）可生成设备停机状况报表，便于统计分析设备故障分布信息。

4）提供资源实时利用率统计报表（全局设备故障率管理）。

5）提供员工绩效工时统计。

6）提供模具加工进度的查询。

7）提供工艺工时和实际工时的对比统计。

8）提供资源效率对比统计、理论工时和实际工时对比。

9）提供模具生产制造成本统计。

车间现场管理涉及的主要流程如图 12-45 所示。

2. 车间现场管理中信息系统需要处理的问题

1）班组长针对排程任务快速地进行任务分配，指定任务到机台。

2）对急插件任务，快速分配任务到机台。

3）记录工件流转交接情况，且支持强制流转模式。

4）设备和工序可以指定操作工，只有指定的操作工才能使用设备加工工序。

5）支持小批量加工（在不同机床上加工同一批工件）。

6）能实现多人协作加工（抛光、装配）监控。

7）能实现交接班管理。

8）提供现场加工程序文件和图档的下载。

9）支持工序的自检。

10）记录设备维修故障原因和故障解决时间。

11）质检工序采用密码保护。

12）能够实现自由工序的跳序加工监控。

3. 关键流程场景示例

（1）急插件任务安排 将生产派工的急插件任务指派到具体设备，如图 12-49 所示。

图 12-49 加工任务管理

（2）上机加工 登陆 EMan 系统，进行车间现场管理。

1）扫描个人监控编号。

2）扫描设备监控编号或选择具体加工设备。

3）选择工件，默认显示第一个已接收的工件，也可以选择机台任务进行加工；若机台任务已全部完成，可以通过扫描工件条码的方式加载工件。

4）开始加工，单击【开始】按钮，即开始加工工件。

5）多人协同作业，多个操作工一起加工。其他操作工同样扫描个人监控编号，选择相同的设备，默认显示当前工件，选择【加入】。

6）批量加工：扫描多个工件监控编号，若当前设备满足加工多个工件工序的情况，可以选择【批量开始】，则加载的工件全部开始加工。

7）分批加工：选择其他设备，扫描相同的工件编号，选择【加工】，则开启分批加工模式。

12.6.8 高级自动排程

1. 模具企业生产排程需要达到的效果

1）有效地保障模具交付期，提前预知瓶颈资源。

2）有效地处理突发变更、异常的生产计划安排。

3）自动合理推荐外协，提前进行外协决策，降低外协成本。

4）均衡资源负荷，生成加班计划，保障设备稼动率。

5）无人化自动排程，理论计划+执行计划模式，有效保障计划达成率。

对于制订生产计划的部门（PMC）而言，其主要工作流程/操作内容如图 12-50 所示。

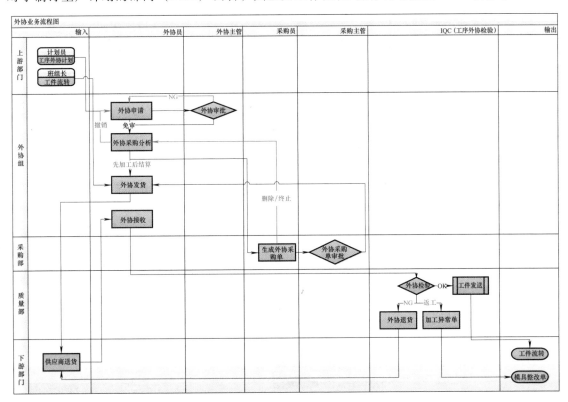

图 12-50 高级自动排程（APS）流程

2. 高级自动排程（APS）需要解决的核心问题

1）保证模具交付期。

2）考虑模具、工件、工序的投放日期。

3）提供资源日历管理，充分考虑资源工作产能情况，考虑正常上班及加班工作时段。

4）考虑任务的优先级。

5）考虑资源故障停机情况。

6）考虑资源加工行程与零件大小的匹配关系。

7）考虑外协加工情况、外协附加工时。

8）考虑急插件及修模情况。

9）自动关联物料采购到货时间计划。

10）自动关联外协回厂时间计划。

11）支持排程时段选择。

3. 关键场景示例

1）设置资源的工作日历，定义正常上班、加班时间，如图 12-51 所示。

图 12-51　加工日历设置

2）高级自动排程。排程登录界面如图 12-52 所示，排程结果查询如图 12-53 所示。

图 12-52　排程登录界面

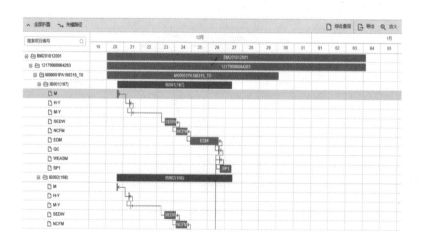

图 12-53　排程结果查询

3）设置班组资源计划，如图 12-54 所示为排程资源管理。

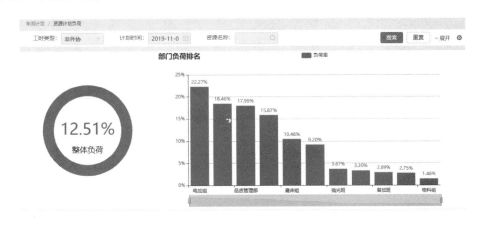

图 12-54　排程资源管理

4）提供资源负荷分析，如图 12-55 所示。

图 12-55　资源负荷分析

12.6.9　质量管理

质量作为模具交付的核心指标，也是企业核心竞争力的基础和保障，其在模具生产制造过程中主要涉及来料检测、加工检测、外协检测、加工异常处理等。

1. 质量管理的核心内容

1）提供质量事故和异常统计分析。

2）提供不良品的异常整改流程管理，进度可追溯。

3）记录物料、外协工件、现场加工异常及专检工序的检测报告，形成企业质量管理知识。

4）提供质量异常整改流程管理。

5）提供质量异常的成本统计。

质量管理流程参考图 12-45 所示。

2. 质量管理的业务场景

1）支持物料供应商的供货检验。

2）支持外协供应商的供货检验。

3）提供物料供货不合格的退货处理流程。

4）提供外协检验不合格的退货处理流程。

5）提供外协检验不合格的工件转厂内加工流程。

6）支持加工过程中异常检测结果处理。

7）提供工序专检流程管理。

3. 关键场景示例

来料检验：质量检测员根据仓库收货明细及采购单的要求，进行零件检测，记录检测结果。对于不合格的物料，告知仓库需要退货，并加以标识，如图 12-56 所示。检测报告如图 12-57 所示。

图 12-56　来料检验

图 12-57　检测报告

12.6.10　物料管理

物料作为模具制造加工的前提条件，是每家模具企业的重点管理内容之一，也是模具制造成本的控制点。下面从采购管理和仓库管理两个方面进行阐述。

1. 采购管理

（1）MES 给企业带来的收益

1）采购员对新增物料进行审核，可协助企业提升设计标准化水平，减少非标物料的采购。

2）提供询价采购流程，记录询价过程，方便追溯。

3）采用物料清单、采购申请两种模式管理物料，从源头上区分项目用料和公用料。

4）及时提醒物料清单变更，减少因物料清单变更造成的物料重复采购成本。

5）多级审批流程，提供集团下模具企业的采购审批管理。

6）提供物品票打印，方便扫描收货。

7）提供协议物料，避免员工修改单价。

采购管理的主要流程如图 12-58 所示。

（2）采购管理的主要应用

1）针对设计下发的新物料，对物料规格等属性进行审核。

2）管理库管员提出的需要采购物料清单。

3）针对部门需要购买的物料，提出采购申请。

4）管理非协议物料的询价、比价管理流程。

5）支持供应商报价单的导入。

6）提供采购订单的多级审批流程管理。

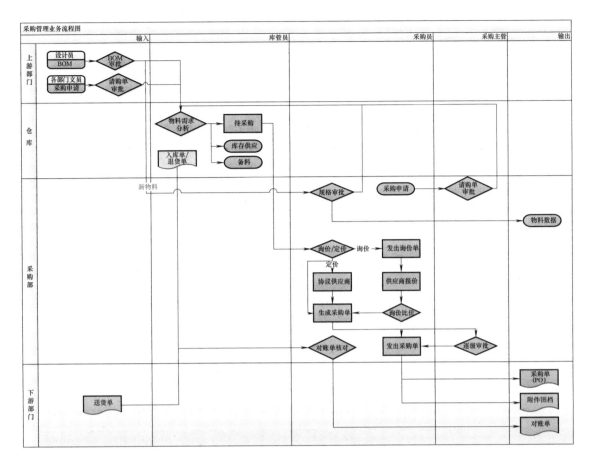

图 12-58　物料管理流程

7）协议物料的供应商按照协议价格采购，并支持强制约束。

8）支持相同供应商的合并采购管理。

9）获取入库单、退货单凭据，提供供应商的对账单管理。

（3）企业场景示例

1）物料基础数据管理。定义物料类型：根据企业所管理的物资，建立物料分类及物料类型的属性定义，包括供货周期、标准物料号、来料检验、库存原料，如图 12-59 和图 12-60 所示。例如，模具物料主要分为原材料和标准件两大类，特殊结构可以单独定义，如热流道、辅料、模架；标准件可以按照设计结构分类，如推杆、司筒针、弹簧等。

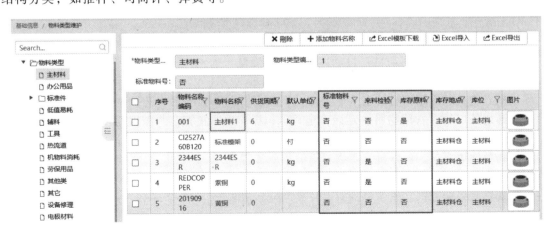

图 12-59　物料类型管理（一）

主类型名称	主类型编码	子类型	子类型编码	子类型	子类型编码	子类型	子类型编码	物料名称	物料名称编码
外购物料	5	原材料	01	钢材	01			钢材方料	01
外购物料	5	原材料	01	钢材	01			钢材圆料	02
外购物料	5	原材料	01	铜料	02			铜料方料	01
外购物料	5	原材料	01	铜料	02			铜料圆料	02
外购物料	5	原材料	01	铝料	03			铝料圆料	02
外购物料	5	通用件	04	弹簧类	01			氮气弹簧	01
外购物料	5	通用件	04	弹簧类	01			红色弹簧	02
外购物料	5	通用件	04	弹簧类	01			红色优力胶	03
外购物料	5	通用件	04	弹簧类	01			黄色弹簧	04
外购物料	5	通用件	04	弹簧类	01			卡环	05

图 12-60　物料类型管理（二）

2）询价与比价。采购员接收到供应商针对询价单的报价单，记录并进行比对（导入报价单或手动维护），根据价格和交货期确定最优供应商，如图 12-61 所示。

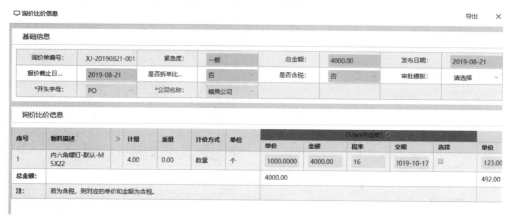

图 12-61　询价与比价

3）采购订单管理，如图 12-62 所示。

图 12-62　采购订单管理

2. 仓库管理

（1）MES 给企业带来的收益

1）提供物料清单变更版本审核，减少因频繁变更导致的重复采购，避免物料漏采购。

2）提供通用件（库存常用物料）自动库存供应，降低人为工作量。

3）支持条码扫描收货的便捷操作。

4）提供模具物料、通用物料的出入库管理，记录物料入库、出库、退货等单据。

5）提供通用件（库存常用物料）定期安全预警，提前生成预警，避免因库存不足而影响生产。

6）提供灵活的检测方式，可以对重要物料设置检验流程。

7）进行物料领用审核，可以对重要物料设置检验流程。

8）提供可逆的物料出入库管理，操作灵活。

9）管理从物料采购分析、收发料到对账校验的完整流程。

仓库管理的主要流程参考图 12-45。

（2）仓库管理的主要应用

1）对模具主 BOM、增补 BOM、电极 BOM 和各部门采购申请的物料需求进行库存供应、待采购及备料分析。

2）对 BOM 变更进行版本确认，避免重复采购。

3）及时补充库存物料，以保证安全库存。

4）管理企业自备物料的下料流程。

5）管理物料的收货、入库、出库流程。

6）支持物料退货可逆流程。

7）提供库存物料的盘点操作。

8）提供非订单性物料的库存管理。

9）核对每个月的物料实收量，提供对账单同供应商确认。

10）财务可以根据对账单和供应商发票进行校验。

（3）企业场景示例

1）采购单入库，如图 12-63 所示。

图 12-63 采购单入库

2）模具下料单如图 12-64 所示。

图 12-64 模具下料单

3）库存盘点。企业一般在月末进行结算，财务会确定结算日期，一旦过了结算日期，账期内的库存移动数据将冻结，库管员根据结算日期组织盘点，如图 12-65 所示。

图 12-65 库存盘点

4）发票校验。财务通知供应商按对账单提供发票，对发票的金额和数量进行校验，如图 12-66 所示。

图 12-66 发票校验

12.6.11 外协管理

由于模具是按订单组织生产的，实际生产过程中会出现产能负荷的波峰和波谷，在产能不足时，需要寻找供应商进行委外协作加工，以满足客户对交付期的要求。

1. 外协管理中 MES 给企业带来的收益

1）结合排程推荐外协计划，提前进行外协决策，降低外协成本。

2）提供多种委外加工模式，灵活适应企业生产模式。

3）对外协检验不合格的退货或返工情况进行管理，对异常情况可追溯。

4）提供外协进度查询，外协员可以实时跟进当天到货任务的进度。

5）外协加工计划与车间加工计划关联，排程更合理。

6）提供外协收发货及退货记录，方便追溯。

外协管理的主要业务流程参考图 12-45。

2. MES 在外协管理中的应用

1）支持现场临时委外和采购流程委外。

2）支持整件外协和工序外协。

3）支持外协工件发出与回厂接收。

4）支持同一个工件下多个供应商的协同作业。

5）记录并管理外协发送、接收、退货。

6）提供外协检验不合格的退货处理流程。

7）提供外协检验不合格的工件转厂内加工流程。

8）支持外协供应商采购终止，委外更换到其他供应商处理。

9）采购审批拒绝的外协申请单，支持取消外协流程。

3. 企业场景示例

（1）外协申请 根据委外类型（工件外协、工序外协），记录委外的计量值和推荐外协供应商，发起外协采购申请；针对同一个工件需要发多家供应商的情况，如粗加工后，再进行热处理，可以同时发起采购，在供应商之间进行工件运输流转。外协申请单如图 12-67 所示。

若工序生产资源设定必须厂内加工，不允许委外加工，即资源属性为非外协资源，且不可以外协，则无法申请外协。

（2）外协发货 外协员将车间提供的工件以及采购员确定的供应商，通知供应商来取货，并将工件提供给供应商进行加工。外协发货单如图 12-68 所示。

（3）供应商送货 供应商根据外协加工图样和工艺要求完成加工并检验合格后，打印送货单，包装好加工完的工件，送至模具厂家。

（4）外协收货 外协员根据采购单和外协供应商提供的送货单明细，依次点货确认，并完成收货。

（5）外协检验 外协员打印收货单并提交给检测人员，检测人员根据图样要求对工件进行检验，记录检验结果，如图 12-69 所示。

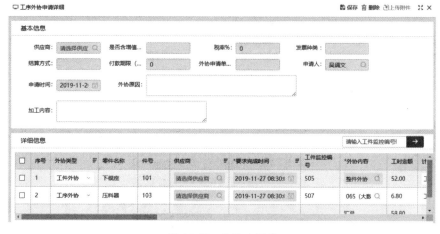

图 12-67　外协申请单

图 12-68　外协发货单

图 12-69　外协检验

12.6.12　看板管理

作为信息化系统，看板主要为企业提供多个维度和不同层面的数据挖掘、分析及展示功能，每个看板应有其核心作用。

1. 生产进度监控看板

车间运营状态看板如图 12-70 所示。

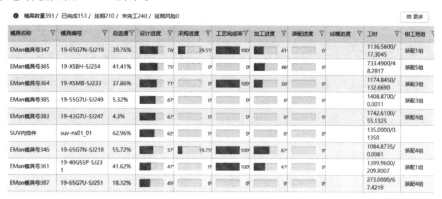

图 12-70　车间运营状态看板

模具进度跟踪看板如图 12-71 所示。

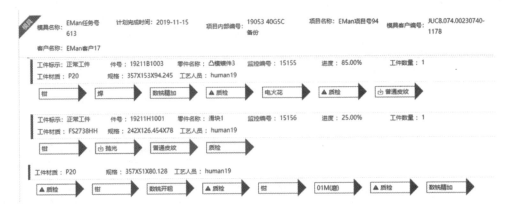

图 12-71　模具进度跟踪看板

2. 工作任务看板

设计任务负荷看板如图 12-72 所示。

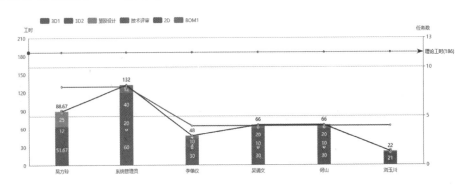

图 12-72　设计任务负荷看板

车间计划执行看板如图 12-73 所示。

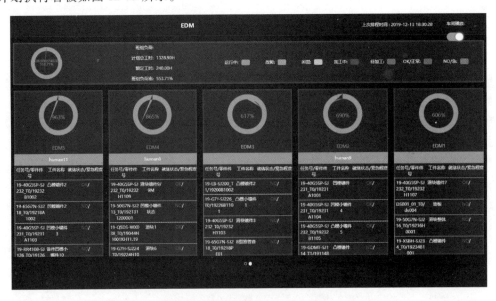

图 12-73　车间计划执行看板

装配车间看板如图 12-74 所示。

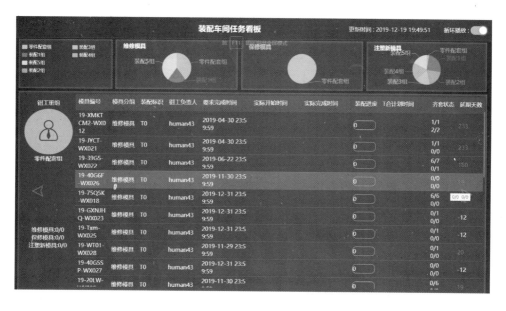

图 12-74　装配车间看板

3. 异常情况看板

车间异常统计看板如图 12-75 所示。

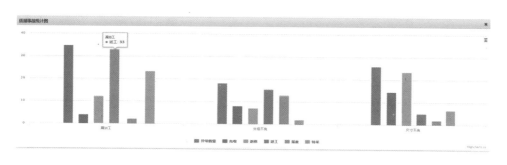

图 12-75　车间异常统计看板

12.6.13　MES 集成应用

MES 主要是面向生产制造环节，属于车间制造执行系统范畴，需要与企业核心 ERP 系统联通，从而实现企业信息管理的闭环，常见集成内容如下。

1. BOM 物料信息同步

BOM 数据在 EMan 系统中创建，创建完毕并下发成功后，形成 BOM 物料信息视图，ERP 系统读取 BOM 物料信息，进行基础物料信息同步，并完成对应的采购流程。

2. 采购单时间信息同步

用户登录 EMan 系统，进入【车间计划-排程起始点调整】页面，单击【同步】按钮，读取 ERP 系统提供的视图中的数据，根据模具号、工件号取对应的时间，更新 MES 中的排程起始时间点，从而进行 APS 排程。

3. MES 加工的模具成本信息传递

MES 统计模具实际加工过程中产生的人力工时、机器工时，以模具为单位分别对人力工时、机器工时进行汇总，形成模具加工成本信息视图。ERP 系统读取此模具加工成本信息视图，进行成本计算。

4. 接口流程

接口流程如图 12-76 所示。

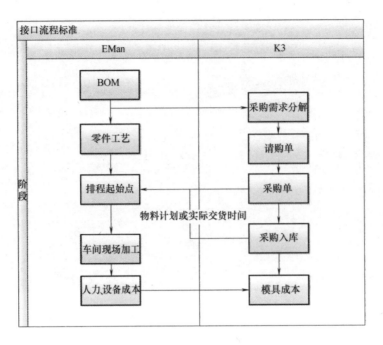

图 12-76　接口流程

12.6.14　MES 的应用趋势

模具工业在互联网模式下的 SaaS 平台架构如图 12-77 所示。

首先，基于云服务商的基础平台，实现生产类数据和工艺类数据的采集；然后，通过基于通用 PaaS 层的二次开发，构建针对模具设计、制造过程关键技术的工具性 PaaS 和应用层（工业 APP），如报价、排产、进度查询等，基于开放环境部署，为模具企业用户提供模具研发设计协同、模具接单模拟、工艺知识库、数据分析等服务；最后，进一步开发集成工业微服务、工业智能、工业 IOT 组件、工业 APP 开发组件等功能，构建适合于模具企业的工业 PaaS 平台。

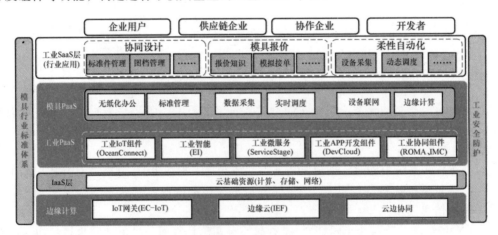

图 12-77　模具工业在互联网模式下的 SaaS 平台架构

传统的由企业自主打造的 MES 及其他信息化系统，由于地理区域的限制，不利于多企业/工厂及异地协同。MES 的云端 SaaS 化应用模式将是企业的必然选择，同时借助 MES 的信息系统将在以下方面实现业务增效。

1）借助工业互联网技术，实现异地协同设计与制造
① 异地协同设计

a. 通过互联网平台，共享企业间的设计标准及设计规范，实现需求方与供给方的设计标准高度一致。

b. 实现设计图档的云端存储，数据安全，不会因为设计外包而泄漏。

c. 设计评审与外协设计可同步进行，更能适应设计变更的及时调整及响应。

② 多企业/工厂异地协同、数字化同步及共享

a. 借助互联网技术，实现外协订单在线快速询价、比价，提升外协订单承接效率，达到60%以上。

b. 针对多工厂情况下，借助物联网设备，实现设备状态云端远程监控，实时反馈异常情况。

c. 多企业间协同，共享实际外协进度及状态，大幅度提升交付期保障率。

d. 借助互联网及物联网技术，实现加工过程质量数据实时回传，保障产品质量稳定性。

2）提供IT技术及信息系统托管专业技术服务

① 对企业IT技术实现托管服务，大幅度提升企业的IT数据保障能力，降低对企业IT技术的储备要求。

② 信息系统将服务移交给针对性强的第三方技术服务公司，其具备丰富的行业经验，能够为企业信息化规划及落地提供强有力的保障。

3）物联网设备将成为行业趋势

① 设备接口将成为设备厂商提供服务的标准。

② 通过工业互联网实现设备在线监测。

③ 模具行业设备大数据模型将逐步形成，设备效率会得到进一步提升。

4）大数据、云计算将在模具行业得到深入运用。

5）人工智能将逐步被运用到模具设计、编程与加工、模具的CAE分析等各个环节。

第13章
CHAPTER 13

注塑过程模流分析

13.1 模流分析介绍

13.1.1 模流分析简史

网格模型的发展如图 13-1 所示，从 20 世纪 70 年代的展平法、80 年代的 2.5D 或称中面流（Midplane）/薄壳法（Shell）、90 年代的拟三维双面流法（Dual Domain），到 2000 年开发出来的真实三维实体网格法，随着计算机运算效能的提升，可以处理的网格数量逐渐增加，理论上三维实体网格较准确。

Moldex3D 于 2002 年首先推出，可应用于充填、保压、冷却、翘曲过程中的真实 3D 模流分析，随着软硬件技术的进展，Autodesk Moldflow、Sig 术 ma、3D Timon 等也分别推出 3D 模流分析产品。网格技术发展至今，三维实体网格是最准确的方法，因为它不用对几何体做任何简化假设。

三维实体网格除了应用于型腔内部模拟熔胶行为，还可用于整体模具，得到精

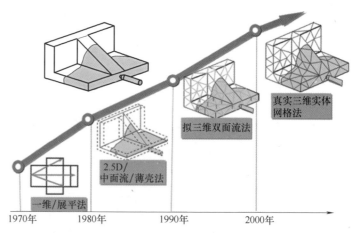

图 13-1 网格模型的发展

确的模温分布等信息，如图 13-2a 所示，对于复杂随形水路的布局是不可或缺的重要技术。图 13-2b 所

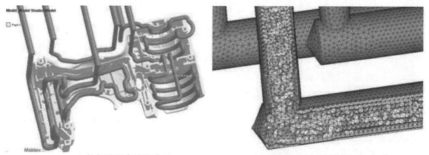

a) 复杂随形水路的布局　　b) 三维实体混合型的边界层网格

图 13-2 三维实体网格的应用

示三维实体混合型的边界层网格可以准确地捕捉填充过程中模壁附近的温度和速度的剧烈变化,从而准确地检测黏性加热和翘曲等问题。

13.1.2 仿真分析流程

模流分析软件发展至今已数十年,其仿真流程如图 13-3 所示。首先需要具备成型系统的三大项目:整体系统的几何模型、材料特性与加工条件。通过用户接口将这些数据传给数值引擎,演算逻辑遵循统御方程式,并使用合适的材料理论模型进行数值仿真,演算结果将获得大串的数据。然后通过可视化处理将数字转换为可以判读的图像或统计分布图。最后结合使用者的经验,就可以从这些数据图中解读出有用的成型信息,包含潜在的成型缺陷及其成因。

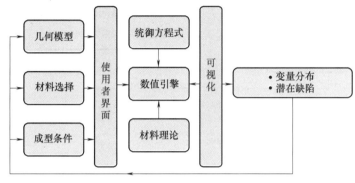

图 13-3 仿真流程

流动分析包括以下项目:产品是否可以顺利充填、流动平衡性如何、熔接线出现的位置与结合质量、是否会出现包封、成型应力大小、锁模力大小以及是否超出规格、是否会出现迟滞或竞流效应、黏滞升温是否明显、是否存在过保压问题,如图 13-4 所示。这些项目如果不符合规格,则必须修改设计、重复分析,直到问题解决为止。

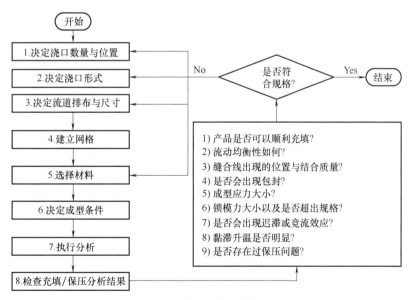

图 13-4 充填保压分析仿真流程

流动之后的冷却阶段需要定义冷却水路、网格模型、冷却材质与成型条件,分析冷却时间是否太长、是否有冷却不良的热点出现、产品表面温度是否均匀、模温差是否大于 10℃、进出水口温差是否大于 3℃、各冷却水路效益如何,如图 13-5 所示。同样,如果这些项目超出规格,必须修改设计并重新分析。

除了成型过程的制程模拟,模流分析工具还提供脱模后产品的变形预测功能,如图 13-6 所示,软件会截取流动分析与冷却分析的结果,通过翘曲分析可得知成型效应造成的翘曲变形程度与趋势,以及造成翘曲的原因、残余应力值等。

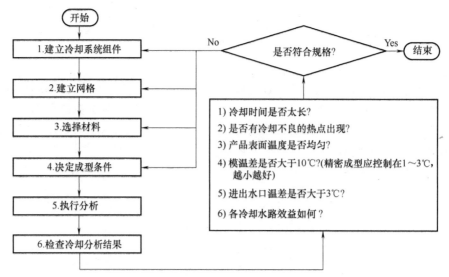

图 13-5　冷却分析仿真流程

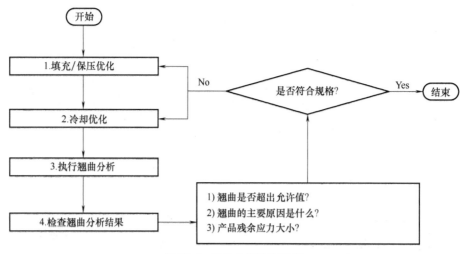

图 13-6　翘曲分析仿真流程

13.1.3　模流分析价值

第 2.5 节介绍了注塑成型过程中会出现的缺陷种类，仿真分析的目的就是判断设计制造的可行性。每天都有成千上万的设计方案被提出，但不是每一个都可以被成功制造出来，模流分析的目的就是在设计时确保这些产品或模具的可行性，从而保证生产的顺利进行。

模流分析可以利用计算机辅助工程（CAE）软件及技术分析来协助诊断与开发复杂的注塑制程。CAE 软件可以快速整合材料的流变性、热力学性能、力学性能等，使设计及开发人员能针对模具设计进行定性和定量分析与诊断，以及针对已有模具及操作条件进行分析与诊断。

1. 注塑成型应用

根据 CAE 的分析结果，开发者可以分析问题发生的原因，测试多种设计变更并找到最适合的解决方法，这是传统试误法无法达到的。如果设计变更牵涉产品、模具的修改，修模、试模所耗费的时间、人力、机台、材料与能源成本更是难以估计。所以，在开发流程中导入 CAE 验证设计，目前已经是普遍的做法，若能学会正确的 CAE 分析准则与对策选用，就能大幅度提升产品生命周期管理效益。以注塑成型产品为例，完整的 CAE 分析包含塑料的螺杆塑化分析、模具充填保压冷却阶段分析、开模取出后结构强度分析等部分。

可以发现，注塑制程是决定产品质量的主要阶段，塑料在短时间内经历固态、熔胶态又回到固化状态，分子间进行了排列重组。若能有效掌控程中的塑料性质转变，就能确保产品有较稳定的结构强度。

对于注塑成型，并非任何阶段都适合使用 CAE，在图 13-7 所示的注塑成型产品开发流程中，适合使用 CAE 的时机如下：

1）产品设计阶段，开模前。预测并修正产品设计可能存在的缺陷，减少开模成本。

2）已开模，量产前。产品有缺陷，但由现场试模难以解决，通过模拟再现缺陷与问题，由结果分析出导致缺陷的原因，并加以改善。

3）已开模，量产中。通过模拟找出降低不良率及缩短成型周期的可能性，进一步提升产能。

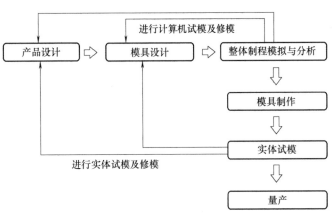

图 13-7　注塑成型产品开发流程

4）建立属于自己的数据库。通过持续累积的项目数量，归纳解决问题的经验，建立解决问题的标准作业程序（SOP）。

2. 模流分析定位

产品开发分为产品设计与模具设计。产品设计必须符合市场的需求，通常以美观、功能、符合法规或追求环保等要求为优先；而模具设计则必须考虑各种制造成本，如滑块的使用、顶出系统的配置、两板模或三板模的制作方式等。需要注意很多细节，才能设计出优良的产品与模具。

（1）产品设计　产品设计应遵循以下原则。

1）产品设计黄金准则，确保均匀的壁厚分布。因为塑料制品是热的不良导体，不均匀的厚度会导致冷却收缩不一致，而产生翘曲、变形的问题，应使产品厚度分布均匀，如图 13-8 所示。设计厚度的差异是不可避免的，此时可以考虑保留设计缓冲区间，如果厚度段差为 t，则建议缓冲区的长度为 $3t$，同时应该避免任何锐角的设计，如图 13-9 所示。

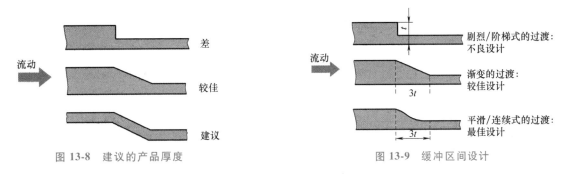

图 13-8　建议的产品厚度　　　　　　　　　图 13-9　缓冲区间设计

2）产品厚度与流动长度的关系。注塑成型过程中，塑料流动的长度与其流动性及壁厚设计有关，最简单的方式是检查产品的流长比是否在合理范围内，以图 13-10 所示为例，良好的设计应该使熔胶可以从浇口顺利充填到末端。一般来说，不同的塑料会有不同的最大流动长度，产品设计时应该检查流长比，降低成型难度。

3）圆角与倒角的尺寸规范。在产品设计中，圆角与倒角与残余应力集中情况有关，应力集中会影响产品结构强度，因此要避免垂直设计，应该有适当的圆角或倒角。如图 13-11 所示，圆角越大，应力集中系数越小。

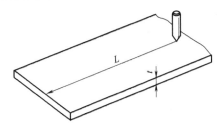

图 13-10　流长比为流动长度（L）/厚度（t）

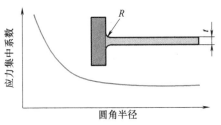

图 13-11　圆角半径与应力集中系数的关系

4）加强筋与螺钉孔的设计原则。加强筋与螺钉孔都是因为结构强度或设计上的需要而违反了黄金准则：除了厚度不均匀会出现的问题外，还会造成凹痕而有外观上的缺陷，如图 13-12 所示。一般设计参考数据都会提供设计准则，但可能因产品差异而有所不同。同时，壁厚太小也可能造成短射问题。

图 13-12　加强筋背面的凹痕

5）拔模角度与脱模的关系。在产品与模具接触的地方都要有拔模角度，如图 13-13 所示，其目的是减小脱模时产品与模具间的摩擦力，角度越大，脱模阻力越小。

前面提到的设计准则，除了拔模角度只能依赖 CAD 工具检查外，其余的都可以利用 CAE 分析来辅助检测可能出现的问题。在产品设计阶段，浇口位置可能是不确定的，但仍可设置可能的浇口位置来检查流长比是否合理，浇口设定后就可以进行简单的模流分析，检查产品是否容易短射，或者射出压力是否太高，射出压力太高则不容易成型，未来射出机台的选择会受限；也可以进行熔接线、包封与凹痕的预测，检查其位置是否会影响产品外观；还可以检查产品的体缩率是否均匀，是否会有翘曲变形过大的情形。

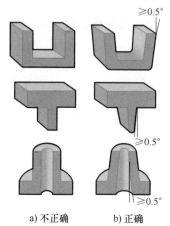

a) 不正确　　　b) 正确

图 13-13　拔模角度的设计

（2）模具设计　一般模具设计流程如图 13-14 所示。由于完整的模具设计包含很多系统，非常庞大且复杂。这里只讲述基础概念以及与模流分析有关的部分，包括浇口、流道与冷却系统。

在模具的基础概念上，首先要确认产品设计，检查加强筋、螺钉柱等是否与脱模方向一致，并确认拔模角度是否足够。若有倒扣问题，则要参考分型线并配置合适的滑块，脱模时也应有推出机构，这些都要一起考虑并确保不会造成干涉。模具设计包括浇口、流道与冷却系统的设计，可以通过模流分析来确认可能出现的问题。

1）浇口。在浇口设计中，需要注意的有浇口位置、浇口数量与浇口类型。浇口位置决定着产品各部位的保压程度，保压好则收缩小，保压差则收缩大，如图 13-15 所示。

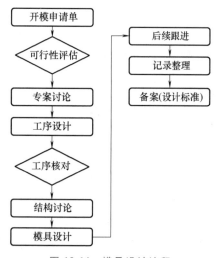

图 13-14　模具设计流程

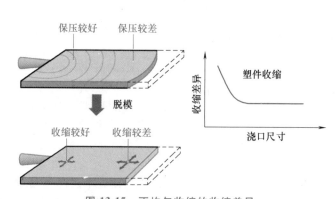

图 13-15　不均匀收缩的收缩差异

浇口数量与位置决定着流长比，也会影响熔接线的位置与角度，若熔接线位于外观面，则需要调整浇口位置，通常熔接线所在位置也是结构强度较弱的区域，应避免熔接线出现在此区域内。例如，图 13-16 所示案例设置了三个浇口，可以预测熔接线的可能位置。

浇口类型可根据产品外观、浇口的去除方式、产品几何、模具制造与塑料特性来决定。图 13-17 所示为几种常见的浇口类型，模流分析可以模拟不同类型的充填、保压结果，造成的翘曲变形也会有所不同。

2）流道。流道的主要作用是将熔胶均匀地从射出机喷嘴传送到模具的型腔中，如图 13-18 所示，其包含竖流道、流道与浇口。流道设计直接影响着充填路径、周期，进而影响制品质量。

a) 牛角式浇口

b) 牛角式搭接浇口的推杆

c) 扇形浇口

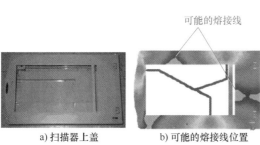

可能的熔接线

a) 扫描器上盖

b) 可能的熔接线位置

图 13-16　模流分析的熔接线预测

d) 搭接式侧边浇口

e) 潜伏式搭接浇口的推杆

f) 针点浇口

图 13-17　常见的浇口类型

流道设计中应该注意的有流道形状、尺寸与对应的型腔数量。一般多型腔系统必须考虑配置是否均衡，做到流动平衡。然而，即使看似几何上配置均衡，也可能因为塑料流动特性而造成流动不平衡，如图 13-19 所示。

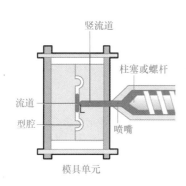

竖流道

柱塞或螺杆

流道

型腔

喷嘴

模具单元

图 13-18　熔胶输送系统

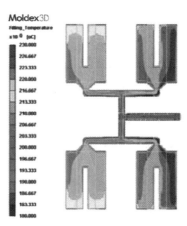

图 13-19　在对称的流道系统下出现流动不均衡现象

3）水路。水路的设计会直接影响传热，冷却效率会影响生产周期与产品质量，一般应避免水路进出口温差过大。可以通过辅助水路设计来提高冷却效率，如隔板式、喷泉式或新式随行水路，图 13-20 所示为三种不同水路设计的温度分布结果。

除了水路配置外，足够的冷却媒介流率也很重要，因为湍流可以带走的热量为稳定层流的 3 ~ 5 倍。湍流、层流与流率大小有直接的关系。

3. 设计验证优化

（1）制造可行性　模具成型最常遇到两个问题：第一个问题是无法确定设计质量，第二个问题是成型的稳定性控制。为什么会出现这两个问题，这就要从模具开发流程说起，大致包含图 13-21 所示的七个步骤。

1）开案（Kickoff）。绘制 3D/2D 图样，确定采用的技术、机台、材料规格与处理手法。

2）设计程序（Design）。确定模具整体排布，进行模流分析，CNC 加工、设计图验收。

3）制造（Manufacture）。将钢材原料依据设计图样进行加工。

4）第一次试模（T1）。模具制作完成并组装、上机

a) 隔板式随行水路

b) 喷泉式随行水路

c) 新式随行水路

图 13-20　强化水路设计

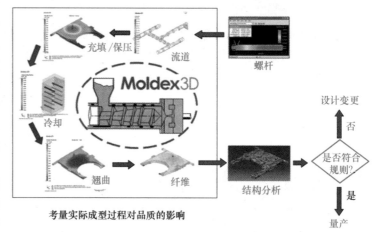

图 13-21　模具开发流程

台进行第一次试模，依照设计图样制作出来的模具检查是否合格，在允许范围内细节处修改模具，为保证量产的顺利进行，试模质量合格才能进行后续步骤。

5）验收（Approval）。

6）出货（Shipping）。

7）售后服务（Service）。

传统塑料制品的开发流程并未使用 CAE 进行设计检验，因此试模量产时往往会出现许多成型问题，如烧焦、熔接线、翘曲、飞边等。在设计阶段导入 CAE 分析可以有效地解决这个问题，如图 13-22 所示，就塑料制品而言，依制程顺序可以使用的 CAE 工具有模拟螺杆阶段的 Virtual Extrusion Laboratory、仿真模具注塑程序的 Moldex3D，以及串接模流结果至后端的结构分析，检验由初始设计制程条件获得的产品质量是否合格，如果合格，则可以进行量产；反之，则变更设计与相关条件，重新检验直至合格为止。

尤其是当使用各向异性材料如纤维加强塑料时，纤维取向分布的预测就变得相当重要，因为纤维取向过于集中的部位，可能会在取向以外的方向出现结构弱点，这时的成型效应必须依靠

图 13-22　CAE 应用于设计阶段

Moldex3D 才能正确获得。此外，也可以将成型导致的残余应力、纤维取向或发泡成型的泡孔分布等材料不均匀性信息，传递给结构分析软件，只有真实地仿真出这些材料特性，才能获得更贴近现实的预测结果。

（2）成型稳定性　仿真分析除了可用于确认设计制造可行性外，对于已开模量产产品所遇到的成型问题，也可提供有效的解决方案。这里举一个实际案例来说明如何利用模流分析解决生产时常遇到的成型不稳定问题。

成型不稳定是指每个模次的生产质量不均衡，可能是计量不稳、模具温度波动、成型窗口太窄等，造成每次注塑的塑料历程不尽相同、产品质量不均、尺寸精度不易控制等。可以用短射法来检验每模次的熔胶波前是否稳定，或者通过埋设传感器来记录生产时的温度、压力线图是否一致。

记录方法有两种：第一种是记录机台的注塑压力与温度，主要是观察螺杆前端熔胶在成型过程中受到的压力与温度；第二种是在模具内部埋设传感器，记录特定位置的熔胶温度与压力变化，如流道、浇口、产品不同部位，与第一种方法相比，此方法更能得知完整的塑料历程，也较常应用于多型腔产品的生产监控。例如，图 13-23 所示为各型腔监测到的注塑温度与压力曲线分开范围颇大；而图 13-24 所示大致收敛为一条曲线，表示各型腔塑料的生产历程较相近，预期可得到质量较均一的产品。

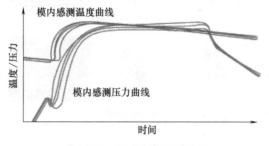

图 13-23　不稳定的成型过程

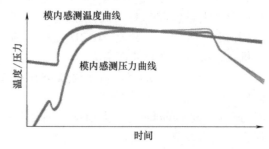

图 13-24　稳定的成型过程

对于注塑成型而言，成型的稳定性与塑料质量、产品模具设计、模具质量、机台效能、环境等有关，理论上，一副好的模具在机台与环境因素都控制得当的情况下，每个模次的产品质量应该是一致的。由成型三要素可知，成型制品的质量受到材料、产品模具设计、成型条件三者的综合影响，如果产品模具设计不良，如流道太细或太长、浇口位置不佳、产品壁厚差异太大，都可能会限制此系统允许的成型窗口，也就是可以操作的温度、压力、速度范围变窄了，即使调整成型条件，也不容易得到良好的产品，此时必须修改产品设计或模具设计。

成型不稳定问题的解决流程如图 13-25 所示。

1）定义成型问题。

2）先从四大控制因素中找出此问题最重要的影响元素，若为设计不良，可以直接利用 Moldex 3D 模流分析进行多组设计变更与优化，从中找到效益最大的解决方案。

3）如果无法通过修改产品模具设计来解决，则必须考虑其他应用的配合，如热流道系统、随形水路、变模温、微细发泡等，Moldex 3D 也已开发出这些技术的分析能力，可进一步研发新的解决方案。

图 13-25　成型不稳定问题的解决流程

（3）案例应用 1：改善连接器平面度　如图 13-26 所示的连接器模型，连接器通常是细长形，并且有多根插槽设计，这些插槽壁厚较小，必须注意短射问题，因为使用需求也要考虑产品的平面度（Flatness），确保成型后的翘曲变形符合使用规范。

此连接器的尺寸为 55mm×5mm×15mm、厚度为 0.7~1.0mm，使用 LCP（Liquid Crystal Polymer）材料，因为 LCP 强度高、耐热性佳、流动性好，是连接器常见的材料。此案例成型条件的特别之处在于充填时间非常短，只有 0.05s，这也是连接器成型参数的特点，因为插槽结构多、流长比大，充填速度必须足够快，才能避免热量散失、黏度下降而造成短射。LCP 的加工温度较高，此案例所用料温为 340℃、模温为 120℃。

图 13-27 所示为流道与浇口设计，使用单点进浇、竖流道直径为 2~3mm、主流道直径为 2.5mm、浇口大小 1mm×0.8mm。这样单边进浇的浇口位置可以预期产品在流动方向，也就是 X 方向会有较大的尺寸收缩。因为产品可能会出现短射与变形问题，所以后续将检测模流分析的流动波前、体缩率、位移量与平面度等模拟结果，判断这些问题的产生原因与解法方法。

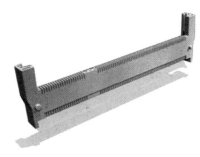

图 13-26　连接器模型

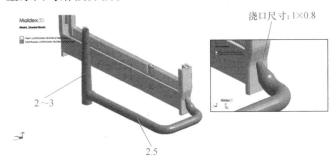

图 13-27　流道与浇口设计

为了了解原始设计的充填是否顺畅，首先观察几个特征时间的流动波前结果，如图 13-28 所示，大约在充填时间的 35% 时熔胶通过浇口，50% 时进入产品后出现竞流效应，75% 时竞流效应加大，85% 时流得快的外侧熔胶已到达产品末端，并从尾端开始回包，95% 时大致可以看出熔接线会出现的部位，99% 时熔接线落在产品侧面（图中箭头处），充填末端不在产品边缘处，可能会造成排气困难、包封烧焦等问题。

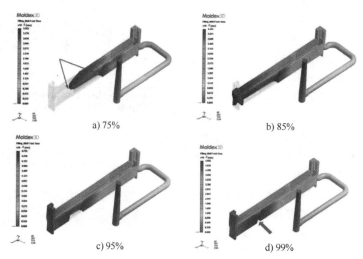

a) 75%　　　　b) 85%

c) 95%　　　　d) 99%

图 13-28　原始设计的特征时间流动波前结果

从流动波前结果解读出流动不平衡的问题，并将出现问题的地方放大，如图 13-29 所示，发现充填初期产品的−Y 侧流动较快，而+Y 侧则因插槽设计有较多薄肉区造成流动缓慢。由截面图可以看出，−Y 侧的产品厚度明显大于+Y 侧，这是造成竞流效应的主要原因。

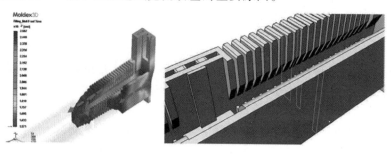

图 13-29　壁厚分布不均匀

图 13-30 所示为充填时间达到 85％时，竞流效应造成−Y 侧产品已充填完毕，但另一侧还有一半的产品长度尚未充填，并且会在此处出现熔接线。通常模具的排气设计需要搭配分型面位置，原始设计使得熔接线位置不利于排气设置，有潜在"困气"风险。

除了流动之外，也可以利用模流分析检查壁厚不均可能导致的其他问题。例如，图 13-31 所示为保压结束时产品的温度分布，利用温度等位面功能标示温度高于 230℃的区域，可以看到产品内部仍有大范围的高温区块，主要原因是壁厚区不易散热，这些高温部分会在冷却甚至脱模后继续收缩，增加了翘曲风险。

图 13-30　原始设计的 85％时间流动波前结果

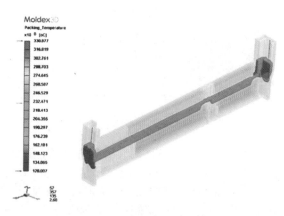

图 13-31　温度高于 230℃的区域

图 13-32 所示为塑料冷却不均导致翘曲差异的示意图，主要是因为产品上侧的水路密度低，所以冷却速率也低，上侧高温导致较高程度的收缩行为，因此造成向上凹的变形结果。

图 13-33 所示为 Y 方向翘曲预测：侧视图/上视图，因为产品主体在−Y 侧有较大的壁厚分布，所以−Y 侧收缩较大。另外，由色阶分布可以看出，产品两端的红色表示向+Y 方向位移，产品中间的蓝色表示向−Y 方向位移，因此呈现扭曲状态。整体变形区间落在−0.08~0.09mm 范围内。

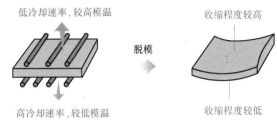

图 13-32 冷却速率差异造成收缩行为差异

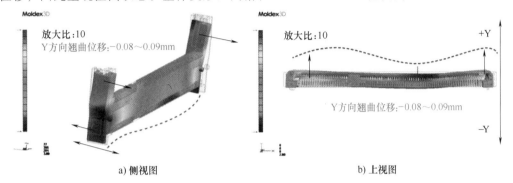

a) 侧视图　　　　　　　　　　　b) 上视图

图 13-33 Y 方向翘曲预测：侧视图/上视图

前述通过 Moldex 3D 预测出原始设计可能会出现的成型缺陷及其成因，之后即可针对这些问题去做设计变更，并且利用 Moldex 3D 再次检验是否有效解决了相应问题。已知本案例的根本原因为壁厚不均，所以设计变更将壁厚区域减薄，如图 13-34 所示。

为了检验设计变更改善程度，将原始设计与设计变更的分析结果进行比较，如图 13-35 所示，从流动波前结果发现 80% 充填时间下，设计变更的熔胶波前差距已大幅度降低，并且可将充填末端与熔接线位置调整到接近产品边缘处。所以设计变更的一侧壁厚减薄能有效改善流动不平衡问题。

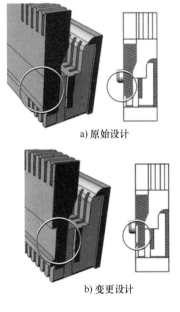

a) 原始设计

b) 变更设计

图 13-34 壁厚减薄的设计变更

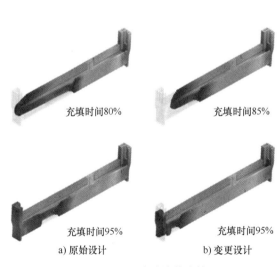

a) 原始设计　　　　　b) 变更设计

图 13-35 流动波前比较

Y 方向翘曲结果比较如图 13-36 所示，可以发现，设计变更后 Y 方向翘曲趋势有显著改善，因为流动平衡性提升，加上厚度变薄改善了产品的连续高温区段，减小了产品+Y 侧与−Y 侧的收缩差异，所以原本的 S 形变形趋于平缓。

a) 原始设计   b) 变更设计

图 13-36　Y 方向翘曲结果比较

除了整体的翘曲趋势外，也可以观察产品的平面度变化。如图 13-37 所示，将产品一侧定义为原点，色阶分布图显示中间蓝色部分为下凹、两侧红色边角为上翘，平面度区间为±0.13mm。

变更设计的平面度范围为-0.06~0.03mm，如图 13-38 所示。可以发现，色带分布相当均匀，已大幅度改善原始设计的蓝、红色块的大变形部位。

图 13-37　原始设计的平面度预测

图 13-38　变更设计的平面度预测

原始设计与变更设计比较见表 13-1，设计变更结果在 Y 方向与 Z 方向皆有改善，并且平面度的改善幅度最大。

表 13-1　原始设计与变更设计比较

参数	原始设计		设计变更		改善率
	最低	最高	最低	最高	
平面度/mm	-0.13	0.13	-0.06	0.03	65%

本案例简单地演示了如何用模流分析找出问题成因，并对应修改产品的壁厚设计，有效改善 S 形翘曲、提升平面度，满足产品的使用要求。

（4）案例应用 2：改善手机壳应力痕问题

以手机壳背盖为例，如图 13-39 所示，产品的厚度分布范围为 0.6~1.2mm。主平面的厚度是 1.0mm，但在中央有一个方形的区域厚度特别小，仅为 0.7mm。

手机壳采用 PC 材料，充填时间设定为 0.4s，料温为 320℃，模温为 110℃。流动波前分布结果如图 13-40 所示，红色区域为波前最早到达位置，也就是进浇口。蓝色区域代表产品的流动末端，此产品的流动末端位于图形右下方。

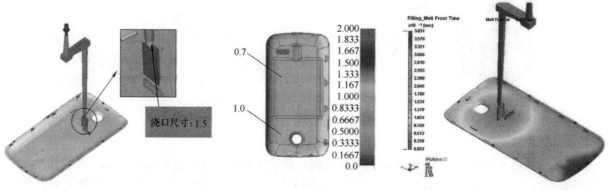

图 13-39　手机壳背盖   图 13-40　流动波前分布结果

CAE 分析与流动波前对比如图 13-41 所示。图 13-41a 所示为熔胶刚进入产品时的状况，上侧为手机镜头盖位置的孔洞结构。随着熔胶进入产品，可以观察到流动波前左右两侧比中央快，如图 13-41b 所示。这是由于产品中央处（厚度仅为 0.7mm）的流动阻力比两侧（厚度为 1.0mm）大，因此中央处流动波前相对缓慢。熔胶继续推进，两侧较中央快的趋势更加明显，如图 13-41c 所示。图 13-41d 所示为因为中央处的熔胶通过了更薄的区域和靠破孔，造成更大的流动阻力，因此迟滞的现象更加明显。通过图形与照片的对比，都显示此案例 CAE 分析的结果与实际注射件有相当高的一致性。

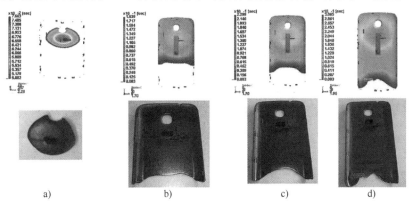

a)   b)   c)   d)

图 13-41　CAE 分析与流动波前对比

另外，观察实际制品的表面质量，可以发现在中央 0.7mm 厚度与 1.0mm 厚度的边界位置有明显的外观痕迹。对比保压分析结果中的剪切应力，也可看到在相同的位置有明显的剪切应力差异。因此，可以通过分析结果，评估现场产品的表面质量。

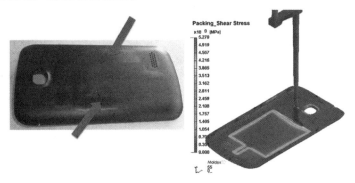

图 13-42　表面缺陷与剪切应力

通过厚度的设计变更，可以改善产品的表面质量。图 13-43a 所示为原始设计，图 13-43b 所示为变更设计，主要是在 0.7mm 厚度与 1.0mm 厚度的交界处设计一个过渡区间，进行厚度的渐变。

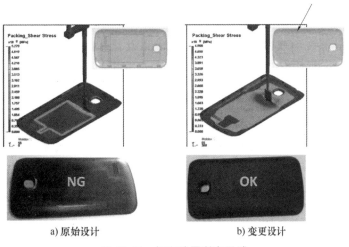

a) 原始设计　　　　　　　　b) 变更设计

图 13-43　加宽壁厚渐变区域

由 CAE 分析保压结果的剪切应力分布图与产品表面照片，发现中央区域的剪切应力已经没有原始的框状分布，而实际产品的表面质量也有非常明显的改善。

（5）案例应用3：优化笔记本计算机底座件成型条件

在注塑成型设定方面，分别计算流道及型腔行程，流道行程可利用流道体积换算，型腔行程可利用型腔体积的 60%~90% 进行估算。图 13-44 所示，该底座件产品体积为 122.16mL，产品尺寸为 315mm×225mm×20mm，主要厚度为 2mm，材料为 PC/ABS，流道系统为热流道，注塑机台吨数为 450t。图 13-45 所示为单段流率与多段流率示意图。

观察流率设定对注塑压力与浇口剪切率的影响，图 13-46a 所示红线为流率一段、蓝线为流率多段，发现多段设定可有效降低压力损耗。图 13-46b 所示红线为流率一段蓝线为流率多段，多段设定也可降低浇口的剪切率。

图 13-44　使用 Moldex 3D 分析产品流率模型

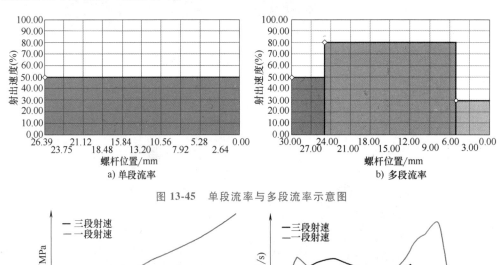

a) 单段流率　　　　　　　b) 多段流率

图 13-45　单段流率与多段流率示意图

图 13-46　流率设定对注塑压力与剪切率的影响

13.1.4　模流基础理论

本小节内容包括描述系统物理意义的统御方程式，以及计算机求解的数值方法。从技术层面而言，由于 CAE 是应用数值方法求解物理系统的理论模型，所以分析的准确性、可靠度与理论模型的仿真程度、数值方法的准确性及收敛性，以及分析采用的网格模型有关。

成型系统的基本统御方程式为三大守恒方程式，包含质量守恒、动量守恒与能量守恒，可以由系统最小单元控制体积（Control Volume）的守恒关系来解释。考虑一微小空间物理量的进出及生成总和，即可求得各物理量随时间的变化率，再对各微小空间的数值相加，便可得出一个宏观系统的量值，如图 13-47 所示。

通用控制体积由流体和速度向量 v 内的阴影区域表示。dS 是差分表面积单元，n 为其上的单位外表面法向量。公式在此不再一一列出。

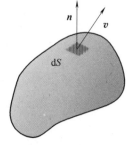

图 13-47　控制体积

13.2 Easy Fill 功能介绍

EF（Easy Fill）是一套由 Moldex 3D 公司在 NX 环境下开发的注塑成型仿真软件，完全嵌入 NX 并提供友好的接口设计，以 eDesign 网格技术自动生成 3D 网格，拥有超过 8000 个的材料数据库信息。产品设计者在开发阶段可以针对进浇点位置进行充填分析，验证产品尺寸与进浇点设计，快速地完成设计可行性评估（DFM）。该功能需要安装 EF 附加模块才能运行。

图 13-48 运行模流分析和显示分析结果

本节结合手电钻机壳案例，演示 Easy Fill 设计验证流程和功能。EF 主要有两个功能入口：运行模流分析和显示模流分析结果。在【注塑模向导】的【部件验证】模块中有运行模流分析和显示分析结果两个图标，如图 13-48 所示。

13.2.1 运行模流分析

从【部件验证】模块启动 EF，打开【模流分析】对话框。

1. 指定塑件与浇口点

在【模流分析】对话框中指定塑件及浇口位置，也可添加简单的描述，如图 13-49 所示。在设定后的浇口位置会建立一个点与锥体供用户识别，如图 13-50 所示。

图 13-49 选择体与指定浇口点

图 13-50 指定浇口位置后产生的点与锥体

勾选【选择体】选项，可设定塑件本体，如果图形界面上只有单一实体，系统将会自动设定该体为分析用的塑件本体。

利用【指定浇口点】功能，可设定浇口点位置，此功能支持多浇口点设定，指定后将会在图形界面上生成锥体显示浇口位置。

2. 设定工艺条件

单击【确定】按钮后，弹出【Moldex 3D 分析设定】窗口，其中包含塑料设定、工艺条件设定与分析精度设定。塑料设定完成后，软件会依照塑件的体积自动计算出基础的工艺条件参考值，调整求解器效能拉杆，提高准确性，相对来说需要更多的求解时间，如图 13-51 所示。

3. 执行分析运算

单击【进行分析】按钮后开始求解运算，求解时间与相关状态会显示在分析监控窗口中，如图 13-52 所示。求解运算完成后会出现提示窗口，如图 13-53 所示。

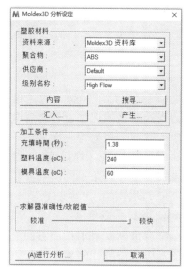

图 13-51 设定工艺条件

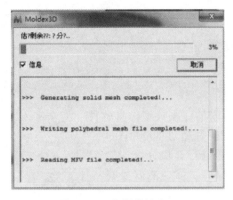

图 13-52　分析监控窗口

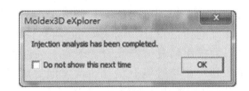

图 13-53　求解分析完成

13.2.2　显示分析结果

从【部件验证】模块启动 EF 对话框，共有流动波前时间、浇口贡献度、压力降、流动波前温度、最高温度、平均温度、冻结层比率及最大冷却时间八种充填分析结果，并提供包封位置（气泡）与熔合线位置（焊接线）。

1. 流动波前时间

流动波前时间结果显示在充填阶段，特定时间下的流动波前位置，通过拉杆的充填进度百分比，能清楚地得知塑件内部填充情况。从流动波前时间结果可以看出各浇口的平均流动分布，理想的流动波前结果为所有流动路径在相同时间点到达模穴壁，如图 13-54 所示。

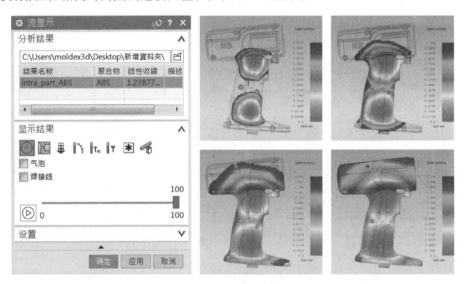

图 13-54　流动波前时间结果

（1）包封（气泡）　包封结果显示塑件内部空气包封潜在发生处。大部分包封发生在流动末端区域，当这些区域无法设置排气孔或排气孔太小时，就会造成包封的产生，如图 13-55 所示，使得塑件内部产生空洞、短射等表面瑕疵。

（2）熔合线（焊接线）　熔合线结果指出脆弱结构所在位置，熔合线颜色越深，表示结构越脆弱。焊接线发生在两条不同流动波前相遇而形成尖锐角度的线，会降低最后成品的强度并导致外观瑕疵，如图 13-56 所示。

2. 浇口贡献度

浇口贡献度显示目前时间、各浇口贡献塑料体积的百分比等，如图 13-57 所示。只有均匀的浇口贡献度才能获得最佳的流动结果。设计者可明确得知塑料在充填阶段的流动行为，找出适当的浇口位置，避免流动不平衡及短射情形的发生。

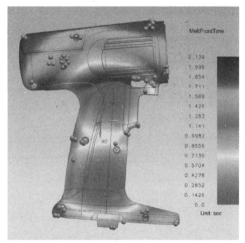

图 13-55　包封位置结果

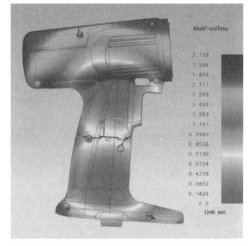

图 13-56　熔合线位置结果

图 13-57　浇口贡献度结果

3. 压力降

压力降结果显示充填阶段结束时熔胶内部的压力损失，如图 13-58 所示。压力降较高的情况常发生在流动性较差的位置。

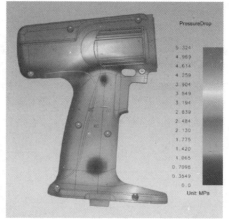

图 13-58　压力降结果

4. 流动波前温度

流动波前温度结果显示位置瞬间所记录的熔胶温度值，如图 13-59 所示。可以从流动波前温度中发现以下成型问题：熔接线、流痕、迟滞以及高温导致的材料劣化。

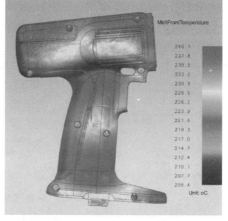

图 13-59　流动波前温度结果

5. 最高温度

最高温度结果显示目前时间下，熔胶在厚度方向的最高温度，如图 13-60 所示。可参照最高温度结果，快速检查塑件内的局部积热。局部积热的原因为内部塑件冷却不均匀，并将导致不均匀的体积收缩。

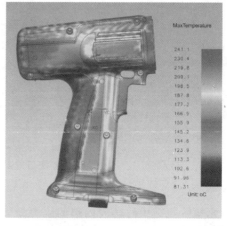

图 13-60　最高温度结果

6. 平均温度

平均温度结果显示目前时间下，熔胶中心在厚度方向的平均温度，如图 13-61 所示。可以根据此结果来检查是否存在导致烧焦问题的热点，或源于流动迟滞或模具过度冷却造成的短射。

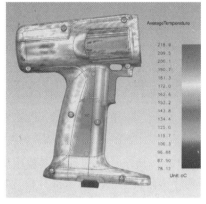

图 13-61　平均温度结果

7. 冻结层比率

冻结层比率结果显示目前时间下，零件厚度的固化塑料体积百分比，如图 13-62 所示。冷却导致的凝固会使靠近塑件的表面形成冻结层，固化塑料厚度的增加会使沿着流动路径的横截面积缩小，导致流阻以及浇口应力提高。较厚的冻结层将导致凹痕形成的概率降低，但是气孔形成的概率则会提高，因为凝固的塑料具有较高的抗变形性。

图 13-62　冻结层比率结果

8. 最长冷却时间

最长冷却时间结果显示厚度方向在目前步进时间下的最大冷却时间，如图 13-63 所示。冷却时间是指从保压结束到成型料温已冷却至顶出温度的预估时间。

图 13-63　最长冷却时间结果

13.3 Easy Fill Advanced 功能介绍

EFA（Easy Fill Advanced）为 Moldex3D 公司在 Easy Fill 的基础上开发出的进阶版本，其以 BLM 网格技术自动生成 3D 网格，考虑进浇点、浇口与流道的仿真模拟，增加浇口设计精灵以及流道设计精灵，辅助用户更快速地完成设计，并提供充填、保压、冷却与开模后的翘曲变形分析结果，用户可以更好地评估产品制造可行性。

13.3.1 运行模流分析

完整的分析步骤如图 13-64 所示，在塑件模型建模完成后，依次指定塑件、材料、流道、浇口，并确认成型工艺，即可生成计算分析所需网格，待分析完成后，即可检查分析结果。

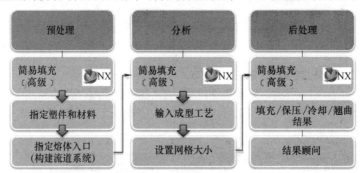

图 13-64 EFA 分析流程图

EFA 功能如图 13-65 所示，提供设置工作文件、设置型腔、设置流道、设置熔体入口、设置分型方向、开始分析以及显示结果等功能。

图 13-65 EFA 功能

1. 设置工作文件

成型部件的属性和分析结果将被保存到工作文件夹中，如果用户不指定，系统会将当前工作部件文件夹设置为工作文件夹。成型组件的属性保存为 XEDS 文件，包括分析结果文件夹的路径，其名称与模型文件相同。

2. 设置型腔

设置型腔用来指定成型几何与材料，单击【设置型腔】按钮后，弹出【选择型腔】界面（图 13-66），并分别指定体，以及设定所需材料。

3. 设置流道

设置流道的方法有从实体创建流道系统和从线创建流道系统两种。在图 13-67 所示的界面中分别选择所需线段和体，并指定其属性为流道。

图 13-66 【选择型腔】界面

图 13-67 【选择流道】界面

若指定的流道为线段，则需要在图 13-68 所示界面中指定其横截面参数，设定类型提供圆形、半圆形、矩形、梯形、U 形等样板供用户选择。

若需要在热流道属性中设置阀式浇口，可在图 13-69 所示界面上单击【阀式浇口设定】，EFA 提供【依流动波前】和【依时间】两种方式，用户可根据需要设定参数。

图 13-68　指定横截面参数

图 13-69　【阀式浇口设定】界面

4. 设置熔体入口

该设置用于指定熔体入口区域，可指定流道或零件表面，若指定流道表面，则软件将自动判断其直径；若直接将熔体入口设置在零件上，则入口直径需要手动调节。

5. 设置分型方向

该设置用于指定分型方向，可定制模具打开方向，EFA 提供多种类型的方向矢量供用户选择，如图 13-70 所示，并可通过【反向】功能翻转分型方向。

6. 开始分析

确认所有设置均正确后，即可单击【开始分析】按钮进行分析设定，分析设定接口分为四个部分：【分析设定】【成型条件】【网格】和【计算设定】，如图 13-71 所示。

图 13-70　设置分型方向接口

图 13-71　开始分析

【分析设定】可以指定需要的结果项目，包括【充填分析】【充填及保压】与【完整分析】。

【成型条件】的默认值为基于型腔尺寸与材料所显示，用户可根据需求自行修改。

【网格尺寸】也可根据是否有微小特征做修改。

【计算设定】中用户可以设定运行分析的任务数，如果未选中"立即开始分析"，则当前分析将导出到专案监控列表中，使用者可以添加多个运行数据来进行同步仿真。

13.3.2　显示分析结果

分析完成后，单击【显示结果】按钮，打开【显示结果】对话框，如图 13-72 所示，其中包括【分析结果】【显示结果】【显示设置】【动画设定】【视角工具】【储存动画文件】【产生报告】【输出结果至 Moldex3D Viewer】功能。

【分析结果】显示所查看的组别。

在【显示结果】区块中，【准则】用于检查结果是否在用户定义的限制范围之内；【显示模式】供用户选择仅显示添加到首选项设置的结果，或按经典模式显示所有结果；【分析】可以指定查看填充和保压阶段的结果（若有保压结果）；在【结果类型】下拉菜单中，可以选择要查看的结果，大约有 30 种结果类型，包括流动波前时间、包封位置和缝合线等。若结果超过限制条件，则结果名称之前会显示一个警告符号"!!"。勾选【XY 折线图】，可以激活 XY 绘图，并在【XY 曲线类型】的下拉菜单中选择结果。【结果建议】用于快速浏览此成型条件与塑件几何体可能产生的问题。

图 13-72　显示结果

【显示设置】【动画设定】【视角工具】均用于检查结果内容。【显示设置】允许用户针对分析结果的特定范围调整显示范围上限与下限值，如温度、压力、剪切应力；【动画设定】控制播放速度和显示步长，有助于检查特定填充或保压比例的图形界面和 XY 曲线结果；【视角工具】有三种视角可以调整：模型切割、结果剖面和等位面显示。

针对想输出结果的用户，可以利用三种不同的工具，【储存动画档】可以将充填流动波前的过程以 AVI 或 GIF 格式输出；【产生报告】自动生成用户自定义标题、作者、公司等信息的仿真结果汇总报告；【输出结果至 Moldex3D Viewer】可以导出 *.rsv 文件，该文件可以使用 Modex3D Viewer 开启并检视仿真结果。EFA 显示结果众多，以下列举部分常用结果。

1. 充填流动波前时间结果

流动波前时间结果显示充填阶段特定时间的流动波前位置。一般而言，优化的流动波前时间结果应显示每个浇口平均的流动分布，且所有流动路径应在相同时间到达模穴壁。因为可以只从流动波前时间获得信息，所以是对射出成型模拟最实用的结果。如图 13-73 所示，依据流动波前时间结果可能预测以下问题：迟滞、短射、过保压和竞流效应。

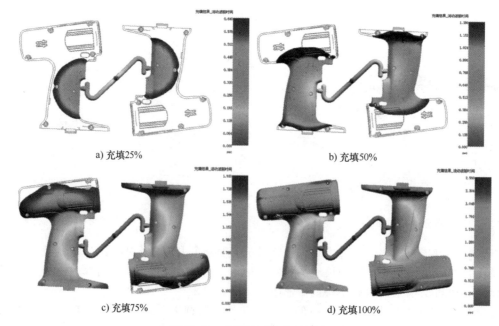

a) 充填25%　　　b) 充填50%

c) 充填75%　　　d) 充填100%

图 13-73　充填流动波前时间结果

2. 熔合线

在注塑过程中，当两股以上的流动塑料交汇时，流动波前温度较低者先固化，造成熔胶无法完全熔合，因而会产生熔合线，如图 13-74 所示。此缺陷经常发生于成品的孔洞周围，或者成品的边界交汇处。因此，当竞流效应发生时，通常都会产生熔合线，当壁厚有明显变化或模具有多重浇口等时，需要特别注意，才能避免熔合线的产生。此外，当塑件内有孔洞或镶埋件时，也容易产生熔合线。在熔合线产生处，塑料无法达到完全熔合，因此塑件强度较低。在无法避免熔合线产生时，必须调整浇口的位置和尺寸大小，这样才能使熔合线尽量产生在不明显的低应力区域。通常当两个不同方向的流动波前以小于 135°的夹角汇流时，所产生的缺陷为熔合线。此外，当汇流角度为 120°～150°时，塑件表面通常不会看到熔合线的缺陷痕迹。

图 13-74　熔合线

3. 包封

包封结果显示塑件内部空气包封潜在发生处，包封大部分产生在流动末端区域，当这些区域无法设置排气孔或排气孔太小时，就会产生包封，如图 13-75 所示，使得塑件内部产生空洞、短射等表面瑕疵。

压力结果显示充填阶段结束时熔胶内部的压力损失，如图 13-76 所示。压力降较高的情况常出现在流动性较差的位置，并且可以通过接口显示/隐藏型腔或流道，用于分析能量耗损较大区块并做进一步改善。

图 13-75　包封位置

图 13-76　充填压力结果

4. 充填温度结果

温度结果会显示目前阶段的塑件温度分布。从温度结果来看，可以执行下列动作并依序修改设计或分析。

（1）判定哪个区域的摩擦发热较多　在浇口附近和厚度较小的区域，流向残留会较高，这会导致塑料熔体的摩擦发热，可以从温度结果检查浇口附近和厚度较小的区域是否有温度升高的现象，如图 13-77 所示。

（2）检查温度变化是否符合制程条件或设计变更　在大多数情况下，设计人员会修改产品设计或制程条件，以取得优化结果。进行变更时，就壁面厚度而言，温度分布会因为较厚的塑件比较难散热至模具而发生变更。

5. 冷却至顶出温度所需时间结果

此结果显示从保压结束到成型料温冷却至顶出温度的预估时间。一般来说，比较厚的部分需要比较长的冷却时间，如图 13-78 所示。

图 13-77　充填温度结果

图 13-78　冷却至顶出温度所需时间结果

6. 固化层厚度比例结果

固化层厚度比例结果显示塑件固化层厚度相对于总厚度的比例分布，如图 13-79 所示。当厚度方向温度全为顶出温度之下时，其值为 100%。

7. 最高温度结果

最高温度结果显示塑件在厚度方向的最高温度分布，如图 13-80 所示。

图 13-79　固化层厚度比例结果　　　　　　　　　　图 13-80　最高温度结果

8. 最大冷却时间结果

最大冷却时间结果显示厚度方向在目前步进时间下的最大冷却时间，如图 13-81 所示。冷却时间是指从保压结束（End of Packing，EOP）到成型料温已冷却至顶出温度的预估时间。

9. 体积收缩率结果

体积收缩率结果显示塑件从高温高压冷却至环境温度时所产生的体积收缩率分布，如图 13-82 所示。体积收缩率的计算是基于塑料材料的 PVT 关系，正的量值表示局部位置发生收缩，反之则发生膨胀。为了优化成型结果，达成均匀体积收缩率是非常关键的。

图 13-81　最大冷却时间结果　　　　　　　　　　图 13-82　体积收缩率结果

造成不均匀体积收缩的原因如下：

1）不均匀的压力分布。

2）不均匀的温度分布。

而不均匀的体积收缩会导致塑件顶出后的翘曲变形和变形之后的残留热应力。

10. 总位移结果

总位移结果显示塑件在全面的物理因素影响下，在顶出后继续冷却至整体达到室温时的总位移，如图 13-83 所示。

13.3.3　向导功能演示

【向导】提供三种向导功能供用户使用：【浇口向导】【流道向导】【熔体入口向导】，如图 13-84 所示。针对没有流道模型的塑件自动产生样板式流道，并自动指定浇口与熔体入口。

图 13-83　总位移结果　　　　　　　　　　图 13-84　【向导】功能

1. 浇口向导

EFA 支持多种浇口类型：针点浇口、直接进浇口、侧边浇口、扇形浇口、重叠边缘式浇口、潜式浇口、牛角浇口、含推杆潜式浇口、含推杆牛角浇口，用户可根据需要从以上选项中选择合适的浇口形式，以及为冷流道或热流道浇口指定属性，如图 13-85 所示。

在选择侧边浇口与扇形浇口时，如果勾选【锁定至边上】选项，在设置面板的上方（进阶设定中），浇口将自动从所选择的位置移动到最近的边。

潜式浇口与牛角浇口提供方形、圆形两种样板供选择，而含推杆潜式浇口与含推杆牛角浇口有长方形、半圆形和 U 形三种类型可以调整。

2. 流道向导

【流道向导】通过内建流道系统来自动执行流道系统设计过程，如图 13-86 所示。在设计流道系统时，用户仅需在模型上设置浇口位置和尺寸，向导将计算正确的流道尺寸、形状和布局。它还支持通过按顺序指定流道、浇口、直浇口来生成完整的流道系统。借助【流道向导】，用户可以更高效地设计运行系统。注意：必须在运行向导之前定义浇口，然后才可运行【流道向导】。

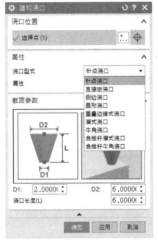

图 13-85 【建构浇口】界面

图 13-86 【流道精灵】界面

【流道精灵】又分三个选项卡，【模具设定】页面可以指定模具相关信息，内容包含【分模方向】【模板型式】【流道属性】以及【分模面位置】。

【直浇口设定】页面供用户指定直浇口位置与几何参数；【流道设定】页面供用户指定流道型式（有圆形、梯形、半圆形、U 形和长方形等样式）以及几何参数外观。

3. 熔体入口向导

此功能自动添加熔体入口位置到流道系统中，若无流道系统而只有浇口，熔体入口也会直接设置在浇口上并遵循浇口方向。

13.3.4 指示符工具

EFA 提供四个指示符工具供用户使用，如图 13-87 所示。单击冷却时间图标将会在显示窗口中显示估计冷却时间的结果。

流长与厚度比（L/t）图标用于判别熔体是否易于流动。

浇口位置顾问图标供用户自动或手动指定浇口位置，自动模式可以生成至多 6 个建议位置的浇口，手动模式则在所需位置点选即可设定；顾问接口中可以勾选【显示目标流长比范围】，以立即检查流长比，便于判断浇口位置是否适宜。

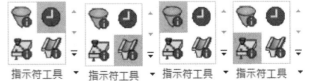

图 13-87 指示符工具（从左到右灰底图标依序为冷却时间、流长与厚度比、浇口位置顾问、凹痕指示）

凹痕指示图标用于估计凹痕产生的位置。要使用此功能，用户必须完成型腔属性设置，并确保流道和熔体入口属性对象都存在（每个属性至少一个）。

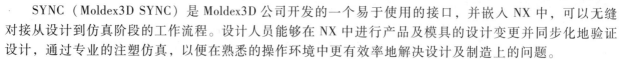

13.4 SYNC 功能介绍

SYNC（Moldex3D SYNC）是 Moldex3D 公司开发的一个易于使用的接口，并嵌入 NX 中，可以无缝对接从设计到仿真阶段的工作流程。设计人员能够在 NX 中进行产品及模具的设计变更并同步化地验证设计，通过专业的注塑仿真，以便在熟悉的操作环境中更有效率地解决设计及制造上的问题。

SYNC 除了操作接口与前述两种产品不同之外，其更多元的设定项目及仿真参数，让使用者可以依照其设计时间、使用状况、厂内需求等，掌握想要进行的仿真工作。此外，SYNC 具备了同时支持多版本 NX 的能力（NX8.5~NX1899）。安装 SYNC 软件时，会自动进行各版本 NX 的挂载，使用者可以依照上下游配合厂商的使用需求在各版本的 NX 上进行仿真工作。

在设定上，SYNC 具有树状结构的操作接口，除了 EFA 所列出的属性设定项目之外，还支持设定嵌件、镶块、冷却系统、模座以及模具感测点，通过树状结构，用户能一目了然地看到所有对象的设定状况。为了达到设计变更及仿真同步化的效果，使用者能在各设计时间进行当下模型的网格生成，网格也能自由地挑选 eDesign 或 BLM 网格类型及设定网格生成尺寸，这些独立的网格数据能分别进行各自的仿真求解。在仿真的结果中，由于可以进行水路及模座的设定，因此也能得到比 EFA 更准确的冷却阶段及翘曲阶段结果；而求解方式的设定还提供远程求解的功能，用户可以在不占用自己计算机资源的情况下进行仿真求解，而不影响工作效率。

13.4.1 运行模流分析

1. 设置角色

单击资源管理器【M】图标，进入 Moldex3D SYNC，对同一个模型首次单击此图标后，会询问使用者角色设定，如图 13-88 所示。

（1）塑件设计师　由于产品设计需要符合市场需求，通常优先考虑美观、功能、符合法规或环保，若要保证成型顺利以及达到高良率，塑件设计师应专注于以下设计重点：

1）确保壁厚均匀。

2）厚度与流动长度之间的关系。

3）圆角与倒角的尺寸规范。

4）加强筋与螺钉孔的设计原则。

5）脱模角度与开模的关系。

（2）模具设计师/顾问　除了以上塑件设计注意事项外，模具设计视角更为全面，应重点关注以下内容：

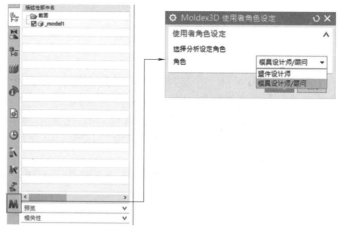

图 13-88　Moldex3D 使用者角色设定

1）加强筋与螺钉柱是否与开模方向一致。

2）浇口位置、数量、形式及保压压力的传递效率。

3）流道设计与形状。

4）顶出系统是否位于散热较差位置而易产生顶出痕。

5）流动末端的逃气设计。

2. 设置工作文件

进入 Moldex3D SYNC 后，系统会在模型（∗.prt）所在文件夹位置自动建立项目相关文件夹及档案，通过模型所在同一层文件夹中具有相同文件名的 XEDS 文件记录相关信息，包含项目路径与 SYNC 项目设定。

3. 设置型腔

双击【设置型腔】，在对话框中指定型腔属性，如图 13-89 所示，单击【确定】后弹出【材料精灵】对话框，从下拉列表中选择材料，然后单击【确定】。如果需要完整的 Moldex3D 材料库（图 13-90），则单击【Advanced】。

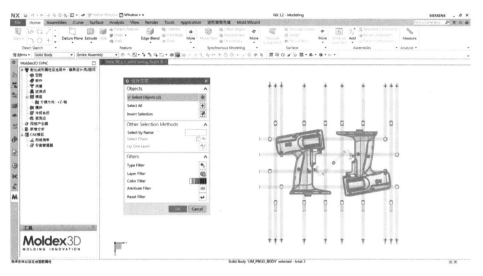

图 13-89　设置型腔

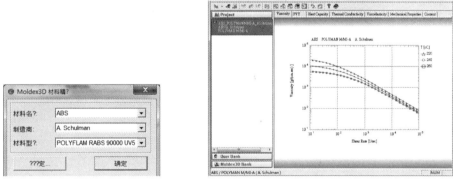

图 13-90　Moldex3D 材料库

4. 设置流道

双击【设置流道】，在对话框中指定流道属性，如图 13-91 所示。设置流道功能可分为通过实体创

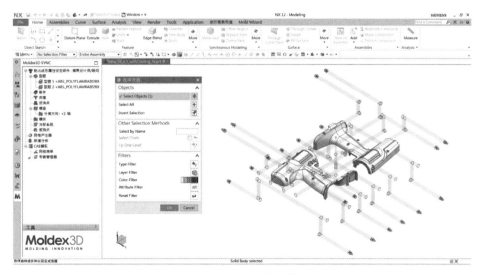

图 13-91　设置流道

建流道系统（图 13-92）以及从线创建流道系统（图 13-93）两类，要修改实体创建流道系统（如形状和大小），则使用 CAD 功能；使用从线创建流道系统时，可在对话框中设定流道属性、形状和尺寸。

阀式浇口设定可指定是由流动波前（流动波前位置）触发还是由时间（射出时间）触发，如图 13-94 及图 13-95 所示。依时间（射出时间）触发为指定要打开或关闭的门操作，并设置延迟时间；按流动波前触发为输入坐标或单击以选择触发点的指定点，选择浇口动作为打开或关闭，并设置延迟时间。

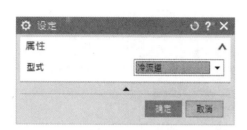

图 13-92　通过实体创建流道系统

图 13-93　从线创建流道系统

流道负责将熔胶从喷嘴顺利地输送到浇口，流动性佳的塑料允许较窄的流道，所以流道设计须参考材料的流动性。阀式浇口设计具备许多生产优势，如浇口平整、不需要等待浇口固化等，可以提升产品外观质量与有效缩短成型周期。阀式浇口的另一个优势为可以结合时序控制技术来控制浇口开启时机，有效解决产品表面熔合线问题。

图 13-94　阀式浇口设定依流动波前触发

图 13-95　阀式浇口设定依时间触发

5. 设置熔体入口

双击【设置熔体入口】，在对话框中设定流道或零件的表面属性，以创建熔体入口，如图 13-96 所示。

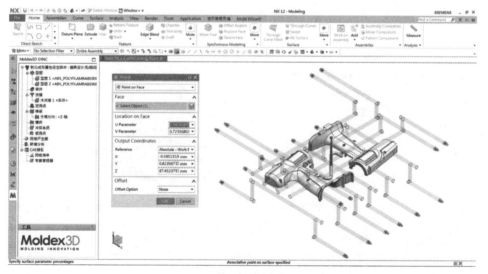

图 13-96　设置熔体入口

　　在流道上通过流道向导建立熔体入口和直接在零件表面建立熔体入口之间有一些差异。使用线流道和流道向导创建的熔体入口是相同的，其直径由流道端点定义。实体上的熔体入口由流道端点的表面积定义。此外，完整的流道系统（包括浇口和流道）是在实体上创建熔体入口的先决条件。用户还可以直接在零件表面添加熔体入口，其直径由空腔表面的假设浇口的直径定义，见表13-2。

表 13-2　设置熔体入口比较

类型	使用线定义流道构建熔体入口	使用流道向导创建熔体入口	在流道上用实体创建熔体入口	在零件表面创建熔体入口
直径定义	流道直径由流道端点直径定义	流道直径由流道端点直径定义	流道直径由流道端点的表面积定义	流道直径由假设浇口的直径定义
图示				

6. 设置模座

　　双击【模座】指定模座属性，如图13-97所示，可以设定模座的大小与高度，支持多种类型的分模方式和反向翻转矢量选择，用户可以通过进阶模式对模座进行进一步设定，如图13-98所示。

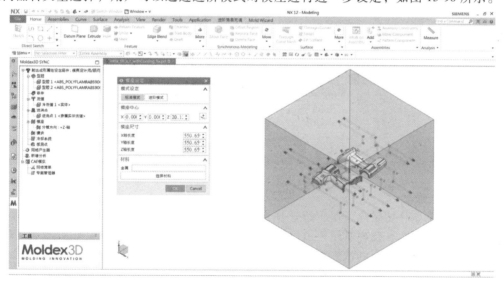

图 13-97　设置模座

7. 设置冷却系统

　　（1）设定冷却管路　双击【冷却系统】，指定管路为水路属性，【冷却系统】功能可分为通过实体创建冷却管路（图13-99）以及从线创建冷却管路（图13-100）两类，要修改实体创建冷却管路（如形状和大小），则使用CAD功能；从线创建冷却管路可通过对话框设定水路属性、形式和尺寸。群组化功能可对冷却管路进行管理，方便使用者修改及分类。

图 13-98　分模方向

　　（2）设定进水口/出水口　完成管路属性设定后，右击【冷却系统】，通过指定冷却管路面设定冷却液入口与冷却液出口（图13-101、图13-102）。在冷却管路和模座都设定完善的情况下，也可点选自动添加进出水口功能，系统将自动生成进水口与出水口。

　　（3）设定加热棒　支持指定实体加热棒或线加热棒（图13-103），除了设置冷却系统属性，SYNC还提供温度及功率两种加热棒设定。塑件质量问题，如缝合线、流痕、表面光滑度等，主要受模具温度的影响。加热棒内有加热线圈，可以帮助保持或提高模具温度。

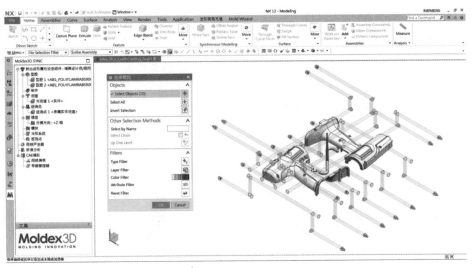

图 13-99　通过实体创建冷却管路

图 13-101　新增冷却液入口

图 13-102　新增冷却液出口

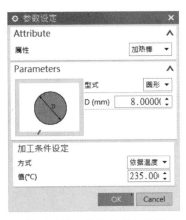

图 13-103　从线创建加热棒

图 13-100　从线创建冷却管路

冷却的目的是去除塑件熔融热，便于快速顶出，冷却阶段在整个成型周期中占 70%～80% 的时间，对塑件固化过程的影响极大，在模具脱模过程中将影响塑件的变形结果。设计良好的散热系统可以缩短成型时间，提高产量；设计不当的散热系统则会导致收缩不均匀而产生形变。

8. 设置嵌件

双击【嵌件】功能指定嵌件属性。连接到射出塑件的材质以及会被一起顶出的材质被归类为塑件嵌件，塑件嵌件可以是金属或塑料。

9. 设置镶块

双击【镶块】功能指定镶块属性。镶块（模座嵌入件）主要是金属，可以是连接在模座上具有不同材料特性的任何材质，不会与塑件一起弹出，被归类为镶块（模座嵌入件）。

10. 设置感测点

双击【感测点】功能，将节点放置在所需位置，并设定属性为感测节点，可得知温度及压力值。

11. 生成网格

当型腔和进浇点都设定好之后，便可使用 网格产生器 产生网格，网格类别分为两种：eDesign 和 BLM。eDesign 网格全部使用方格堆栈，若勾选【保证层数】选项，可使结果更准确，但产生的网格数量会较多。BLM 网格能使分析结果更准确，但是对几何体要求较高，否则有可能生成失败。

在【参数设定】栏中，可使用拉杆调整网格尺寸，共分为 5 个等级，从左到右逐渐缩小，如图 13-104 所示。

勾选【手动设定】后可开启额外设定栏，直接设定网格尺寸和边界层层数，也可以对不同部件分别设定尺寸和边界层，如图 13-105 所示。

12. 执行分析

选择用来分析的网格，各部位材料也可以自行选择，【成型条件】部分可设定该组分析注解、需要分析的阶段和基础成型参数；【进阶设定】可以进入【加工精灵】进行设定。可选择在本机或远程主机上进行计算，也可以调整任务数，如图 13-106 所示。

图 13-104 【产生网格】界面

图 13-105 【产生网格】手动设定

图 13-106 【新增分析】界面

13.4.2 显示分析结果

组别中可以看到所有的分析结果，分析结果依照个别的分析阶段分类。在【结果】项上单击鼠标右键可开启菜单，如图 13-107 所示，单击【性质】，可开启【结果显示控制】界面，如图 13-108 所示。【显示设定】允许用户调整分析结果范围的上限和下限，如零件温度和剪切应力。通过勾选调整需要显示或隐藏的部分。【进阶显示设定】中有动画工具控制播放速度和显示步长，有助于检查特定填充或保压比例的图面和 XY 曲线结果，且动画可输出成报告文件，但动画工具仅支持某些结果和 XY 绘图。

13.4.3 组别操作设定

在【专案管理器】中的【组别】上单击鼠标右键可开启组别操作，其中有【执行分析】【修改注解】【产生报告】【以 Moldex3D 的显示】【复制组别】和【删除组别】等选项，如图 13-109 所示。

图 13-107 在结果项上单击
鼠标右键可开启菜单

图 13-108 【结果显示控制】界面

图 13-109 组别操作界面

选择【执行分析】会开启新增分析界面，网格和材料固定，但成型条件和计算设定都可修改并重新分析。复制组别有两种方式供选择，只复制网格及加工条件或复制完整数据。单击【产生报告】，则会开启【产生报告】界面，如图 13-110 所示，可设定报告名称、作者和注解，报告内容，报告资讯，可从有模拟的结果项中选择要输出的结果，每个结果都能输入注解和调整显示。最后选择输出路径，即可自动产生简报文件。

图 13-110　【产生报告】和【报告内容设定】界面

13.4.4　功能比较

EF、EFA、SYNC 功能比较见表 13-3。

表 13-3　EF、EFA、SYNC 功能比较

产品	Easy Fill	Easy Fill Advanced	Moldex3D SYNC
模穴	单模穴塑件	多模穴塑件	多模穴塑件
属性设定	塑件、进浇点位置	塑件、浇口、流道、进浇口	塑件、浇口、流道、进浇口、水路、模座、嵌件、镶块、感测点
网格类型	eDesign（Level 2）	BLM/eDesign	BLM/eDesign
分析能力	简易充填分析	充填分析、保压分析、理想状态全分析	充填分析、保压分析、冷却分析、理想状态全分析、完整分析、瞬时分析
向导功能	无	浇口、流道、熔体入口	浇口、流道、熔体入口
指示工具	无	浇口位置、冷却时间、流长比、凹痕	浇口位置、冷却时间、流长比、凹痕
显示结果	基本充填结果	充填结果、保压结果、简易冷却结果、简易翘曲结果	充填结果、保压结果、冷却结果、翘曲结果
进阶显示工具	无	切片、剖面、等位面、另存动画	切片、剖面、等位面、等位线、另存动画
生成报告	无	Microsoft® PowerPoint	Microsoft® PowerPoint

13.5　案例剖析实践

高分子材料成型过程中，在流动阶段经常会出现很多缺陷，如包封、短射、熔合线、流动不平衡等，

本节将列举两个案例，讲述如何利用 CAE 工具，在设计前期模拟各种可能的潜在成型风险并加以改善。

13.5.1 案例剖析 1：改善电子链接器的迟滞与流动不平衡问题

随着消费性电子产品需求的增加，链接器产业也随之蓬勃发展，该产业面临的挑战也日益严峻。链接器中有大电流通过，其材料必须耐高温且具有较高的机械强度；随着电子产品的微型化，链接器的尺寸必须缩小以实现轻量化，因此对尺寸精度的要求也越来越高。

1. 原始设计

本案例产品的尺寸为 71.1mm×4.7mm×14.3mm，主要平面的厚度如图 13-111b 所示，平均厚度约为 0.8mm，并且在产品中间有许多微栅栏式的孔洞结构，如图 13-111a 所示。

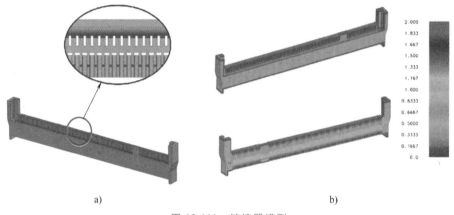

a)   b)

图 13-111　链接器模型

此产品采用 LCP 材料分析，模拟充填时间设定为 0.05s，材料温度为 340℃，模温为 120℃。流动时间分布如图 13-112 所示，红色区域代表熔胶波前开始的位置，也就是进浇口；蓝色区域代表熔胶在目前显示时间中，模具内充填末端的位置，此结果可以通过 Easy Fill 或 Easy Fill Advanced 进行模拟，并展示各流动波前百分比的熔胶波前状态。

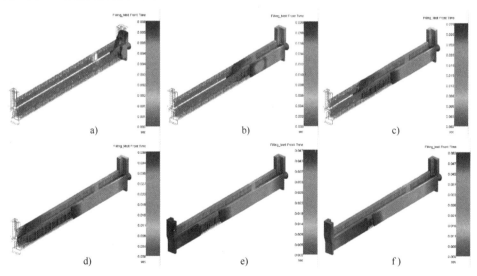

a)   b)   c)
d)   e)   f)

图 13-112　链接器充填流动两侧不平衡与单侧迟滞现象

图 13-112a 所示为熔胶进入模穴的流动状况，随着充填时间的增加，链接器两侧熔胶的速度逐渐变得不一致，熔胶速度较快的那侧会充满产品尾端并产生熔胶回包的现象，此现象可能带来潜在的包封及短射等问题，也可能在另一侧表面上产生熔合线，进而影响产品整体外观、质量与机械强度，如图 13-113 所示。

由于高分子材料本身具有较高的黏度，黏度越高，则流动越困难，因此塑料局部黏度大小可视为流动阻力的度量。塑料黏度受到熔胶温度及剪切率的影响较大，因此温度、热导率及塑件壁厚等均会影响

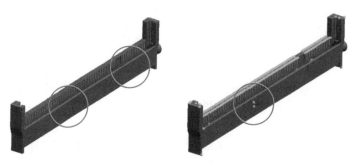

图 13-113　熔合线与包封

局部黏度的大小，即流动阻力的大小。

如图 13-114 所示，壁厚较大处，流动阻力较小，塑料熔胶较容易流动。由于塑料是热的不良导体，壁厚处不易散热，热塑料容易补充，温度较接近设定的熔胶温度，是温度较高区域。反之，壁厚较小处，熔胶较容易冷却，流动阻力较大，导致熔胶不易流动。若塑料流动出现迟滞现象，高温塑料难以补充，又受较冷的模具壁冷却影响，塑料将迅速降温固化，进而将造成短射等问题。

如图 13-115 所示，外环深色区域厚度较大，流动阻力较小；中间浅色区域较薄，会有流动迟滞现象。所以中央区域的波前外侧快于内侧许多，甚至会因中间流动阻力差异过大而造成熔接线或熔胶回流包封的问题。

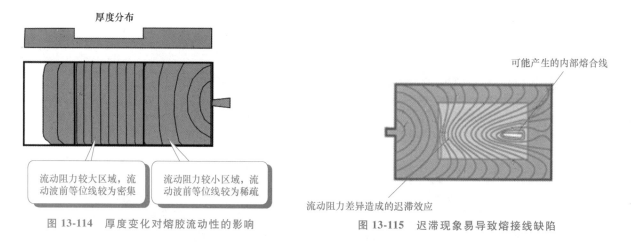

图 13-114　厚度变化对熔胶流动性的影响

图 13-115　迟滞现象易导致熔接线缺陷

根据以上推断，造成此案例流动阻力差异过大的原因是链接器两侧的壁厚不均，如图 13-116 所示，链接器左侧的厚度约为 1.05mm，右侧的厚度仅为 0.4mm，左侧与右侧厚度差异较大，而熔胶会向阻力小的左侧流动，进而造成流动上的快慢差异，此流动迟滞与流动不平衡的现象将导致在产品中间产生熔接线。

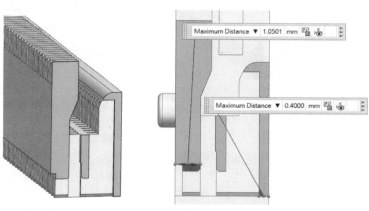

图 13-116　链接器剖面两侧的厚度

2. 设计变更验证

受产品尺寸限制，右侧无法增厚，因此，针对链接器厚度较大的一侧进行设计变更，将原来设计的链接器厚度由 1.05mm 改为 0.85mm，向内缩减 0.20mm，如图 13-117 所示。

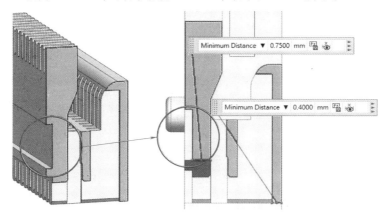

图 13-117　设计变更后链接器左侧厚度

设计变更后重新使用 Easy Fill 与 Easy Fill Advanced 模拟分析，流动波前如图 13-118 所示，可以看到，此设计大幅度地改善了链接器两侧流动不平衡的状况，并且减少了前期产品开发所造成的缺陷与模具成本。

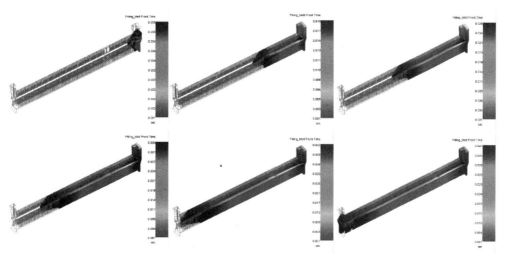

图 13-118　设计变更后流动不平衡现象明显改善

在改善流动不平衡的问题后，模穴内的压力分布也得到改善。原始设计的充填压力分布明显呈现左右两侧不均匀的状态，容易导致收缩率差异而造成产品扭曲呈现 S 形，如图 13-119a 所示，并在使用对插接时，会有应力局部集中或破裂问题。设计变更后，压力分布则达到左右两侧一致，两侧压力平衡时产品收缩不易产生扭曲，如图 13-119b 所示。

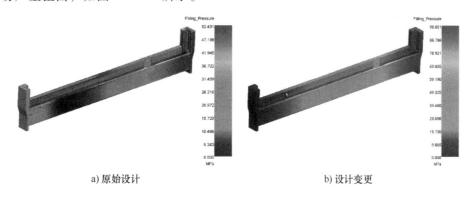

a) 原始设计　　　　　　　　　　　　b) 设计变更

图 13-119　压力分布状况

充填压力的分布也会影响保压压力的分布，在射出设定上保压继承充填时的压力结果，持续给定恒压；如果充填时压力已经不平衡，则产品左右两侧在保压结束后体积收缩率将不一致，最终将造成严重的翘曲甚至 S 形扭曲。由 Easy Fill Advanced 得到的翘曲结果如图 13-120 所示，设计变更后的产品较原始设计在 Y 向的翘曲变形量值小了许多，大大降低了产品发生扭曲的可能性。

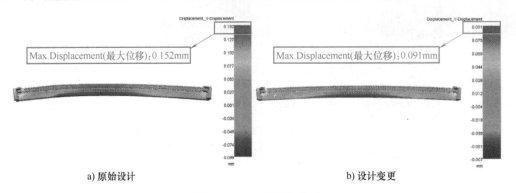

a) 原始设计   b) 设计变更

图 13-120　Y 向翘曲变形

13.5.2　案例剖析 2：优化手电钻外壳进浇口设计与成型条件

少量多样化的弹性生产需求对于现今许多产业为一重要课题，而手工具产业因工序复杂，如何快速制造产品以及减少缺陷与风险将是一个挑战。本案例利用 CAE 工具快速模拟不同的浇口位置与成型条件，对于产品质量可能存在的风险加以避免，减少成型问题。

1. 进浇口设计优化

该产品为一模两穴，分别为手电钻机壳的两侧外壳，并以冷流道连接两穴产品。单穴产品外壳尺寸为 194.2mm×164.2mm×40.2mm，平均厚度约为 2.5mm，如图 13-121 所示。由于有许多螺钉孔设计，故生产过程中必须确保产品收缩后的公差，以保证后续组装能够顺保证进行。

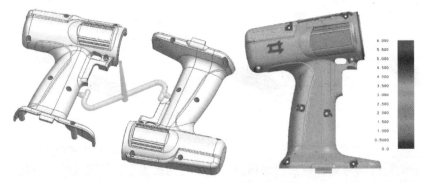

图 13-121　产品尺寸与厚度分布

此产品使用的材料为 ABS，CAE 分析基本成型条件见表 13-4。图 13-122 所示为两种不同的流道设计，主要差异在于浇口位置的选择。原始设计进浇口位于手工具内侧面，设计变更后进浇口位于手工具外侧面。

表 13-4　CAE 分析基本成型条件

充填时间/s	2.4	冷却时间/s	12.6
保压时间/s	6.0	模具温度/℃	50

进浇口位置设计的好坏，与整体的充填行为及压力分布的均匀性有关。在充填及保压过程中，模穴压力在接近浇口处最高，随着塑料流动损耗而递减，至塑料波前压力最低。因此，模穴压力分布在浇口处压力高而收缩率低，在远离浇口处压力低而收缩率高。若浇口位置设计不良，甚至可能造成靠近浇口的区域产生局部过保压现象。

图 13-123 所示为 CAE 仿真的充填压力结果。从压力分布来看，不同的浇口位置会产生不同的压力分布。图 13-123a 所示的原始设计显示产品上半部末端（手工具机头部）离浇口较远，最后充填时的压

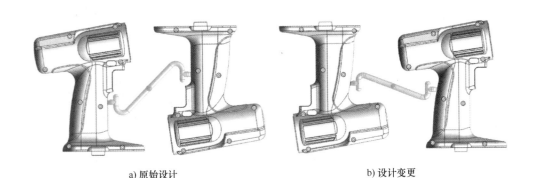

a) 原始设计   b) 设计变更

图 13-122   进浇口设计

力较低呈现蓝色，下半部（手工具机底部）因流动填充距离较小压力相对较高；设计变更则因为新的浇口位置设计，使充填距离发生改变，上下压力呈现均匀分布，如图 13-123b。

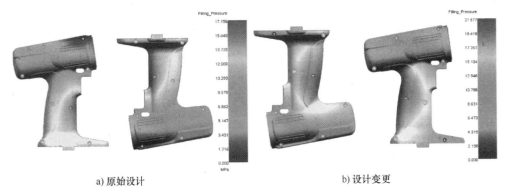

a) 原始设计   b) 设计变更

图 13-123   浇口位置对充填压力分布的影响

图 13-124 所示为原始设计保压温度等位面分布，浇口位置在壁厚较小的区域，热量较容易扩散，塑料降温速度较快，因此塑料的黏度较高，将会增加压力传递的阻力，从而削弱其他厚度较大区域的保压效果。由于厚度分布的差异，图 13-124a 所示 150℃ 下绿色区域分布很广，图 13-124b 所示 165℃ 下金色温度分布范围随着浇口位置附近的塑料快速冷却，而图 13-124c 所示 180℃ 以上的温度集中在产品中段握柄的外侧，导致握柄向外收缩，并且改变手工具机头的角度。

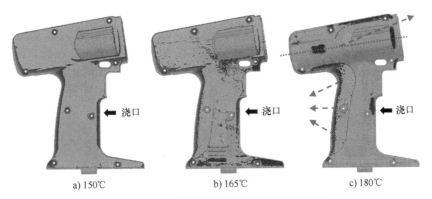

a) 150℃   b) 165℃   c) 180℃

图 13-124   原始设计保压温度等位面分布

设计变更的浇口位置是在壁厚较大的区域，如图 13-125 所示。浇口改由厚度较大的位置推进熔胶，高温区域大部分也集中在握柄壁厚较大处，因此设计变更可以提供较好的保压效果，减少由冷却导致的体积收缩。

保压压力受到厚度分布的影响，如图 13-126 所示，原始设计的浇口靠近产品较薄区域，熔胶降温快，压力传递效果差，对于手工具机头部的保压效果更差，因此体积收缩率在手工具机头部很大；设计变更在相同保压压力的条件下，浇口位置在厚度大的区域，所以通过高温分布的状况，压力能够良好地传递到产品末端，又因充填时的压力分布较为均匀，设计变更的高体积收缩率分布结果优于原始设计，可确保新浇口位置能够达到较好的压力分布改善。

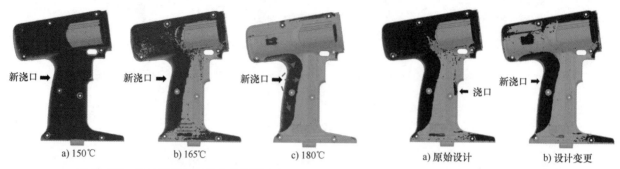

a) 150℃　　　b) 165℃　　　c) 180℃　　　　　a) 原始设计　　b) 设计变更

图 13-125　设计变更保压温度等位面分布　　图 13-126　以等位面呈现 5% 以上的保压体积收缩率分布

综上所述，本案例原始浇口设计位置导致压力分布不均，手工具机头部与握柄两侧的保压效果差异较大，最终导致了较大的翘曲变形量，如图 13-127 所示，原始设计最大变形量值为 1.610mm，变更浇口后的变形量值为 1.466mm，总变形量减小了约 8.9%。

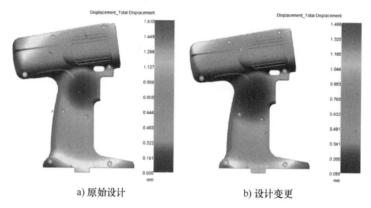

a) 原始设计　　　　　　b) 设计变更

图 13-127　翘曲变形（放大 10 倍）

2. 成型条件优化

完成浇口位置设计后，需要进一步优化成型条件。在保压结束时，等位面工具显示高于固化温度 124℃的温度分布区域，如图 13-128 所示。若保压结束时，浇口与塑件连接的区域仍然有颜色连续分布，代表该区域仍有未固化的塑料，可以增加保压时间，直到浇口固化为止，在浇口固化前对产品持续进行保压都是有效的保压；反之，若浇口与塑件之间连接的区域已经低于固化温度，此颜色不呈现连续分布，则代表再长的保压时间都无法传递入模穴内，此时增加的保压时间称为无效保压时间。

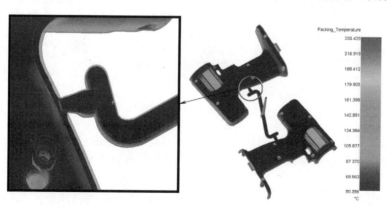

图 13-128　高于固化温度分布区域

　　由于设计变更后浇口与塑件仍然有未固化的塑料,因此进行保压时间延长的成型条件比较。除了原始 6s 的保压时间,增加了两组 9s 与 12s 的保压时间分析。可以观察到增加保压时间后,塑料仍持续地填入模穴内并维持压力,产品整体的密度随着时间延长有所提升,并且大幅度降低了体积收缩率,如图 13-129 所示。随着保压时间的延长,产品滞留在模穴中的时间增加,冷却结束时的温度在产品上缘螺钉柱的积热情况也有所改善,如图 13-130 所示。延长保压时间后,保压时间 12s 的最高温度比保压时间 6s 低了约 28℃。

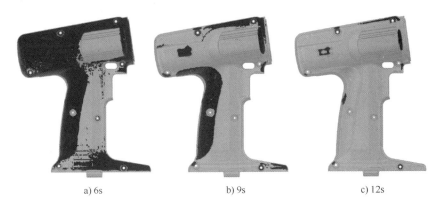

a) 6s　　　　　　　　b) 9s　　　　　　　　c) 12s

图 13-129　不同保压时间的体积收缩率变化

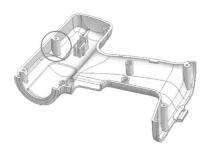

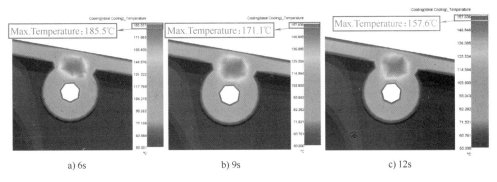

a) 6s　　　　　　　　b) 9s　　　　　　　　c) 12s

图 13-130　不同保压时间对冷却结束时温度的影响

　　翘曲变形量随着积热的改善与体积收缩率的下降也有明显的变化,如图 13-131 所示。在有效保压

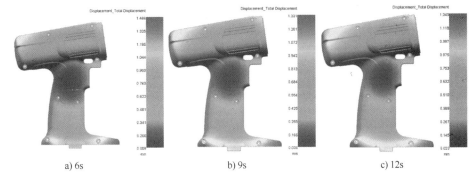

a) 6s　　　　　　　　b) 9s　　　　　　　　c) 12s

图 13-131　不同保压时间对翘曲变化

时间内，保压时间增加到 12s 时，总翘曲变形量降低为 1.217mm，与保压时间为 6s 时相比，变形量减小了 13.5%，见表 13-5。

表 13-5　不同保压时间对应的翘曲变形

保压时间/s	体积收缩率（平均）（%）	翘曲变形/mm	翘曲变形改善率（%）
6	3.6	1.407	—
9	3.2	1.295	7.9↑
12	2.9	1.217	13.5↑

13.5.3　应用结论

案例 1 通过 CAE 模拟几何模型影响流动平衡的问题，找到关键的壁厚因素并加以改善，不仅改善了熔合线位置，还改善了压力分布的均匀性，并降低了链接器在主平面产生翘曲甚至扭曲的风险。案例 1 通过 CAE 软件分析，演示如何在多穴产品单一浇口上寻找较佳的进浇口位置，并通过延长有效保压时间，获得更好的产品质量。

以上两个案例都说明，通过 CAE 分析，可以帮助高分子材料产品开发在前期快速找到潜在的成型风险与缺陷产生的原因，甚至进一步在开模量产前，优化设计并排除成型加工中的问题，减少模具重复开发成本，更可大幅度地加速上市时间，故 CAE 模流分析在产品开发优化过程中扮演着极为重要的角色。

13.5.4　案例练习

本小节以三个产品模型作为上机操作的练习案例，读者可以依照流程说明进行应用体验。
本小节案例模型和微课视频在教学资源包 MW-Cases \ CH13 \ 13.5.4 目录中。

1. 案例 1

图 13-132 所示为外壳部件模型，请读者上机操作练习，分别用 Easy Fill 和 Easy Fill Advanced 完成模流分析（EFA 的网格尺寸设定为 4mm）。

2. 案例 2

图 13-133 所示为链接器模型，请读者上机操作练习，分别用 Easy Fill 和 Easy Fill Advanced 完成模流分析（EFA 的网格尺寸设定为 0.9mm）。

3. 案例 3

图 13-134 所示为淋浴喷头模型，请读者上机操作练习，分别用 Easy Fill 和 Easy Fill Advanced 完成模流分析（EFA 的网格尺寸设定为 1.9mm）。

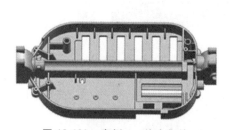  

图 13-132　案例 1：外壳部件　　　图 13-133　案例 2：链接器　　　图 13-134　案例 3：淋浴喷头

13.6　智能注塑方案 1.0

13.6.1　方案架构

当前模具注塑行业的发展运营面临许多挑战，如交付期缩短、精度提高、同业竞争、人才短缺以及试模依赖经验等。因此，如何提高产能与降低生产成本，将产品设计与生产经验数据积累形成知识重用，就成为模具注塑行业发展的重要课题。

为持续协助模具注塑行业升级与强化核心竞争力，Moldex3D 发展了智能注塑解决方案，整合范围涵盖产品设计、模具设计以及成型量产，并将各工段数据集成于知识管理平台（Intelligent Simulation Lifecycle Management，iSLM），如图 13-135 所示。

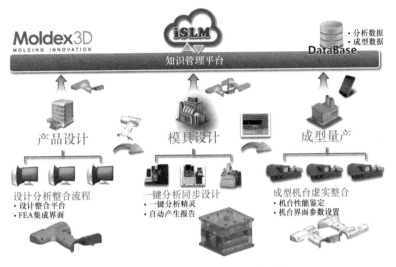

图 13-135　智能注塑解决方案架构

13.6.2　模块功能

智能注塑方案的模块功能，在产品设计段为"设计整合平台"与"FEA 集成界面"；在模具设计段为"一键分析精灵"与"自动产生报告"；在成型量产段为"机台性能鉴定"与"机台界面参数设置"，如图 13-136 所示。

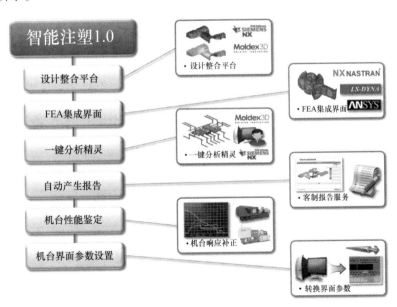

图 13-136　智能注塑模块功能

1. 产品设计：设计分析整合流程

产品设计者需要进行大量的曲面造型建模，进行产品的制造可行性评估以及结构应力分析。智能注塑方案提供 SYNC 设计整合平台以及 FEA 集成界面以满足产品设计需求，如图 13-137 所示。通过 SYNC-NX 将 Moldex3D 完整地嵌入 NX 环境，设计人员可以在单一环境建模后，同步进行模流分析以验证可行性，并且经由 FEA 集成界面将网格模型、塑料特性、温度、压力以及残留应力等参数输出至结构分析软件，提供更可靠的应力与强度仿真预测。FEA 集成界面支持 NX-NASTRAN 等各大结构分析软件。

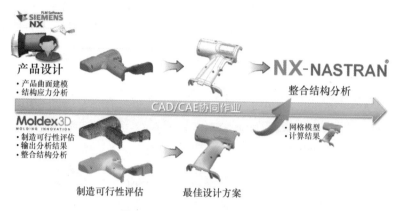

图 13-137　设计分析整合流程

　　针对仿真分析的计算效能也有相当程度的提升，用户可以通过 HPC 高效运算方案快速完成模流分析任务。图 13-138 所示为某汽车整车塑料制品进行充填/保压/冷却/翘曲的完整分析结果，在网格技术以及计算时间上都有相当不错的表现。

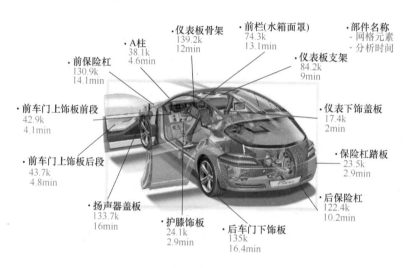

图 13-138　HPC 高效运算方案

2. 模具设计：一键分析同步设计

　　相较于产品设计，模具设计者更接近模具制造以及注塑量产，需要更完整的浇口、流道设计、水路布局与模座分析，达到更精准的设计验证，以预防潜在的成型缺陷风险，降低试模修模的生产成本。模具设计验证一般分为两个阶段：前期的快速评估以及后期的设计验证。接单前期需要快速地提供给客户评估报告，在开模前则需要完整的验证报告，模具设计者往往需要进行多次设计变更，并耗费时间撰写各方案的分析报告。为了解决上述问题，Moldex3D 在 SYNC 上开发了一键分析精灵，如图 13-139 所示。设计

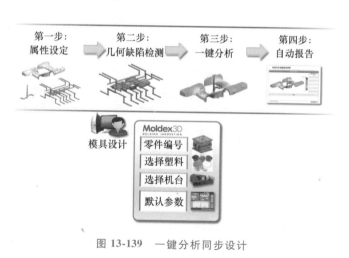

图 13-139　一键分析同步设计

浇口流道水路时可以同步设定属性，并集成零件编号、塑料信息与机台特性，通过下拉菜单快捷地完成

参数设定，一键执行分析，同时开发自动产生报告功能，设计者可以自定义报告样板以及更换 LOGO 图片，满足不同客户的报告要求。

第一步：启动属性设定工具，完成塑件、浇口、流道、水路及模座的属性设定，如图 13-140 所示。输入零件编号，通过下拉菜单选择塑料与机台，如图 13-141 所示。

第二步：对已指定属性的对象进行几何缺陷检测，如图 13-142 所示。

第三步：按照默认成型条件执行分析，如图 13-143 所示。

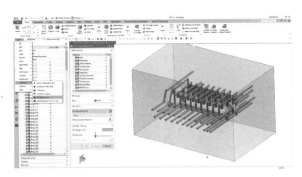

图 13-140　一键分析精灵：属性设定

第四步：分析完成后，启动【报告设定】对话框，分析结果可用个别调整视角与倍率并更新报告图片，自动产生客制报告，如图 13-144 所示。

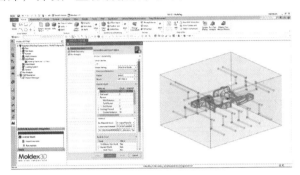

图 13-141　一键分析精灵：信息整合

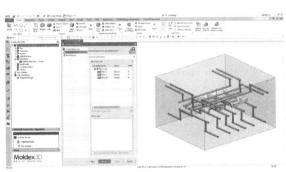

图 13-142　一键分析精灵：几何缺陷检测

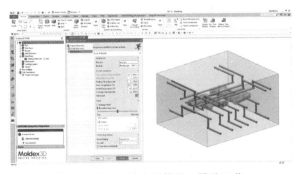

图 13-143　一键分析精灵：默认工艺

图 13-144　一键分析精灵：自动生成报告

3. 注塑成型：注塑机台虚实整合

传统模流分析可以针对材料特性、产品几何模型、流道水路布局以及模座进行设计验证，但在此过程中并未考虑注塑机台的响应特性，造成模流分析提供的参数与试模条件因机台不同而有所差异。由于设计者通常不具备调机背景，导致从模具设计到成型量产的流程不连续，设计与注塑普遍存在沟通落差。智能注塑方案提供机台性能鉴定以及机台界面参数设置，完整考虑注塑机台的响应特性，并且在分析完成后将模流分析工艺自动转换为机台界面参数图片，提供现场调机参数，建立模具设计与注塑成型的沟通平台，如图 13-145 所示。

图 13-146 所示为不同注塑机台的响应特性比较，虚线为一段速度设定值，并记录 5 次注射的速度响应曲线。由试验结果可知，两个机台在重复性上都有不错的表现（曲线重合），但图 13-146a 所示机台的速度曲线未能达到速度设定值，图 13-146b 所示机台则有过冲的情形发生，此即为机台响应特性造成的差异。

通过机台特性测量并将数据与 CAE 拟合后，可以得到图 13-147 所示的结果。红色曲线为机台鉴定前的 CAE 流率，由于未考虑机台特性，与蓝色曲线的机台实际流率存在落差。绿色曲线为机台特性拟合后的 CAE 流率，流动行为基本上与实际流率一致，预测效果更准确。

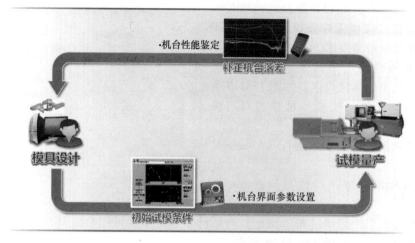

图 13-145   注塑机台虚实整合

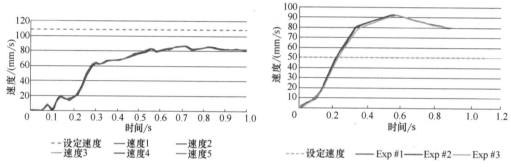

图 13-146   不同注塑机台的响应特性差异

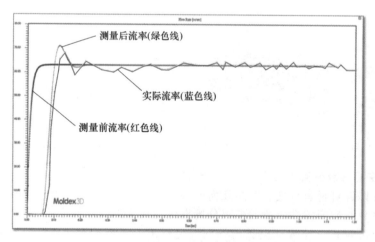

图 13-147   机台性能鉴定前后的流率比较

为了解决产品设计与模具注塑之间的沟通落差问题,Moldex3D 提供机台界面参数转换服务,将模流分析工艺自动转换为机台界面参数(图 13-148),快速提供给现场注塑人员作为试模微调的参考值,建立设计与注塑的沟通平台。机台界面参数转换支持多个注塑机台厂商以及多种控制器类型。

4. 知识管理:数据集成知识管理

前述关于智能注塑方案在产品设计、模具设计与注塑成型中的应用,同时 Moldex3D 还开发了 iSLM 知识管理平台,进行各工段的数据集成与知识重用。应用 iSLM 可以累积模流分析以及试模成型的产品生产数据形成产品知识库,通过统计与归纳功能,用户可以轻松地查询设计成型经验值,获得最佳设计工艺,如图 13-149 所示。

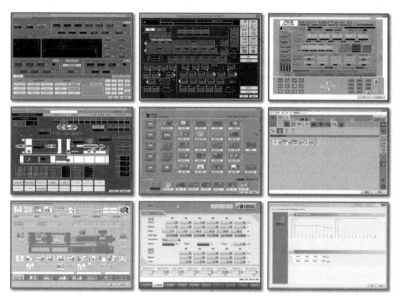

图 13-148　机台界面参数转换

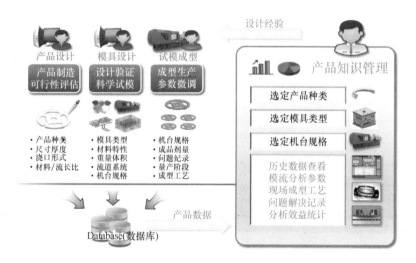

图 13-149　数据集成知识管理

第14章
CHAPTER 14

电极设计

西门子 NX 电极设计模块是一个独立的电极设计模块，该模块提供了设计、验证、制造、管理整个电极过程并使其文件化所需的各种集成化工具，提供了一个柔性、功能全面且容易操作的分步式电极设计过程，适用于所有常见的电极类型。可以通过【特定于工艺】→【工具箱】→【电极设计】启动【电极设计向导】，如图 14-1 所示。

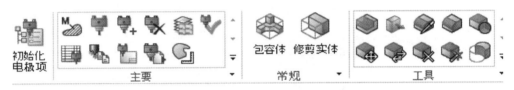

图 14-1　电极设计功能模块

【电极设计向导】基本上按照电极设计流程组织功能，其主要功能见表 14-1，下文将结合案例详细介绍每种功能在电极设计流程中的应用。

表 14-1　【电极设计向导】的功能

功能组	功能名称
初始化电极项	初始化电极项目(Z)...
主要	加工几何体(M)... 设计毛坯(K)... 电极装夹(I)... 删除体/组件(O)... 电极图纸工具(D) 检查电极(H)... 电极物料清单(B)... 复制电极(C)... EDM 输出...
常规　工具	包容体(Y)... 修剪实体(T)... 替换实体(R)... 延伸实体(E)... 参考圆角(F)... 计算面积(L)... 面颜色管理(A)...

电极设计功能模块包括【主要】功能区、【常规】功能和【工具】三部分，【主要】功能区是进行电极设计时必须应用的一些功能，包括【初始化电极项目】【加工几何体】【设计毛坯】【电极装夹】【删除体/组件】【检查电极】【电极物料清单】【EDM 输出】等。它们是设计电极和编辑电极时获取电极信息的主要功能命令。

【常规】区和【工具】区中有【包容体】【修剪实体】【替换实体】【延伸实体】【参考圆角】【面颜色管理】等功能。它们的主要作用是方便进行电极头快速建模，这些命令直观、彼此关联，基于简单的拖放用户界面原理。

高质量的电极设计对后续的模具型腔加工和电极加工有着非常重要的影响，下面列出目前电极设计过程中，总结出来的一些经验供参考：

1）设计的电极应容易制造，最好是只使用一种加工方法就可以完成。例如，用 CNC 铣削制作复杂电极非常方便，也容易保证电极精度。

2）对于产品有外观和棱线要求的模具，可以优先考虑将电极设计为一次可以加工整体型腔的结构。有时整体电极加工有困难，如存在加工不到的倒扣，或者不好加工，所需刀具太长或太小，可以考虑分多一个电极，有时局部需要安排清角电极。

3）电极的尖角、棱边等凸起部位，在放电加工中比平坦部位损耗得快。为了提高电火花加工精度，在设计电极时，可将其分解为主电极和副电极，先用主电极加工型腔或型孔的主要部分，再用副电极加工尖角、窄缝等部分。

4）对于一些薄小、高低落差很大的电极，电极在 CNC 铣削制作和电火花加工中都非常容易变形，设计电极时，应采用加强电极的结构。

5）电极在加工部位敞开的方向，必须延伸一定尺寸，以保证工位加工出来后口部无凸起的小筋。

6）考虑对某些电极进行避空处理，避免在电火花加工中出现在加工部位以外不希望的放电情况。

7）设计电极时，应考虑减少电极的数目，将工件上一些不同的加工部位合理地组合在一起，进行整体加工或通过移动坐标实现多处位置的加工。将工件上多处相同的加工部位采用电极移动坐标来加工，不同加工部位做成组合在一起的电极。

8）设计电极时，应将加工要求不同的部位分开设计，以满足各自的加工要求。例如，模具零件中装配部位和成型部位的表面质量要求和尺寸精度是不一样的，所以不能将这些部位的电极混合设计在一起。

9）给电极设计合适的底座。底座是电火花加工中找正电极和定位的基准，也是电极多道工序的加工基准。例如，在用线切割清除电极上刀具拐角部位的加工中，就需要用基座进行定位。另外，底座上最好设计方便电极安装时辨别方向的基准角。

10）设计电极时，应考虑电火花加工工艺。选用 Z 轴伺服加工还是侧向加工或多轴联动加工；电极要便于装夹定位，并根据具体情况开设排屑、排气孔。

11）电极数量的确定主要取决于工件的加工形状及数量，其次还要考虑工件的材质、加工深度以及加工面积。

12）设计电极的底座有两种方法：第一种方法是在电极加工部位最大外形的基础上均匀扩大设计出底座，结果是以底座为基准的 X、Y、Z 坐标值往往为小数；第二种方法是先给底座基准的 X、Y、Z 坐标值确定一个整数。显然，第二种方法可以避免电火花加工中操作者将复杂小数看错的情况。

13）一套模具的所有电极设计完成后，应填好备料单（根据电极要求确认电极坯料的长度、宽度、高度和电极数量与材质），安排电极的制作，设计好电火花加工的图样。

14.1 电极加工介绍

在模具设计制造中，需要对设计好的模具或零件进行加工，应根据设计图样，综合考虑表面形状要求、成本、加工工艺、材料等各方面因素来选择加工方式。用于模具加工的方法有很多种，如车床加工、磨床加工、铣床加工、磨床加工、数控中心加工、线切割加工等。模具的一些部位不一定能通过普通加工方法或数控中心等特种加工方法加工出来，如模具的型腔、一些核心关键部位，其表面形状必须与产品本身形状完全一样，此时需要用到电火花加工。把需要进行电火花加工的部位的产品形状用铜加工好，然后在电火花机床上进行放电加工。具体过程为：产品图→模具图→电极→模具→产品。

电火花加工（EDM）是在加工过程中，使工具和工件分别接上电源的两极，浸泡或在放电间隙中注入绝缘工作液，两电极间不断产生脉冲火花放电，工具电极由自动进给调节装置控制，以保证工具与工件之间在正常加工时维持一个很小的放电间隙（0.01~0.05mm）。当脉冲电压加到两极之间时，会将极间最近点的液体介质击穿，形成放电通道。由于通道的横截面积很小，放电时间极短，致使能量高度集中（10~107W/mm），放电区域产生的瞬时高温使材料熔化甚至蒸发，从而形成一个小凹坑。

在模具的加工过程中，电极的制作和放电加工是重要的环节，电极的质量好坏和加工工艺的差别，直接影响着模具的加工速度和产品的外观。实际生产设计中，必须先通过计算机软件进行辅助设计，也就是使用 NX 等三维 CAD 软件进行电极设计，根据加工的需要，将产品的外形或结构分成若干个部件，再形成电极加工图，此过程俗称"拆电极"。同时，因为电极大部分都采用纯铜加工，纯铜的导电性好且易于加工，在电火花加工时，电极本身所产生的热量较小，损耗相对较低。

14.2　电极结构介绍

一个完整的电极具有以下几部分结构：成品部分、火花位、直身避空位、基准台，如图 14-2 所示。

成品部分是电极的核心组成部分，是对工件进行有效放电加工的部分，其形状与模具型腔（产品表面）的形状相近。

火花位是电极和模具之间的放电间隙，两个携带不同电荷的物体只有在相互之间距离很小但并没有接触的时候才会放电，当距离很大或者完全接触时都不会发生放电现象。电极的表面相当于把产品表面沿着曲面法线方向向内等距移动一个火花位的距离，在设计时，需要预留火花位。

直身避空位是轮廓比成品部分稍大的中间部分，它的侧面是直的，它在放电加工中所起的作用是防止电极与工件发生干涉，有利于对电极进行加工。

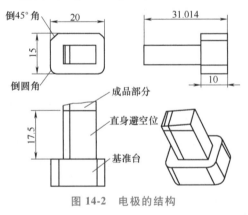

图 14-2　电极的结构

基准台的作用是在电火花机床上调整水平度与垂直度，并定位电极相对于工件的位置，它是电极定位的结构部件。

14.3　电极项目初始化

电极项目初始化是开始进行整个电极设计项目的准备工作，是基于一套模板自动产生一个电极装配结构，并载入模板自定义的数据，在项目目录文件夹下将生成一些装配文件。打开文件时，只需要打开顶层装配文件，自动打开零部件，然后可以进行后续的电极设计，其下有多种类型，继而生成不同的装配结构。

本节案例模型和微课视频在教学资源包的 MW-Cases \ CH14 \ 14.3 目录中。

案例：打开 E1.prt 文件，启动【电极设计向导】，启动【初始化电极项目】功能。具体操作步骤见表 14-2。

表 14-2　电极项目初始化的步骤

序号	操作步骤	图示
1	【类型】选择【Original】;【路径】设置项目存储位置;【名称】为项目编号,大多数模具厂商有自己的编号;单击【添加加工组】添加加工组,也可以单击右键【删除】选中的加工组	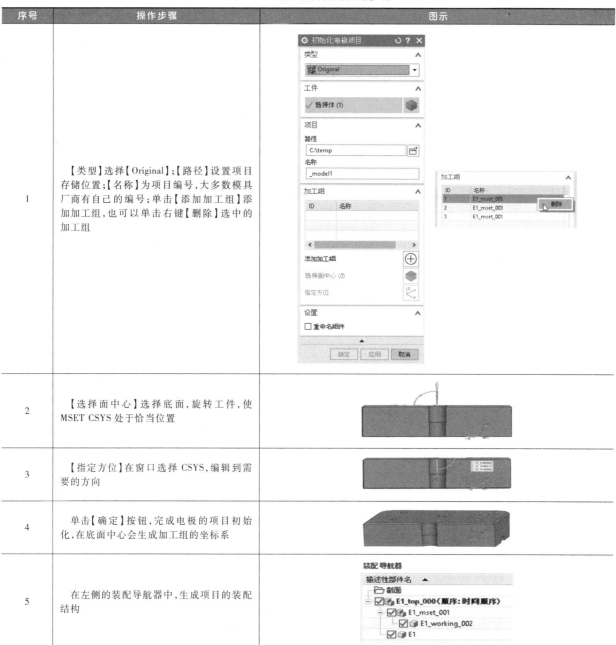
2	【选择面中心】选择底面,旋转工件,使MSET CSYS 处于恰当位置	
3	【指定方位】在窗口选择 CSYS,编辑到需要的方向	
4	单击【确定】按钮,完成电极的项目初始化,在底面中心会生成加工组的坐标系	
5	在左侧的装配导航器中,生成项目的装配结构	

14.4　电极工作部分设计

　　设计电极前,应充分了解模具结构。双击含有属性 EW_WORKING 部件并设置为工作部件,分清楚模具的胶位、插破位、靠破位、枕位等,确认哪些部位需要进行放电加工,以及模仁与镶件是否需要组装放电。找到需要拆电极的部位,在此添加电极头,电极头也就是电极的成品部分,是电极靠近需要加工的零件表面的部分,其形状与模具型腔(产品表面)的形状非常相近,需要使用一些工具来创建。

　　电极设计模块中提供了丰富的功能用于创建电极头部,在【常规】区有【包容体】和【修剪实体】,如图 4-3 所示。【包容体】是创建与选定面、边、曲线或小平面关联的方块,对某些局部开放区域进行填充。【修剪实体】是使用选定的面创建修剪实体,是基于选定的区域面创建一个包容体,再对这些面抽取边界区域,最好进行修剪,得到以选定的面为边界的修剪实体。

【工具】区中也有很多用于实体编辑的命令,如【替换实体】【延伸实体】【参考圆角】【边倒圆】【面颜色管理】【移动】【替换】【删除】【优化面】和【减去】。当然,NX 在建模和曲面模块中也提供了丰富的快速建模命令。

图 14-3   创建电极头部的常用命令

本节案例模型和微课视频在教学资源包的 MW-Cases\CH14\14.4 目录中。

案例:打开 E1.prt 文件,启动【电极设计向导】。具体操作步骤见表 14-3。

表 14-3   电极工作部分设计的操作步骤

序号	操作步骤	图示
1	创建第一个修剪实体:启动【修剪实体】对话框,【选择面】选择图 b 所示面;勾选【与包容块关联】,单击【应用】按钮,结果如图 c 所示	
2	创建第二个修剪实体:【选择面】选择图 b 所示的 5 个面;单击【应用】按钮,结果如图 c 所示	
3	创建第三个修剪实体:【选择面】选择图 a 所示的 1 个面;单击【确定】按钮,结果如图 b 所示	

（续）

序号	操作步骤	图示
4	在部件导航器里显示该命令创建步骤，每个修剪实体包括【包容体】【抽取区域】【修剪和延伸】【修剪体】一系列步骤	

14.5 电极块设计

【设计毛坯】是电极设计中最重要的内容之一，通过此命令可以生成所需的电极。它是把预先创建好的电极头复制一份，在其上方一定位置放置好自定义的电极基座，然后采用自动拉伸、偏置或手动的方法，将电极头和电极基座连接起来，最后生成一个完整的电极零件。通过【设计毛坯】对话框，可以对电极的大小、放置位置、基准台形状、避空长短及夹持器等进行设计。

本节案例模型和微课视频在教学资源包的 MW-Cases\CH14\14.5\14.5.1 目录中。

案例：打开 E1_top_000.prt 文件，启动【电极设计向导】应用。具体操作步骤见表 14-4。

表 14-4 电极块设计的操作步骤

序号	操作步骤	图示
1	采用 blcok_blank 形状设计第一个电极的步骤如下 1）启动【设计毛坯】并重置对话框 2）【选择体】选择电极头；【形状】选择 block_blank；【接合方法】选择拉伸；【拔模角】选择0°；【指定方位】指定电极放置位置，也可在【位置】中输入值来设定放置位置 3）勾选【链接电极头和毛坯】 4）单击【应用】按钮	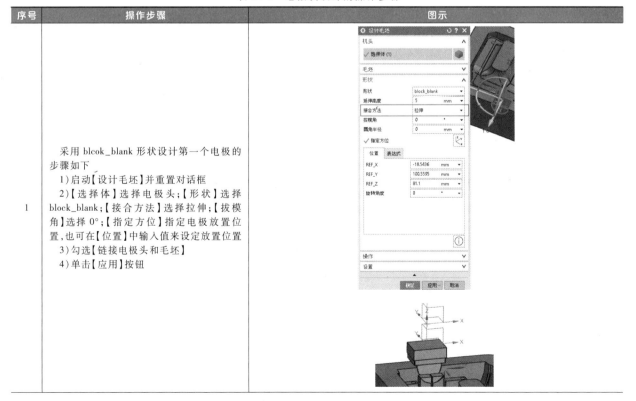

（续）

序号	操作步骤	图示
2	采用 cyc_blank 形状设计第二个电极的步骤如下 1) 启动【设计毛坯】并重置对话框 2)【选择体】选择两个电极头；【形状】选择 cyc_blank 3) 单击【确定】按钮	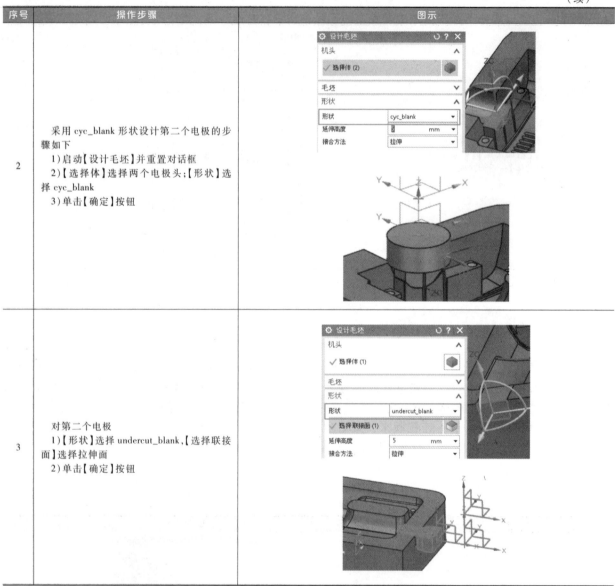
3	对第二个电极 1)【形状】选择 undercut_blank，【选择联接面】选择拉伸面 2) 单击【确定】按钮	

用户也可以自定义一个形状模板。自定义模板的数据库文件和模板零件放置环境变量 ELECTRODE_DESIGN_DIR 指向目录对应的/blank/metric/data 和/blank/metric/model 下。

重要设置选项说明见表 14-5。

表 14-5　重要设置选项说明

选项	说明
【多个点火位置】	适用于多个点火位的电极做在同一个电极上的情况，单击该按钮时，会弹出一个新的对话框，具体操作流程见本章后文实例
【在一个加工组中保存 Z 向参考不变】	如果当前加工组有多个电极，保持 Z 方向的高度一致，该高度值用属性 EWSET_ELE_LEVEL 存储在加工组部件上
【保持毛坯尺寸】	编辑电极毛坯时，保持电极基准台尺寸大小不变

14.6　电极装夹

模具在电火花机床上进行电极加工时，必须固定好电极和整个被加工产品。【电极装夹】命令是从数据库中自动导入标准架装置来固定电极和产品零件，可以方便用户选择数据库中的装夹装置并调节电极基准台或工件和标准架装置的相对位置，然后把它与电极基准台或工件进行合并。

本节案例模型和微课视频在教学资源包的 MW-Cases\CH14\15.6\15.6.1 目录中。

案例：打开 E1_top_000.prt 文件，启动【电极设计向导】应用，选择【电极装夹】功能。具体操作步骤见表 14-6。

表 14-6　电极装夹的操作步骤

序号	操作步骤	图示
1	启动【电极装夹】对话框，在【选择组件】中选择电极组件，在【选择面中心】和【指定方位】中确定夹具的放置位置	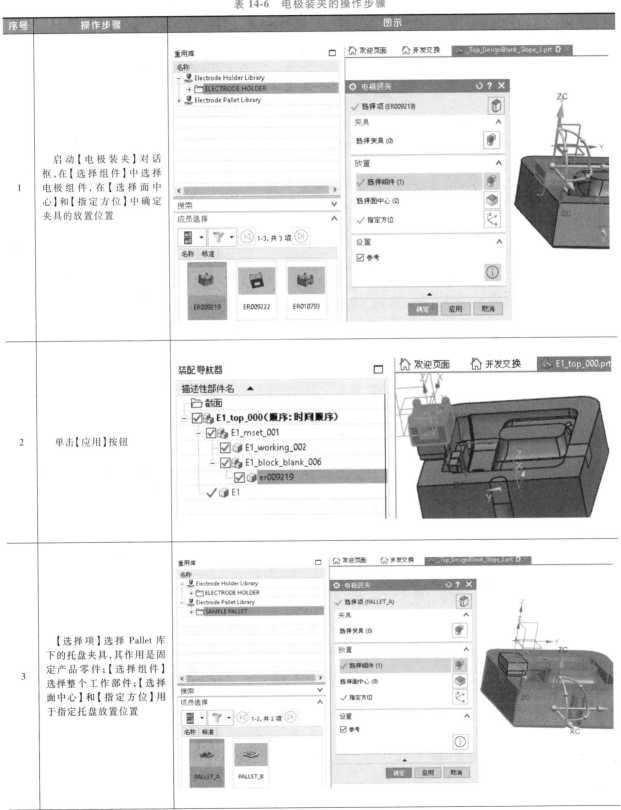
2	单击【应用】按钮	
3	【选择项】选择 Pallet 库下的托盘夹具，其作用是固定产品零件；【选择组件】选择整个工作部件；【选择面中心】和【指定方位】用于指定托盘放置位置	

(续)

序号	操作步骤	图示
4	单击【确定】按钮,在 E1_working_002 下添加了 pallet_a 标准架	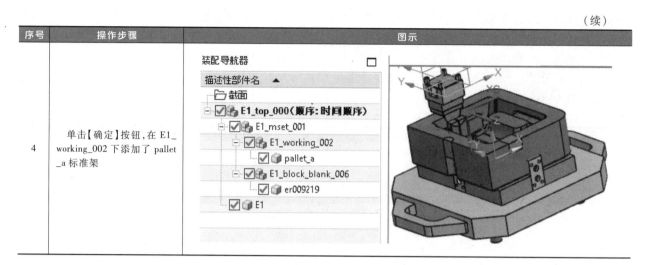

目前,在重用库中已经定义了两种标准架,在默认情况下启动对话框时,【选择项】会自动从重用库中选择 Holder 库(用于固定电极),用户可以切换为 Pallet 库。

14.7 电极加工几何体定义

使用【加工几何体】命令,可以将加工制造属性添加到电极需要加工的面上,以便在后续加工制造时能够识别。用户可以根据实际需要添加加工方法,然后在【加工几何体】对话框中,右键单击树状列表中的属性节点增加。可以设置颜色,定制加工方法,添加、修改或删除包含在分组面中的不同对象的属性,为被加工零件的目标表面分配加工属性,这有助于 CAM 中的选面操作。

本节案例模型和微课视频在教学资源包的 MW-Cases\CH14\14.7 目录中。

案例:打开 model1_top_001. prt 文件,启动【电极设计向导】应用,选择【加工几何体】功能。

用户可以通过修改 MW_MFG. xml 和 nx_tooling_commom. dpx 文件来增加新的加工方法和对应的用户默认设置。具体操作步骤见表 14-7。

表 14-7　加工几何体定义的操作步骤

序号	操作步骤	图示
1	1)启动【加工几何体】 2)右键单击【EDM】方法节点并选择【新建组】,选择要在其下创建一个或多个子组的几何组节点,如图 a 所示 3)右键单击【eletrode01】子组节点并选择【设置默认的颜色】,如图 b 所示	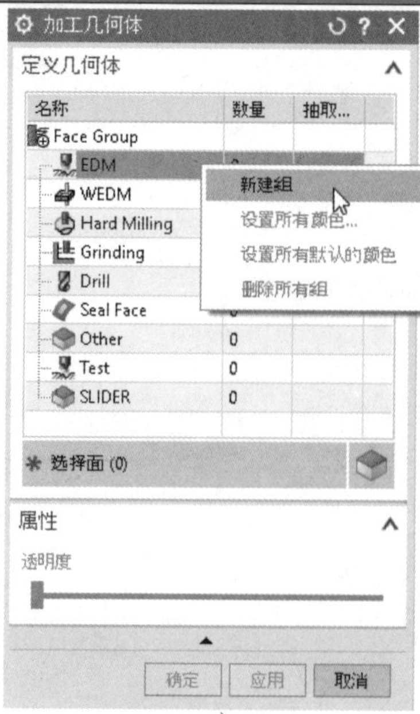 a) 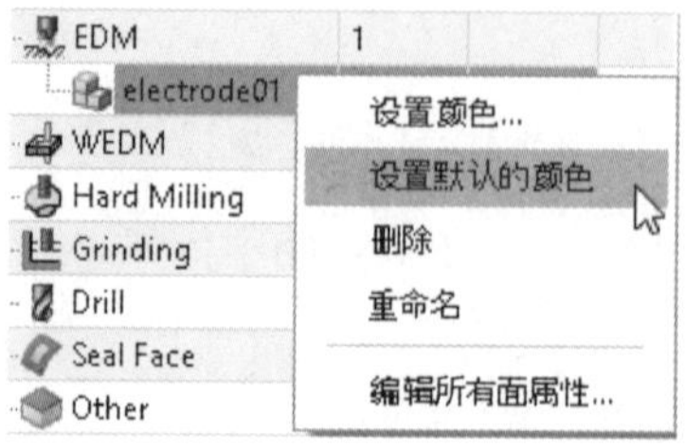　　b)

（续）

序号	操作步骤	图示
2	隐藏不需要的部件，双击 * blank_002 部件作为工作部件	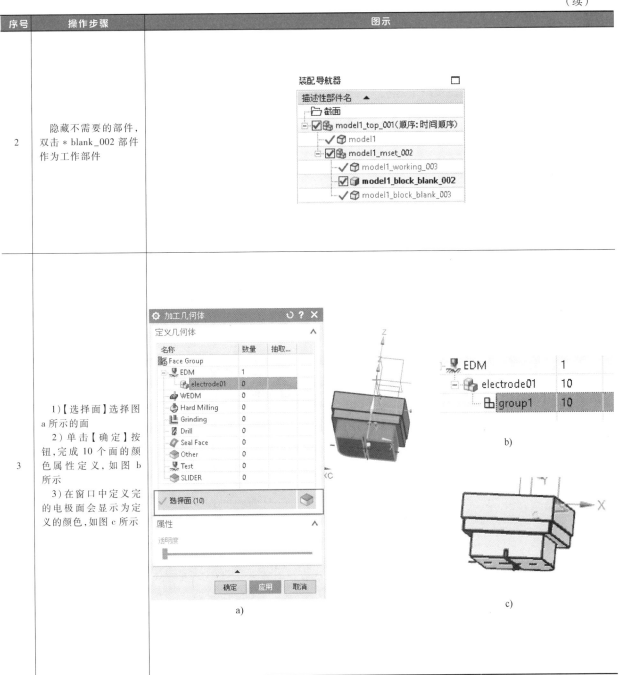
3	1)【选择面】选择图 a 所示的面 2) 单击【确定】按钮，完成 10 个面的颜色属性定义，如图 b 所示 3) 在窗口中定义完的电极面会显示为定义的颜色，如图 c 所示	

14.8 电极体或组件删除

　　用户可以使用【删除体/组件】命令删除一个或多个已选择的电极头、电极毛坯组件、夹持器或托盘。删除电极头是仅删除当前电极头，若所属的电极还存在其他电极头，则电极会基于剩下的电极头自动更新电极尺寸大小和位置。选择电极毛坯、夹持器或托盘，都会直接将该组件整体的删除。

　　本节案例模型和微课视频在教学资源包的 MW-Cases\CH14\14.8 目录中。

　　案例：打开 E1_top_000.prt 文件，启动【电极设计向导】应用，选择【删除体/组件】功能。具体操作步骤见表 14-8。

表 14-8 删除体/组件的操作步骤

序号	操作步骤	图示
1	1)启动【删除体/组件】对话框 2)选择【点火体】选项,若装配不是完全加载状态,会弹出"是否要完全加载工作子装配?"提示,单击【是】 3)在装配导航器中双击电极组件 4)【选择体】选择需要删除的两个点火体,即电极头 5)单击【确定】,系统将基于剩下的电极头自动计算大小和位置等参数	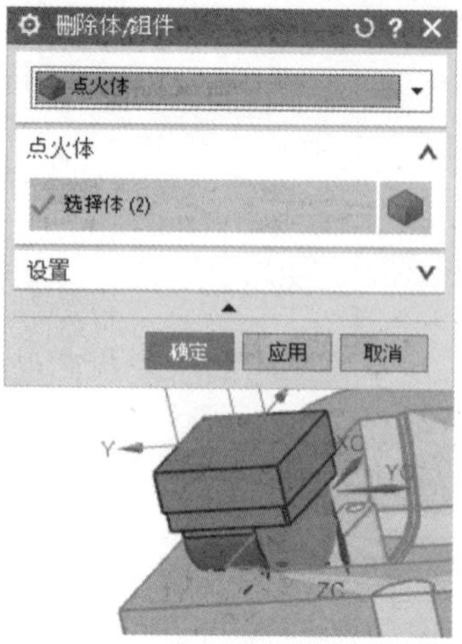 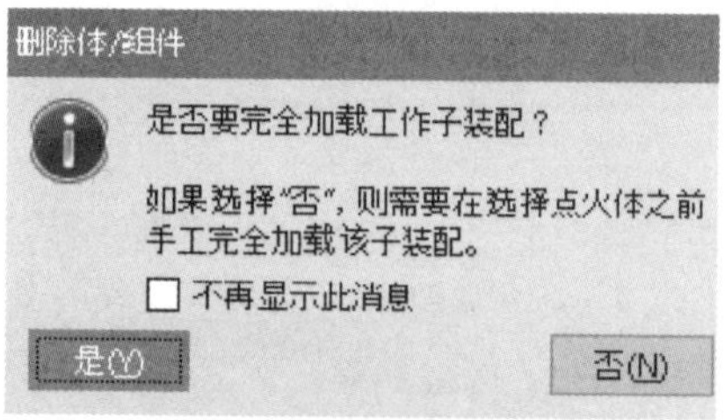 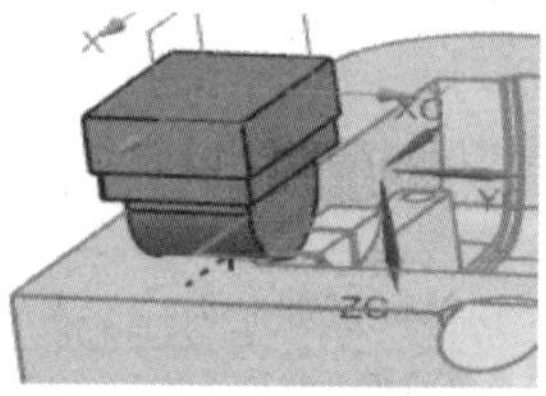
2	1)启动【删除体/组件】对话框 2)选择【组件】,直接在窗口选择要删除的组件 3)单击【确定】按钮,选中的组件即被删除	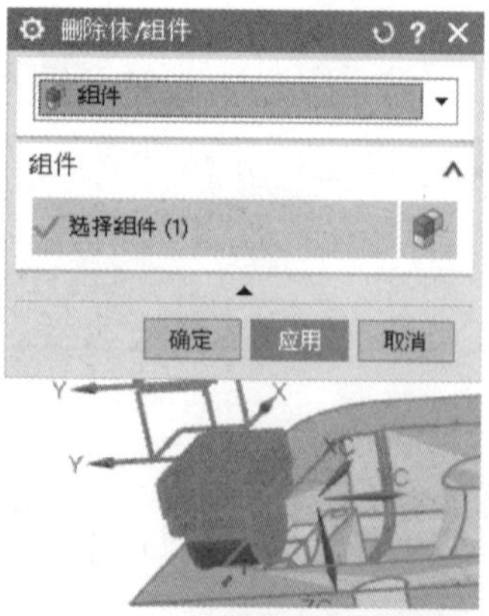 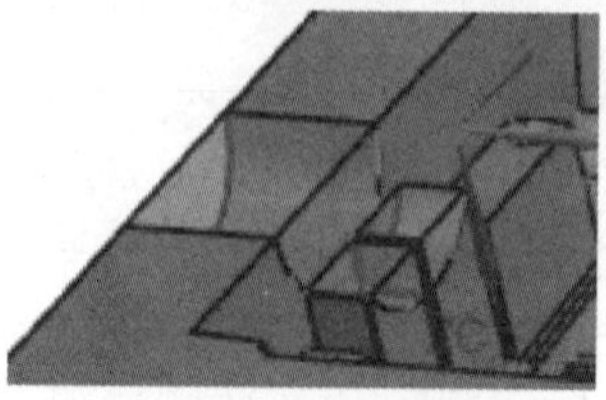

14.9 电极干涉检查和计算

如果设计出来的电极出现过切或接触的现象，会导致模具补焊、降面、线割镶件，严重的甚至会导致直接换料，所以检查电极是很重要的一步。在 NX 电极设计中，提供了【检查电极】命令用于电极装配的验证，利用该工具进行 Check-Mate 测试，可以自动识别电极和工件之间的干扰，在电极和工件接触部位产生一个片体，也可以对电极和工件接触部位进行着色等操作，可以直观地对问题区域进行可视化处理，使设计的电极更加可靠。

本节案例模型和微课视频在教学资源包的 MW-Cases \ CH14 \ 14.9 目录中。

案例：打开 model1_top_001.prt 文件，启动【电极设计向导】应用，选择【检查电极】功能。具体操作步骤见表 14-9。

表 14-9　电极干涉检查操作步骤

序号	操作步骤	图示
1	1）启动【检查电极】对话框 2）在【工件】组下的【选择对象】中选择工件 3）在【电极】组下的【选择对象】中选择要检测的电极 4）勾选【创建接触片体】勾选【创建干涉实体】勾选【映射面颜色】 5）单击【确定】按钮	
2	在【装配导航器】下隐藏电极的邻居和工件，在图形窗口可看到产生的接触片体	
3	1）切换【资源条选项】到【HD3D 工具】 2）单击【接触几何片体】查看结果。在【HD3D 工具】界面显示有接触的地方，产生一个接触片体，在图形窗口也会显示创建的片体或实体和着色接触的部位	

14.10 电极物料清单

【电极物料清单】会自动创建并管理采购和制造所需的材料清单，规定并控制每个电极的各种参数（包括材料、电极位置、火花信息、电极毛坯尺寸、所需电极数量等）并将其导出到 Excel 表中，这大大减少了工厂在电极生产制造过程中烦琐的备料工作。

该命令的对话框和【注塑模向导】里的【材料清单】是一样的，都是通过选择组件，并将模板定义的属性信息显示到列表中，供用户核实修改，最后导出至电子表格里。只是这里所用的模板是电极的模板，即 EDM_output 模板和 Stock_output 模板，分别用于 EDM 加工和电极备料，如图 14-4 和图 14-5 所示。在 EDM_output 模板中，定义了电极的火花位信息属性、电极在 EDM 加工时的运动位置角度属性以及接触面积等内容。

NO.	PART NAME	R_SPARK	S_SPARK	F_SPARK	START_X	START_Y	START_Z	START_Angle	END_X	END_Y	END_Z	END_Angle	MATERIAL	Touch Area	Depth	Project Area	QTY
<$NU	<$PART_NAME>	<R_SPARK	<S_SPARK	<F_SPARK	<EW HOLI	<EW HOLI	<EW HOLI	<EW HOLDER	<EW HOL	<EW HOL	<EW HOL	<EW HOLDI	<MATERIAL	<ELE TOUCH	<ELE SPA	<ELE PROJE	<$QTY>
N	Y	N	N	N	Y	Y	Y	Y	N	N	N	N	N	N	N	Y
Y	Y	N	N	N	Y	Y	Y	Y	N	N	N	N	N	N	N	Y
Part	Part	Part	Part	Part	Instance	Instance	Instance	Instance	Instance	Instance	Instance	Instance	Part	Instance	Instance	Instance	Part

RELEASE DATE	<DATE>		DESIGNER BY	<DESIGNER>		APPROVED BY	

图 14-4　EDM_output 模板

	A	B	C	D	E	F	G	H	I	J
Title Define										
Bom Header					Siemens Industry Software (Shanghai) Co., Ltd B O M Table					
		CUSTOMER		<CUSTOMER>			PROJECT NUMBER	<PROJECT_NUME	VERSION	V1
PARAMETERS										
Display Name		NO.	CATALOG/SIZE	R_SPARK	S_SPARK	F_SPARK	STOCK SIZE	MATERIAL	PART NAME	QTY
Attribute Name		<$NUME	<CATALOG>	<R_SPARK	<S_SPARK	<F_SPARK	<MW_STOCK_SIZE>	<MATERIAL>	<$PART_NAME>	<$QTY>
Key Field		Y	Y	N	N	N	N	N	Y	Y
Locked		Y	N	N	N	N	Y	N	N	Y
Read Attribute From		Part	Part	Part	Part	Part	Part	Part	Part	Part
Footer Define										
Bom Footer		RELEASE DATE	<DATE>				DESIGNER BY	<DESIGNER>	APPROVED BY	
END										

图 14-5　Stock_output 模板

Stock_output 模板定义的是电极火花位信息、备料大小、材料、名称以及数量信息等。

如果窗口里的电极手动通过 NX 的其他命令移动了位置，或进行了修改等操作，在启动【物料清单】命令时，会弹出图 14-6 所示对话框，提示用户当前电极有调整，需要更新电极的属性，然后输出正确的位置信息到对话框列表里。

图 14-6　自动更新提示框

14.11 电极复制

对于产品具有腔体结构，可能有很多需要加工的部位表面形状是一样的，或者一模多腔加工的表面形状相同，这时的电极设计好一处后，其他部位可以采用复制方式。复制生成新的电极，其本质是复制原有电极头，在此基础上，用原始电极的设计参数更新后计算出现有电极。复制名称相同的实例，只是将原有电极作为一个实体进行旋转变换，复制后的电极和原始电极名称一样，都是该电极组件下的一个实例。

本节案例模型和微课视频在教学资源包的 MW-Cases\CH14\14.11 目录中。

案例：打开 model1_top_001.prt 文件，启动【电极设计向导】应用，选择【复制电极】功能。具体操作见表 14-10。

表 14-10　复制电极的操作步骤

序号	操作步骤	图示
1	启动【复制电极】并重置对话框；【类型】切换到【镜像】；【选择电极】选择电极组件；在【工具选项】下拉菜单中选择【面或平面】，若窗口没有镜像平面，可以选择【新平面】，重新创建一个平面	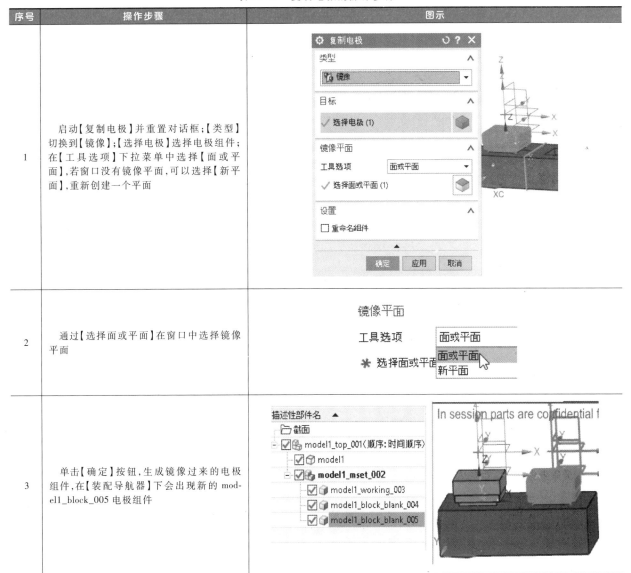
2	通过【选择面或平面】在窗口中选择镜像平面	
3	单击【确定】按钮，生成镜像过来的电极组件，在【装配导航器】下会出现新的 model1_block_005 电极组件	

当选择【变换】类型时，可以复制多个电极，【副本数】用于指定复制的个数，也可以在【选择目标面】选项中选择多个目标面，最后会在面中心产生一个副本电极。同时，电极在这种类型下可以复制成实例，只需勾选【复制为实例】即可。

14.12　电极图纸

【电极图纸】命令可以将预定义的绘图模板自动生成电极图纸。图纸与电极之间存在关联关系。

电极的位置、库存量、火花间隙、材料等都被自动应用于图纸和表格中。该命令可以对选中电极创建一张或多张 EDM 图纸（电极加工图）或 CNC 图纸（放电图），并且出图时会自动标注一些关键的位置尺寸，自动导入模板里定义的表格数据和需要在图纸上显示的属性值。模板的定义形式灵活多样，继而高效地输出电极图纸。【电极图纸】命令的操作步骤见表 14-11。

表 14-11 【电极图纸】命令的操作步骤

序号	操作步骤	图示
1	1）启动【电极图纸】命令 2）勾选【创建】；在【选择毛坯】中选择电极毛坯组件，也可以直接在下面的树状列表中选择，或在装配窗口选择；在【图纸页类型】组中勾选【EDM】选项；选择对应的图纸模板；在【图纸类型】下选择【主模型】（即新生成的独立图纸），【自包含】是指包含在加工组部件下；勾选【坐标尺寸】【隐藏毛坯基准坐标系】 3）单击【确定】按钮	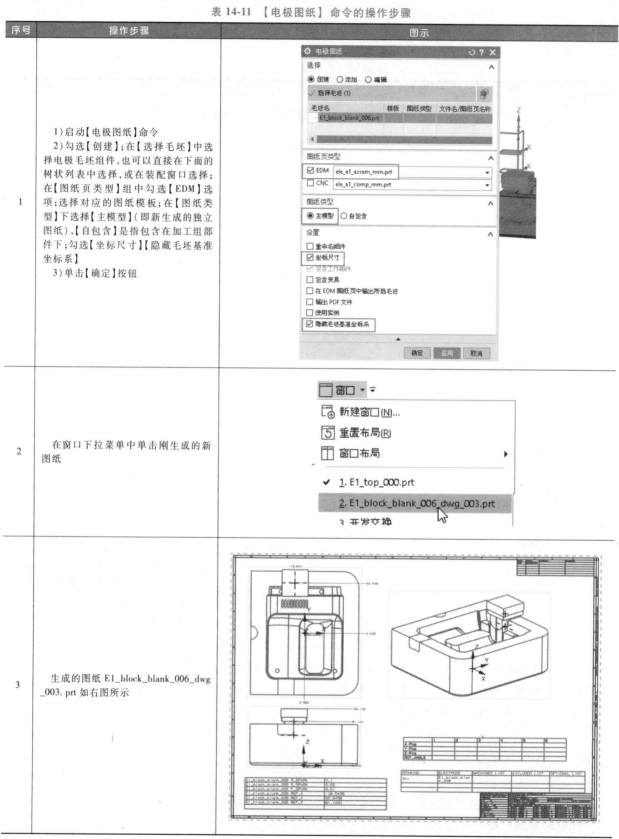
2	在窗口下拉菜单中单击刚生成的新图纸	
3	生成的图纸 E1_block_blank_006_dwg _003. prt 如右图所示	

设置选项说明如下：

1）【重命名组件】。勾选此项时，可以重新给图纸命名，在【主模型】下才有效；未勾选时，图纸零件名称按照电极名称编号。

2）【坐标尺寸】。如果在电极模板零件里定义了坐标尺寸，勾选该选项时，在输出的图纸上会用坐标尺寸标注电极。该选项仅对 EDM 图纸有效。

3）【包含工作组件】用于指定图纸中是否包含工件。该选项仅对 CNC 图纸有效。

4）【包含夹具】用于指定电极基准台上的夹具一起输出到图纸里。

5）【在 EDM 图纸页中输出所选毛坯】用于将选中的所有电极输出在同一张 EDM 图纸上；若未勾选该选项，则每个电极会单独输出为一张图纸。

6）【输出 PDF 文件】。通过 PDF 格式输出图纸。

7）【使用实例】。当一个电极组件包括多个实例时，勾选该选项可以输出其中选中的实例到图纸上；如果不勾选该选项，图纸上会输出该电极的所有实例。

8）【隐藏毛坯基准坐标系】。在图纸里隐藏电极基准台上的坐标系。

电极组件还未出图时，会显示在【创建】选项下的树状列表里。若电极已经出过一张 EDM 图纸或 CNC 图纸，则会在【添加】选项下的树状列表里显示该电极，以便用户再添加另外一个页类型的图纸。如果电极已经出过图纸，则在【编辑】选项下的树状列表里显示已出图的电极名称、模板、图纸类型以及文件名信息。

电极图纸是基于选定的视图模板来输出电极装配对应的图纸，NX 可以运行用户自定义模板。自定义模板时，可以按照在 NX 视图模块里创建标准的绘图模板、添加图纸的通用流程、在图纸上创建一个表，以及定义自动导入属性等操作流程来定义电极图纸模板。同时，电极图纸模板也有一些特有的定义，有些视图需要命名为指定的名字，以便 NX 识别并做特殊处理。

俯视图：命名需包含 ELE_ASSY_TOP，该视图上标注电极和工件之间的位置尺寸、电极的坐标尺寸等信息。

前视图：命名需包含 ELE_ASSY_FRONT，该视图上标注电极和工件之间的位置尺寸、电极的坐标尺寸等信息。

仰视图：命名需包含 ELE_ASSY_BOTTOM，该视图上标注电极头的横截面轮廓尺寸。

正等轴测图：命名需包含 ELE_ASSY_ISO。

投射获得的视图：命名需包含 ELE_ASSY_ORTHO。

剖视图：命名需包含 ELE_ASSY_SECTION。

如果想在一个视图里隐藏工件，只需在模板中对该视图添加 HIDE_WORKPIECE 属性。

模板里的表格除了遵照 NX 制图规则外，还有以下额外特性：

1）如果表格单元里的属性（以@开头）名字包括 DATE 或 DESIGNER，图纸就会用当前计算机的时间和主机名替换。

2）如果表格里包含|ELECTRODE_NAME|R_SPARK 和|ELECTRODE_NAME|@ R_SPARK 形式的定义，|ELECTRODE_NAME|R_SPARK 会被替换为当前电极名称 R_SPARK，同时其后的|E-LECTRODE_NAME|@ R_SPARK 会替换为当前电极表达式 R_SPARK 的值，其下面显示模板定义和输出的结果图。

3）如果表格包含属性 DRAFT_ELECTRODE_REPORT，且表格单元中定义了 DRAWING 和 ELEC-TRODE，则在其下面一列会列出当前图纸的名字和电极的名字。

4）如果表格包含属性 DRAFT_ELECTRODE_MULTIPLE_POSIT，图纸会在第二列开始插入电极组件对应的每一个实例的位置和旋转角度的属性值，对应的属性名称是 ELE_REF_X_∗，ELE_REF_Y_∗，ELE_REF_Z∗ 和 ELE_ROT_ANGLE_∗，符号 ∗ 为实例的编号。

可以在电极形状模板里自定义坐标尺寸，这样通过该模板设计的电极在输出图纸时，会输出自定义的坐标尺寸。自定义步骤如下：

1）打开需要自定义的电极形状模板，如 block_blank.prt，默认是只读格式，须注意修改。

2）在资源条选项下，单击【资源管理器】。

3）展开【模型视图】节点，双击需要添加自定义坐标尺寸的视图节点，只能在前视图和俯视图中添加坐标尺寸。

4）切换 NX 到视图模式，在【尺寸】组中找到【坐标】，添加需要的坐标尺寸，然后保存模板。

5）用刚修改的电极模板创建电极毛坯。

6）选中 CNC 类型并勾选【坐标尺寸】选项，单击【确定】按钮输出图纸即可。

提示： 在不熟悉如何自定义模板的情况下，最好通过复制电极图纸中自带的模板，再在其基础上添加/删除视图或表格来定义自己的模板，这样可以避免一些未知错误。

14.13　EDM 信息输出

【EDM 输出】命令主要是将电极里的属性和表达式输出到文本里，这些属性和表达式是后续 EDM 加工所需要的。用户只需定义好自己的模板，将 EDM 加工所需要的参数定义在模板里，然后通过此命令直接输出文本用于 EDM 加工。在 NX 里自带了两套模板；分别为 txt 格式和 xml 格式，用户可以按照此模板规则定义需要的模板。EDM 输出的操作步骤见表 14-12。

表 14-12　EDM 输出的操作步骤

序号	操作步骤	图示
1	启动【EDM 输出】对话框，在【选择组件】中选择电极组件；在【配置】的【模板文件名】中选择对应的模板；输入【输出文件名】；设置【输出文件夹】的路径，默认是当前装配项目所存储的路径；勾选【覆盖现有文件】	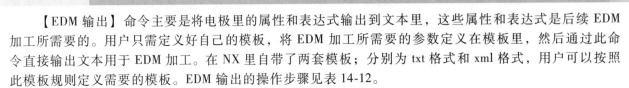
2	单击【确定】，打开【输出文件夹】，找到刚才输出的文件，并查看输出结果	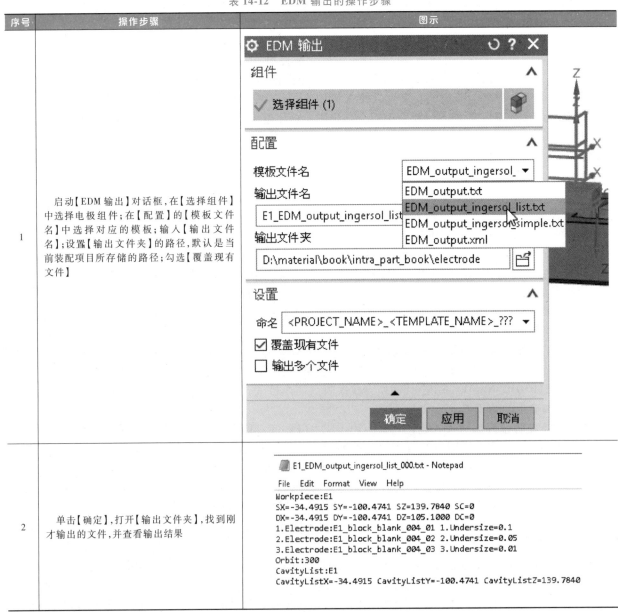

EDM_output_ingersol_list.txt 模板中详细介绍了定义规则，需要定义哪些属性等信息，用户只需参照此规则定义自己的模板即可，可以在 ELECTRODE_DESIGN_DIR 指向目录对应的 templates\output 下。

14.14 计算面积

利用【计算面积】功能，可以计算选定实体在某个方向上的投影面积、高度、体积、投影垂直维度或总表面积。可以使用计算的区域结果创建投影的片体，这个投影的片体代表计算区域的几何实体结果，并且可以进行标注，或者在【建模】应用程序中创建额外的几何图形。计算结果以纯文本的格式在信息窗口中报告。

用户可以使用【查找最大和最小侧区域】选项计算沿 Z 轴旋转的平面的角度，以获得最大和最小投影面积，以及每个投影面积的尺寸。计算采用有限元网格法，计算速度较快。可以通过指定较小的公差来提高精度。

在【电极设计】模块里，勾选【接触面积计算】选项时，也会计算出电极和工件的接触面积以及投影面积等信息。【计算面积】功能可以计算任何选中的实体在某一方向的面积信息，是一个比较常用的命令，该命令也放置在【注塑模向导】应用下的注塑模工具里。计算面积的操作步骤见表 14-13。

表 14-13　计算面积的操作步骤

序号	操作步骤	图示
1	1）启动【计算面积】对话框，单击【选择体】就可以选择一个实体做计算。在【参考】组中，单击【指定平面】就可以在窗口里选择一个平面来建立投射方向 2）勾选【创建投影片体】复选框时，创建一个投影片体，NX 会分析所选的实体和投影结果，根据所选择的创建片体方法来生成片体 3）【片体方法】中选择【网格】，是用所选实体先创建三角面片实体，再创建投影片体。与【曲线】方法相比，该方法可以获得更理想结果，但计算时间可能更长 4）输入创建投影片体【公差】值	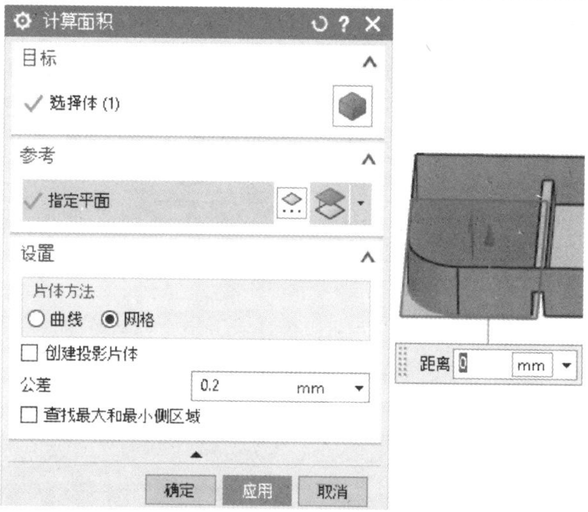 【计算面积】对话框：目标 选择体(1)；参考 指定平面；设置 片体方法 ○曲线 ●网格；□创建投影片体；公差 0.2 mm；□查找最大和最小侧区域；确定 应用 取消。距离 0 mm
2	单击【确定】按钮，即可显示计算结果	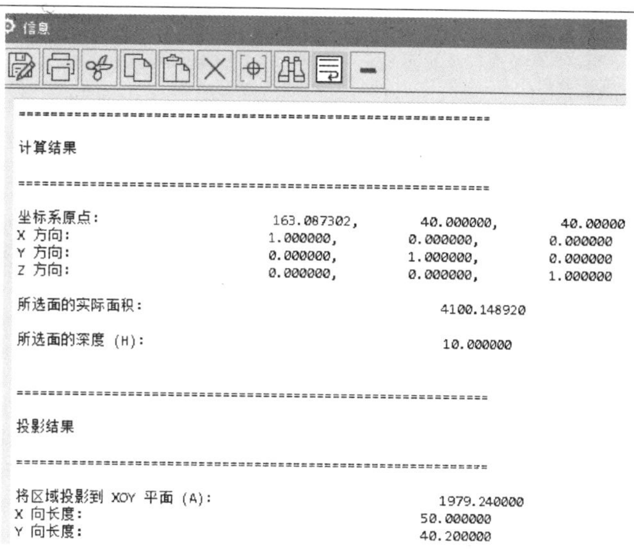 【信息】窗口： 计算结果 坐标系原点：　163.087302,　40.000000,　40.00000 X 方向：　1.000000,　0.000000,　0.000000 Y 方向：　0.000000,　1.000000,　0.000000 Z 方向：　0.000000,　0.000000,　1.000000 所选面的实际面积：　4100.148920 所选面的深度（H）：　10.000000 投影结果 将区域投影到 XOY 平面（A）：　1979.240000 X 向长度：　50.000000 Y 向长度：　40.200000

对于曲线方法，公差规定了数学曲线与近似的直线段之间的距离，公差越大，使用的分段越少。对于网格方法，公差指定计算的网格大小，网格公差越小，计算时间越长，计算结果越精确。当选择的实体很大时，可以设定比默认值大一些的值，如 1.0。当选择的实体很小时，计算的投影面积可能为零，可以设置更小的公差后重新计算。

14.15 电极设计完整实例

本节案例模型和微课视频在教学资源包的 MW-Cases\CH2\14.15 目录中。

案例：打开 intra_comb-core_012.prt 文件，启动【电极设计向导】，选择【初始化电极项目】功能。具体操作步骤见表 14-14。

表 14-14 电极设计的操作步骤

序号	操作步骤	图示
1	项目初始化的步骤如下 1）打开 intra_comb-core_012.prt 文件，在【应用模块】中打开【电极设计】，找到【初始化电极项目】命令 2）系统在弹出的【初始化电极项目】对话框中自动选中产品实体 3）选择【Original】，【名称】处修改为 intra；单击【添加加工组】，在【选择面中心】处选择实体的底面，并编辑到恰当的位置 4）单击【确定】按钮，即完成项目的初始化	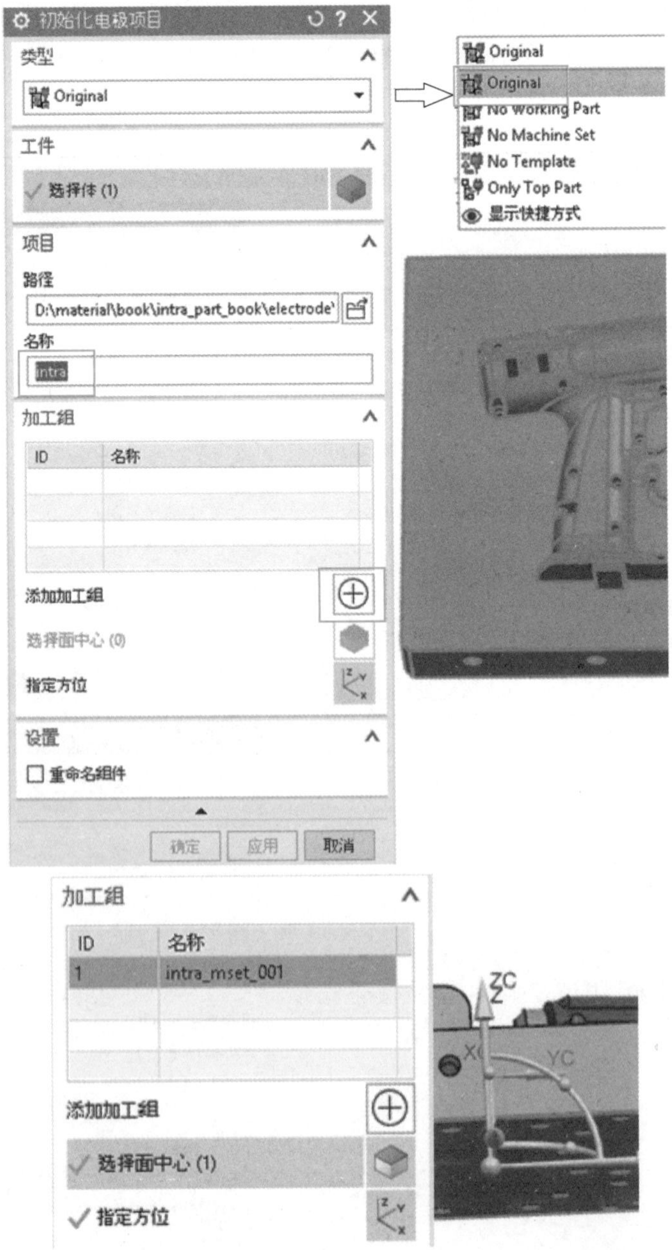

（续）

序号	操作步骤	图示
2	设置工作部件的步骤如下 1）在【装配导航器】中展开加工组 intra_mset_001 节点 2）双击工作零件 intra_working_002，设为当前的后续需要操作的工作部件，并隐藏原始产品零件	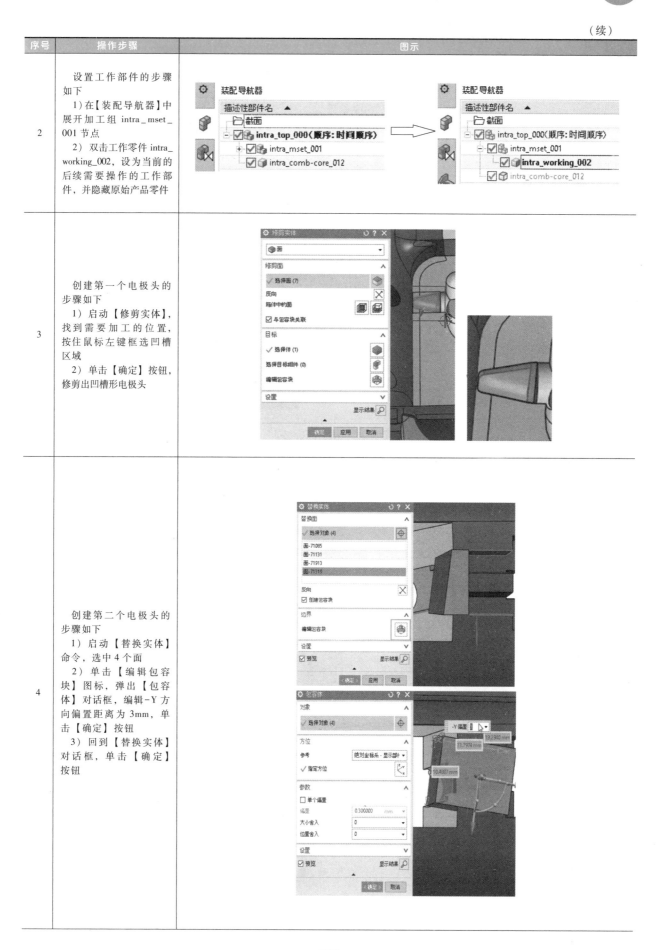
3	创建第一个电极头的步骤如下 1）启动【修剪实体】，找到需要加工的位置，按住鼠标左键框选凹槽区域 2）单击【确定】按钮，修剪出凹槽形电极头	
4	创建第二个电极头的步骤如下 1）启动【替换实体】命令，选中 4 个面 2）单击【编辑包容块】图标，弹出【包容体】对话框，编辑-Y方向偏置距离为 3mm，单击【确定】按钮 3）回到【替换实体】对话框，单击【确定】按钮	

（续）

序号	操作步骤	图示
5	创建第三个电极头的步骤如下 1）启动【替换实体】命令，选中 4 个边界面 2）用【包容体】编辑 -Y 方向偏置距离为 3mm，单击【确定】按钮 3）回到【替换实体】对话框，单击【确定】按钮	
6	创建第四个电极头的步骤如下 1）启动【替换实体】命令 2）先选择两个侧边界面，取消勾选【创建包容块】选项，再选底边界面 3）用【包容体】编辑 -Y 方向偏置距离为 8mm，单击【确定】，回到主对话框 4）单击【确定】，即得到需要的实体 5）用同样的方法创建另一侧实体，用【包容体】编辑 Y 方向偏置距离为 8mm	
7	创建第一个电极的步骤如下 1）启动【毛坯设计】命令，重置对话框参数 2）选择刚创建的凹形状头，【形状】类型选择 block_blank，延伸高度设置为 8mm 3）单击【确定】，创建电极毛坯	

（续）

序号	操作步骤	图示
8	编辑第一个电极的步骤如下 1）在图形窗口单击选中刚创建的电极会弹出编辑控件菜单，单击【编辑工装组件】按钮 2）继续编辑该电极，将延伸高度改为10mm 3）单击【确定】按钮，电极毛坯会更新，中间的拉伸高度变成10mm	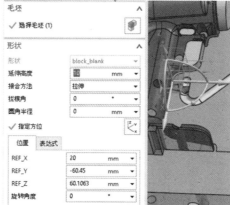 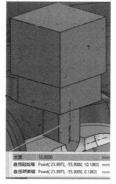 
9	编辑第二个电极的步骤如下 1）启动【设计毛坯】对话框，重置对话框参数 2）选择如右图所示两个电极头，单击【确定】，一个电极基准台包括两个电极头，可以同时进行加工，提高了加工效率	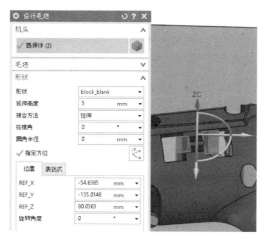

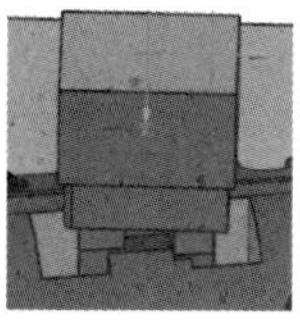

（续）

序号	操作步骤	图示
10	创建多个点火位电极的步骤如下 1）启动【毛坯设计】命令，重置对话框，展开【操作】组，单击【多个点火位置】按钮 2）选择左侧方块，在【指定起始位置】中指定起始位置，在【指定终止位置】中指定终止位置 3）绕Z轴旋转180° 4）单击【添加新集】按钮，此时对话框是灰色，需要选择右侧的终点方块 5）单击【确定】按钮，回到主对话框，再次单击【确定】按钮，生成一个电极组件，其中包括两个实例	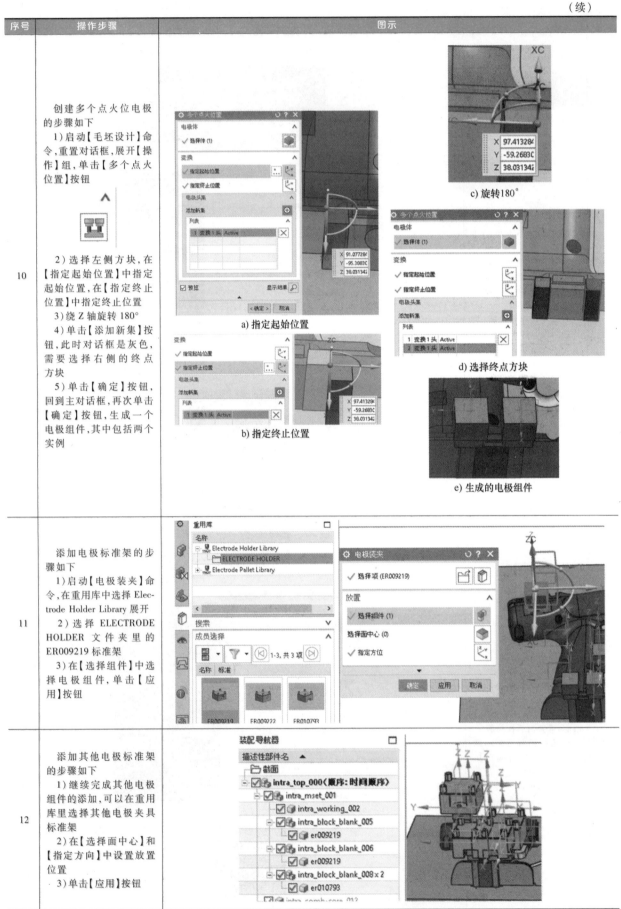
11	添加电极标准架的步骤如下 1）启动【电极装夹】命令，在重用库中选择Electrode Holder Library展开 2）选择ELECTRODE HOLDER文件夹里的ER009219标准架 3）在【选择组件】中选择电极组件，单击【应用】按钮	
12	添加其他电极标准架的步骤如下 1）继续完成其他电极组件的添加，可以在重用库里选择其他电极夹具标准架 2）在【选择面中心】和【指定方向】中设置放置位置 3）单击【应用】按钮	

（续）

序号	操作步骤	图示
13	添加标准架的步骤如下 1）在重用库中切换到 Electrode Pallet Library 并展开 2）选择 SAMPLE PALLET 文件夹下的【PALLET_B】标准架作为当前工作工件的托盘 3）单击【确定】按钮	
14	复制电极的步骤如下 1）启动【复制电极】对话框并重置 2）选择【变换】类型，在【选择电极】下选择 * _005 和 * _006 两个电极，在装配导航器里隐藏 ☑ intra _block_blank_006 组件 3）在【选择源面】选择右图右下角圈出来的面，【选择目标面】选择右图右上角圈出来的面 4）勾选【复制为实例】选项 5）单击【确定】按钮	
15	1）对于组件 * _008X2，因为其含有多个实例，NX 的【复制电极】命令无法选中进行复制操作，可以选中该组件并单击右键 2）单击【移动】命令，绕着中心点 Z 轴方向旋转 180° 并选择【复制】模式来完成 3）单击【确定】按钮	

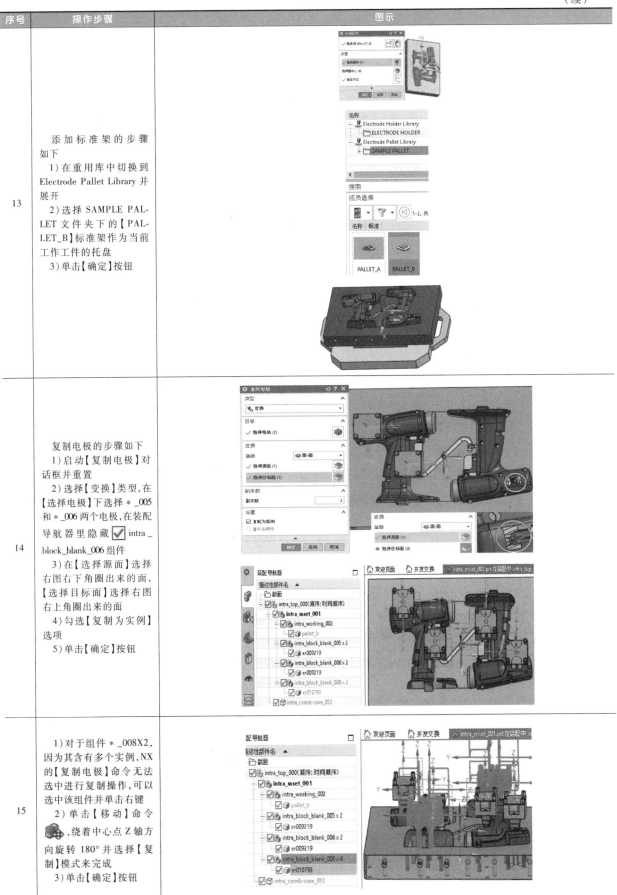

（续）

（续）

序号	操作步骤	图示
16	1）启动【检查电极】命令，在【工件】组中选择 intra_working_002 工作部件，在【电极】组选择所有电极组件 2）勾选【创建接触片体】【创建干涉实体】等选项 3）单击【确定】按钮 4）可以在左侧查看分离、接触、接触几何体、干涉及干涉几何体对象，在信息窗口中列出了面积的计算结果	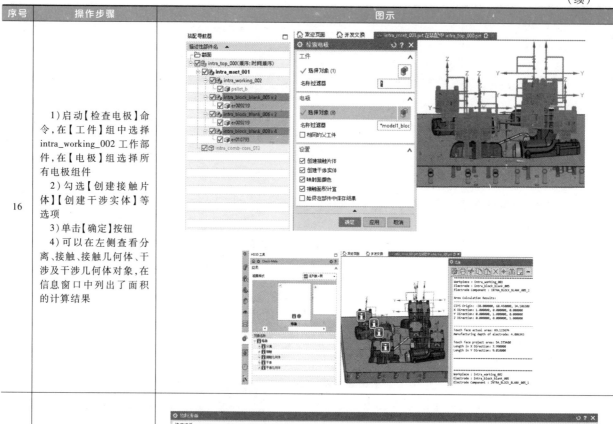
17	1）启动【电极物料清单】命令，弹出电极属性需要自动更新的窗口 2）单击【确定】，弹出【物料清单】对话框 3）选择 EDM_output 或 Stock_output 模板类型的物料清单 4）选中某行电极，在框中可以编辑当前电极坯料尺寸，删除该组件及导出到电子表格等	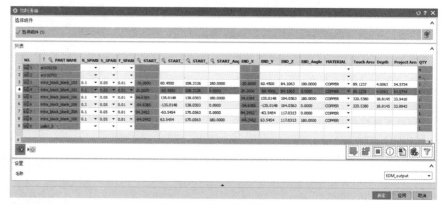 a）EDM_output模板类型的物料清单 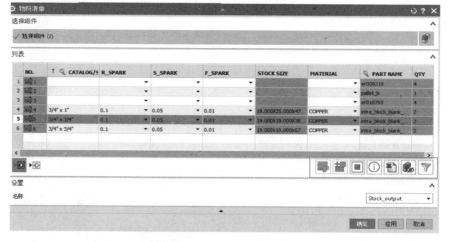 b）Stock_output模板类型的物料清单

（续）

序号	操作步骤	图示
18	1）启动【电极图纸】命令并重置对话框 2）在【毛坯列表栏】选择电极组件 intra_block_blank_008.prt 3）勾选【EDM】和【CNC】选项，并选择需要的模板 4）选择【主模型】 5）单击【确定】按钮 6）根据需要调整输出图纸的尺寸标注位置、表格位置及视图大小	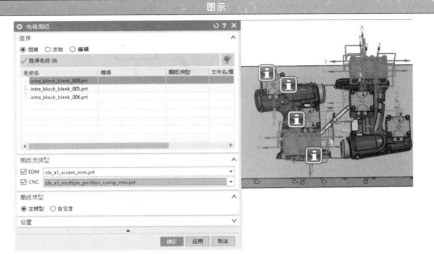 a)【电极图纸】对话框 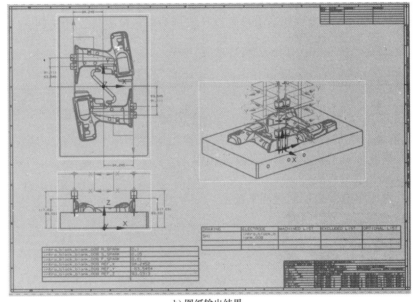 b) 图纸输出结果
19	1）切换到【编辑】选项，会显示已经出图的图纸信息，单击右键选中一个 CNC 节点，单击【删除】→【应用】，该节点即被删除，在树状列表中剩下 EDM 节点 2）切换到【添加】选项，可以看到组件 intra_block_blank_008 下只有 EDM 输出过图纸信息，选中该组件，在【图纸】页【类型】下勾选【CNC】选项，并在模板下拉菜单中选择新的模板 3）在【设置】里勾选【包含夹具】和【隐藏毛坯基准坐标系】两个选项 4）单击【确定】按钮，完成图纸的添加	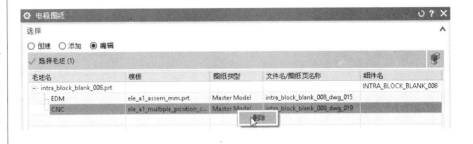

第15章
CHAPTER 15

模具设计实例

本章主要介绍使用【注塑模向导】进行全三维模具设计实例，包括热流道模具设计实例、1+1多产品模具设计实例、倒灌式热流道模具设计实例和双色模模具设计实例。

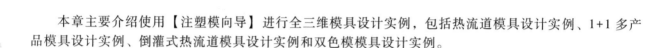

15.1 热流道模具设计实例

热流道的作用如下：
1）简化模具结构，不需要使用三板模。
2）减少了塑料废料。
3）可以更有效地控制进浇平衡。
4）进浇点选择空间大。

本节案例模型和微课视频在教学资源包的 MW-Cases\CH15\15.1 目录中，详细操作过程可查看微课视频。

15.1.1 塑件工艺性分析

开模之前，需要对塑件进行模型质量检测、注塑结构检测和壁厚分析等，分析有没有产品缺陷，对开模有没有影响。

打开 front_cover.prt 文件，启动【注塑模向导】应用，使用【模具设计验证】功能和【检查厚度】功能。具体操作步骤见表 15-1

表 15-1 塑件工艺性分析的操作步骤

序号	操作步骤	图示
1	在【模具设计验证】对话框中勾选【模型质量】选项，选择实体，单击【Check-Mate】按钮	 HD3D 工具 Check-Mate 结果 视图样式 流列表+树 模型质量 对象名称 数. 类别 部件 模型质量 front

（续）

序号	操作步骤	图示
2	在【模具设计验证】对话框中勾选【铸模部件质量】选项，选择实体，指定矢量方向为脱模方向，单击【Check-Mate】按钮	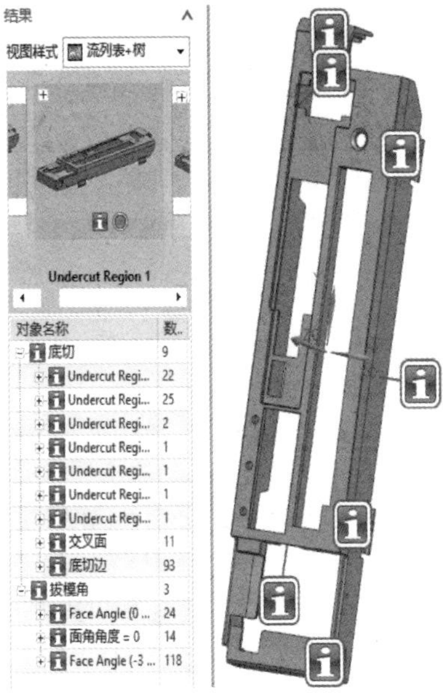
3	在【检查壁厚】对话框中选择实体，选择计算方法【压延球】，单击【计算厚度】按钮	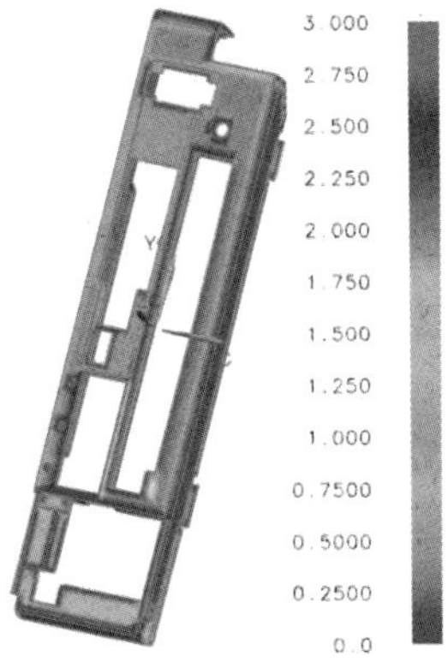

15.1.2 塑件模流分析

模流分析可以分析塑胶流动状态、温度和压力变化等情况，这些对后续设计都有重要影响。

打开"front_cover.prt"文件，使用【运行模流分析】和【显示模流分析结果】等功能，见表15-2。

表15-2 模流分析的操作步骤

操作步骤	图示
1）单击【运行模流分析】 2）设定进浇点、材料、时间、温度等 3）单击【显示模流分析结果】，查看结果	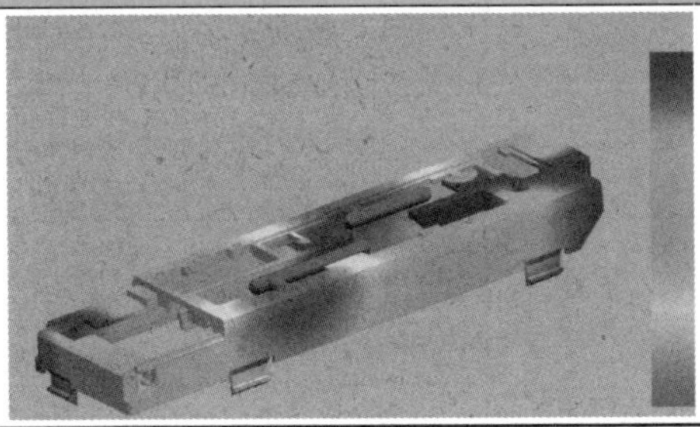

15.1.3 模具项目建立

对产品模型进行初始化，确定装配结构模板，选定材料和收缩率，设定模具的坐标系和工件。

打开"front_cover.prt"文件，使用【初始化项目】【模具坐标系】【收缩】【工件】等功能，见表15-3。

表 15-3　模具项目建立的操作步骤

操作步骤	图示
1）使用【初始化项目】初始化项目，选定材料和收缩率 2）使用【模具坐标系】设定模具的坐标系 3）使用【工件】确定工件的尺寸	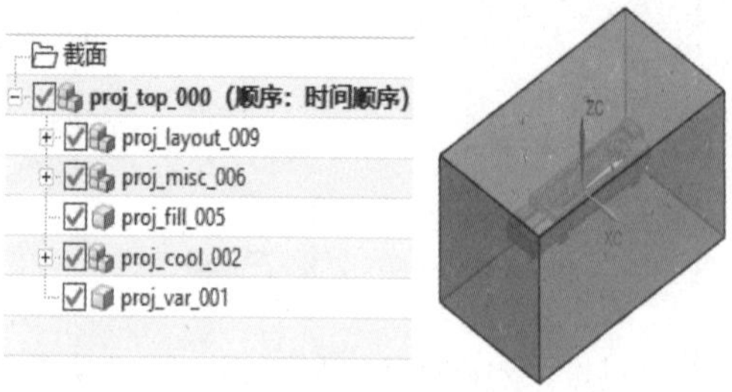 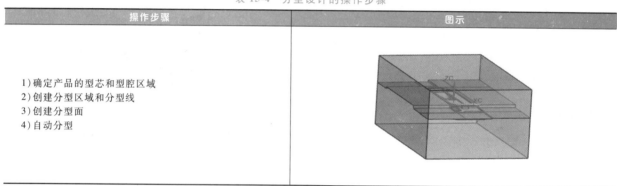

15.1.4　分型设计

分型设计的好坏决定着整体设计的合理性，对模具的结构、产品的质量和企业的成本都有一定的影响。根据塑件的形状特点确定脱模方向，并以此为基础确定分型面，完成分型。

使用【检查区域】【曲面补片】【N 边曲面】【编辑分型面和曲面补片】【定义区域】【设计分型面】和【定义型芯和型腔】等功能，见表 15-4。

表 15-4　分型设计的操作步骤

操作步骤	图示
1）确定产品的型芯和型腔区域 2）创建分型区域和分型线 3）创建分型面 4）自动分型	

15.1.5　模架设计

模架用于型腔与型芯的安装、定位、支承以及分离和闭合。模架是注塑模具的基本架构，其他系统通过螺栓连接整合在模架上，因此模架应具有一定的硬度，其构造的紧凑程度决定着其质量。

使用【模架库】功能，调取合适的模架，见表 15-5。

表 15-5　模架调取的操作步骤

操作步骤	图示
1）在【模架库】对话框中输入需要的参数 2）单击【确定】按钮	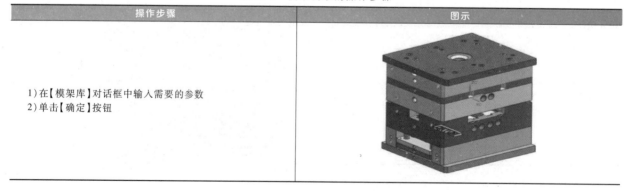

15.1.6　热流道和浇口设计

本次设计采用开放式热流道，然后通过分流道的转换进入型腔，从而完成注塑成型。使用【设计填充】【流道】和【标准件库】等功能设计，其操作步骤见表 15-6。

表 15-6　热流道和浇口设计的操作步骤

序号	操作步骤	图示
1	设计热流道	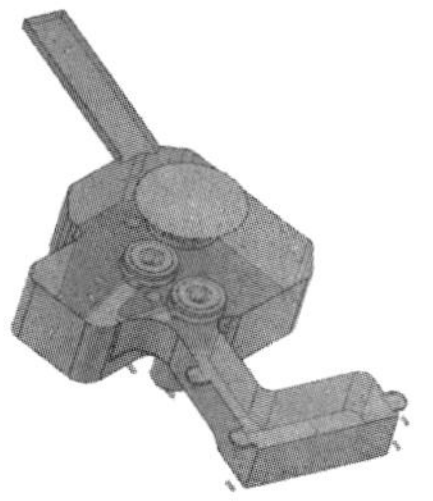
2	设计分流道	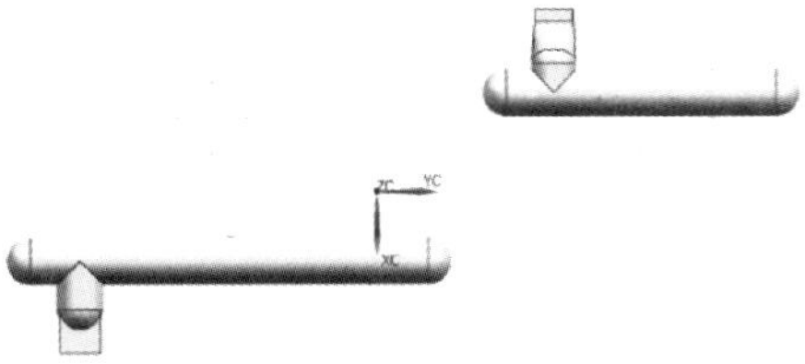
3	设计浇口:侧浇口	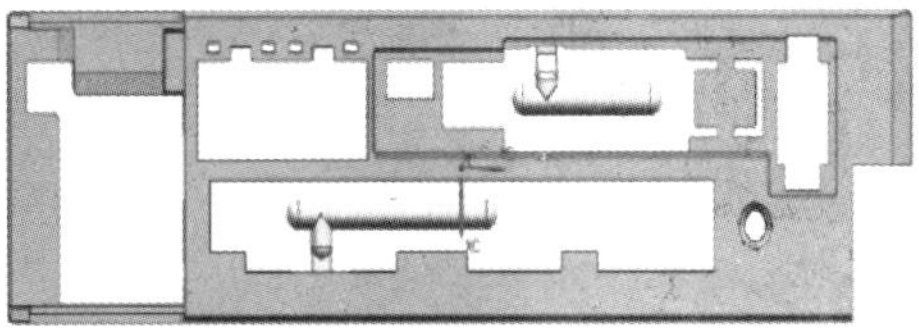
4	在【标准件库】中选择合适的定位环	

15.1.7　滑块和斜顶设计

产品存在侧面倒扣结构，因此采用滑块式侧向分型抽芯机构，在脱模的同时抽出。在塑件动模侧还有一个内凹倒扣，而滑块是不适合经常移动的，因此无法使用滑块。按产品倒扣的位置，选用公模斜顶，其包含较少的零件，结构简单、易装配，加工简单、成本低。

使用【滑块和浮升销库】【修边模具组件】和【包容体】等功能，操作步骤见表 15-7。

表 15-7　滑块和斜顶设计的操作步骤

序号	操作步骤	图示
1	根据侧面倒扣的形状,制作滑块导板,可使用【包容体】【替换面】【拆分体】【求和】【求差】等功能	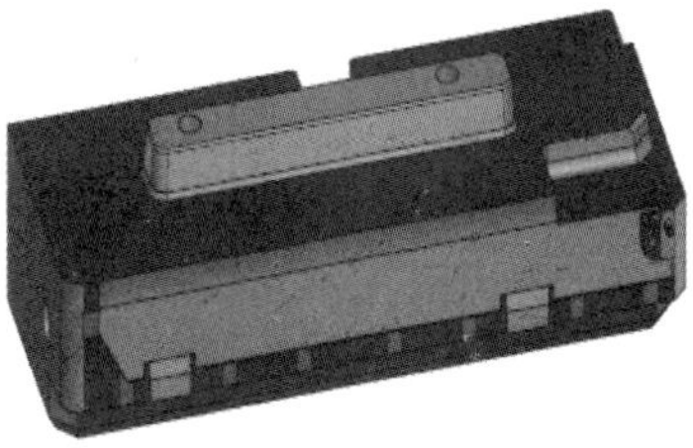
2	在【滑块和浮升销库】对话框中选择合适的滑块,编辑 WCS 以确定滑块的位置	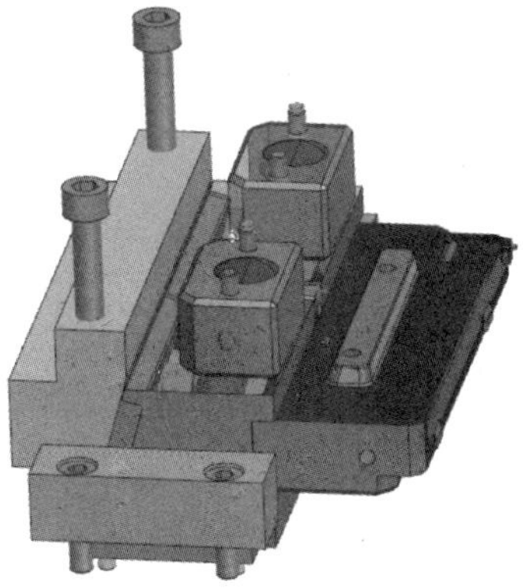

(续)

序号	操作步骤	图示
3	在【滑块和浮升销库】对话框中选择合适的斜顶,编辑 WCS 以确定斜顶的位置,使用【修边模具组件】修剪斜顶	 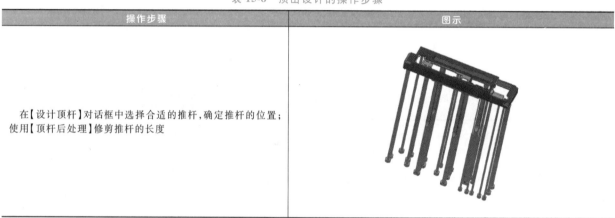

15.1.8 顶出设计

本产品采用推杆顶出机构,使用【设计顶杆】和【顶杆后处理】功能,操作步骤见表 15-8。

表 15-8 顶出设计的操作步骤

操作步骤	图示
在【设计顶杆】对话框中选择合适的推杆,确定推杆的位置;使用【顶杆后处理】修剪推杆的长度	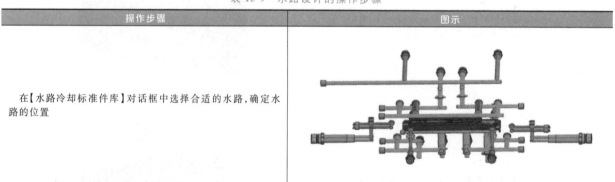

15.1.9 水路设计

水路设计的三原则:快速冷却、冷却均匀、加工简单。使用【水路图样】和【冷却标准件库】等功能,操作步骤见表 15-9。

表 15-9 水路设计的操作步骤

操作步骤	图示
在【水路冷却标准件库】对话框中选择合适的水路,确定水路的位置	

15.1.10 其他标准件设计

注塑模具中除了上述标准件以外,为了保证模具的稳定,还需要添加其他标准件进行辅助,仍然遵循自上而下的设计原则。

使用【标准件库】功能,操作步骤见表 15-10。

表 15-10　其他标准件设计的操作步骤

操作步骤	图示
在【标准件库】对话框中,调用合适的标准件	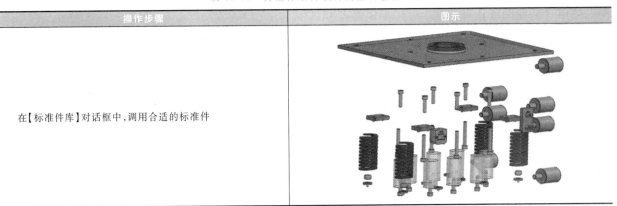

15.1.11　开腔设计

模具中的零部件如型腔、型芯、推杆、水路、滑块和浇口等都安装在模架上，因此，必须在模架中的相应位置开腔体作为安装槽。

使用【腔】功能开腔设计，操作步骤见表 15-11。

表 15-11　开腔设计的操作步骤

操作步骤	图示
在【腔】对话框中选择目标体,选择工具体,单击【确定】按钮	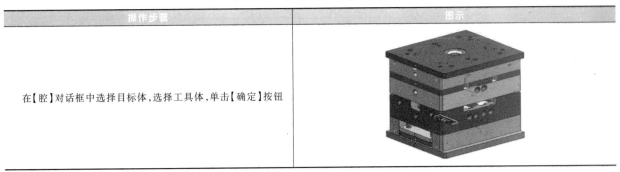

15.1.12　物料清单设计

物料清单通过收集模具装配部件的属性信息，从而生成完整的清单列表，并且可以导出 Excel 文件格式的清单数据。

使用【物料清单】功能，操作步骤见表 15-12。

表 15-12　物料清单设计的操作步骤

操作步骤	图示
在【物料清单】对话框中,可以设定各个组件的材料、属性等,也可以添加或隐藏组件	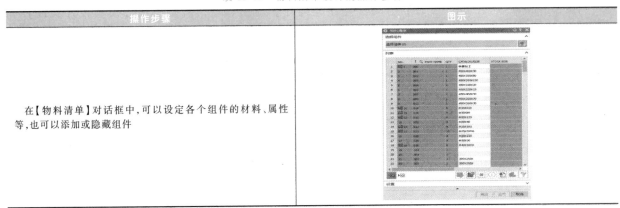

15.1.13　工程图设计

MoldWizard 提供的【装配图纸】工具是基于组件的属性（A 侧和 B 侧）来控制组件在视图中显示

与否，因此，在使用这个工具前，一定要注意零件属性的定义。

使用【装配图纸】等功能，操作步骤见表 15-13。

表 15-13　工程图设计的操作步骤

操作步骤	图示
在【装配图纸】对话框中定义零件属性，创建图纸，创建视图，并标注尺寸，右图为示意图	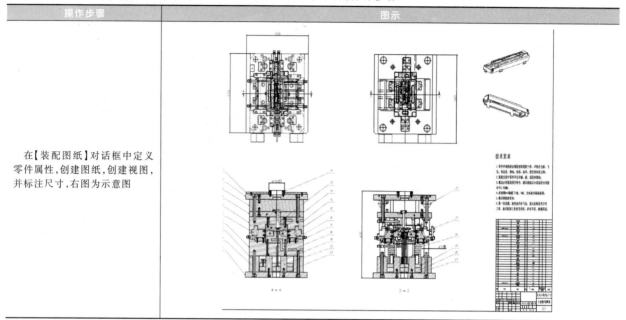

15.2　1+1 多产品模具设计实例

使用 1+1 多产品模具的作用如下：

1）节约成本，提高生产率。

2）对模具结构的优化提出了更高的要求。

3）具有比较高的实用性和实践价值，有着 1+1>2 的意义。

本节案例模型和微课视频在教学资源包的 MW-Cases\CH15\15.2 目录中，详细操作过程可查看微课视频。

15.2.1　塑件工艺性分析

打开"bottom_cover. prt"文件，启动【注塑模向导】应用程序，需要使用【模具设计验证】和【检查厚度】功能，操作步骤见表 15-14。

表 15-14　塑件工艺性分析的操作步骤

序号	操作步骤	图示
1	在【模具设计验证】对话框中勾选【模型质量】选项，选择实体，单击【Check-Mate】	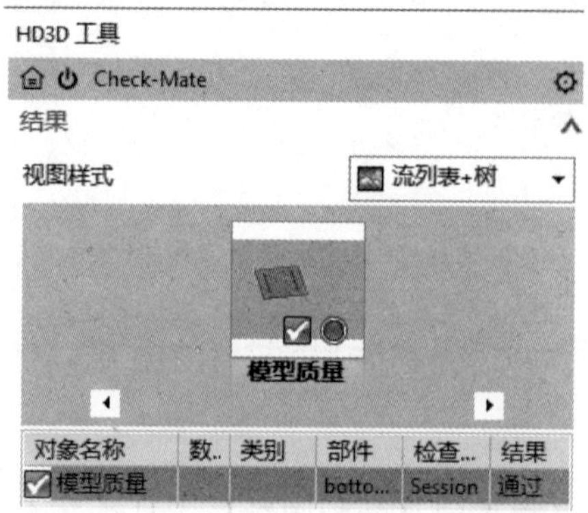 HD3D 工具 Check-Mate 结果 视图样式　流列表+树 模型质量 对象名称　数..　类别　部件　检查..　结果 模型质量　　　　botto...　Session　通过

(续)

序号	操作步骤	图示
2	在【模具设计验证】对话框中勾选【铸模部件质量】选项，选择实体，指定脱模方向，单击【Check-Mate】	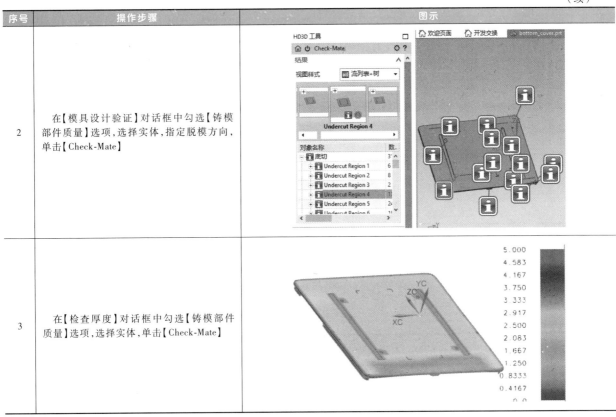
3	在【检查厚度】对话框中勾选【铸模部件质量】选项，选择实体，单击【Check-Mate】	

打开"top_cover. prt"，使用【模具设计验证】和【检查厚度】功能，见表 15-15。

表 15-15　模具检查的操作步骤

序号	操作步骤	图示
1	在【模具设计验证】对话框中勾选【模型质量】选项，选择实体，单击【Check-Mate】	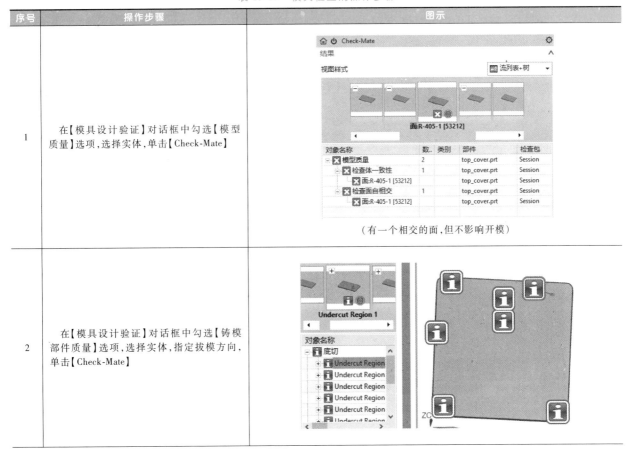（有一个相交的面，但不影响开模）
2	在【模具设计验证】对话框中勾选【铸模部件质量】选项，选择实体，指定拔模方向，单击【Check-Mate】	

（续）

序号	操作步骤	图示
3	在【检查厚度】对话框中勾选【铸模部件质量】选项,选择实体,单击【Check-Mate】	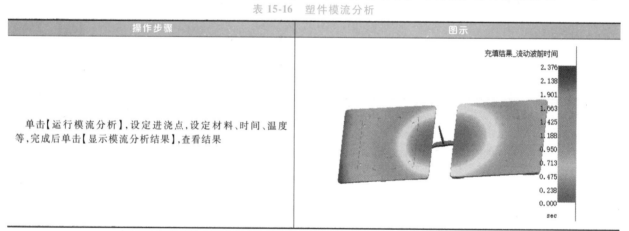

15.2.2 塑件模流分析

考虑到本案例中是1+1产品,需要把两个产品的浇口和流道合并起来,一起分析。打开"cover_easy_fill.prt"文件,使用【运行模流分析】和【显示模流分析结果】等功能,操作步骤见表15-16。

表15-16 塑件模流分析

操作步骤	图示
单击【运行模流分析】,设定进浇点,设定材料、时间、温度等,完成后单击【显示模流分析结果】,查看结果	

15.2.3 模具项目建立

打开"top_cover.prt"和"bottom_cover.prt"文件,需要使用【初始化项目】【多模腔设计】【模具坐标系】【收缩】【工件】和【型腔布置】功能,操作步骤见表15-17。

表15-17 建立模具项目

序号	操作步骤	图示
1	创建项目 打开"top_cover.prt",使用【初始化项目】初始化项目,选定材料和收缩率;使用【模具坐标系】设定模具的坐标系;使用【工件】确定工件的尺寸	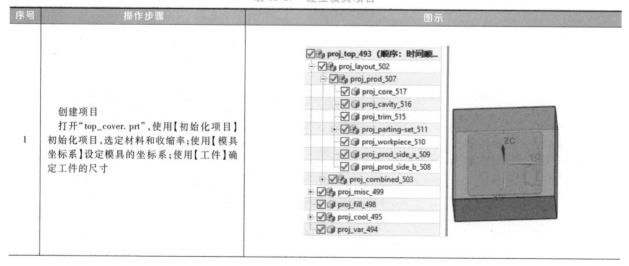

（续）

序号	操作步骤	图示
2	使用【多模腔设计】,创建另外一个产品 打开"bottom_cover. prt"，再次单击【初始化项目】，使用【模具坐标系】设定模具的坐标系，使用【工件】确定工件的尺寸	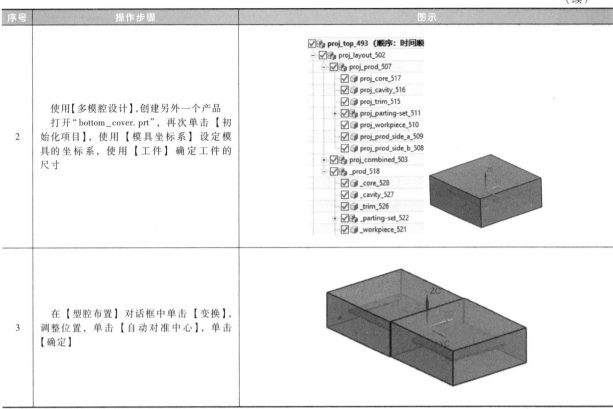
3	在【型腔布置】对话框中单击【变换】,调整位置,单击【自动对准中心】,单击【确定】	

15.2.4 分型设计

使用【检查区域】【曲面补片】【定义区域】【设计分型面】【定义型芯和型腔】和【多模腔设计】功能，操作步骤见表 15-18。

表 15-18 分型设计

序号	操作步骤	图示
1	首先对其中一个产品进行分型:确定产品的型芯和型腔区域,创建分型区域和分型线,创建分型面,自动分型	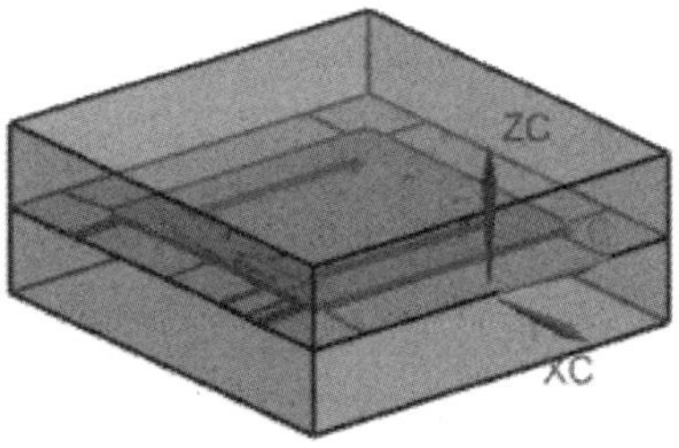
2	使用【多模腔设计】功能,切换到另外一个产品:确定产品的型芯和型腔区域,创建分型区域和分型线,创建分型面,自动分型	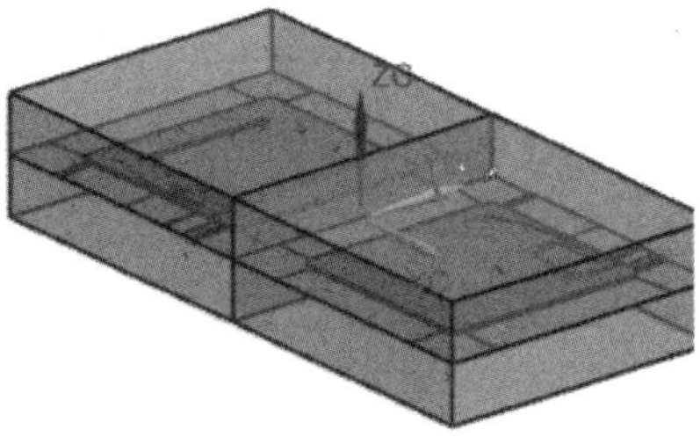

15.2.5 模架设计

使用【模架库】功能，调取合适的模架，具体参数可查看微课视频，操作步骤见表 15-19。

表 15-19　模架设计

操作步骤	图示
在【模架库】对话框中,根据型腔布局的尺寸确定模架的基本尺寸,再确定 A 板、B 板、C 板等的尺寸,单击【确定】按钮	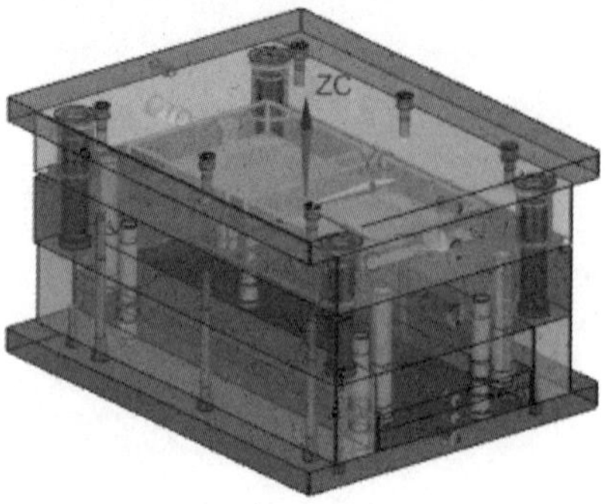

15.2.6　流道和浇口设计

本流道采用圆形截面,其加工工艺性良好,且塑料熔体的热量散失少,相对于其他形状截面的流动阻力小,为了便于调整充模时的剪切速率和充模时间,采用潜伏式浇口。

使用【设计填充】【流道】和【标准件库】等功能设计,具体操作可查看微课视频,见表 15-20。

表 15-20　流道和浇口设计

序号	操作步骤	图示
1	在【设计填充】对话框中选取合适的流道,并确定其尺寸,调整潜伏式浇口的尺寸及位置	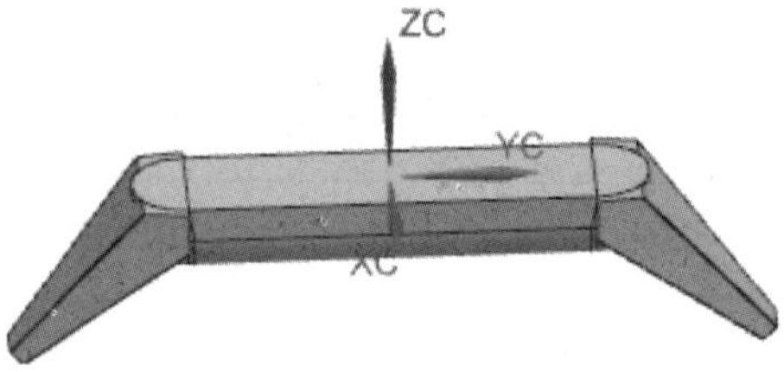
2	在【标准件库】中选择合适的浇口衬套和定位环	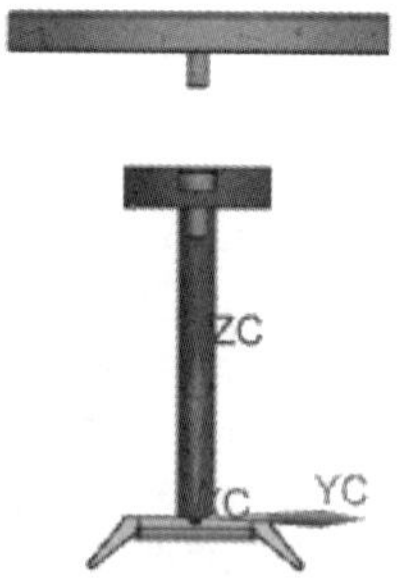

15.2.7　滑块和斜顶设计

两个产品均存在侧面倒扣结构,因此采用滑块式侧向分型抽芯机构,在脱模的同时抽出。在塑件动模侧下部和产品中心还有四个内凹倒扣,而滑块是不适合经常移动的,因此也无法使用滑块。按产品倒扣的位置,选用公模斜顶。

使用【滑块和浮升销库】【修边模具组件】和【包容体】等功能,操作步骤见表 15-21。

表 15-21　滑块和斜顶设计

序号	操作步骤	图示
1	根据侧面倒扣的形状,制作滑块导板,可使用【包容体】,再对其形状进行修剪	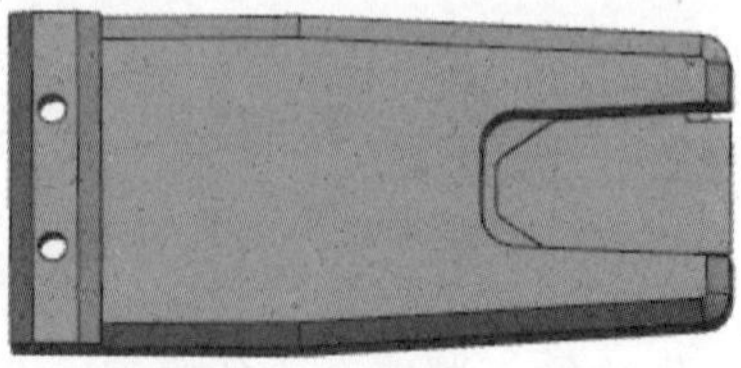

（续）

序号	操作步骤	图示
2	在【滑块和浮升销库】对话框中选择合适的滑块,编辑 WCS 以确定滑块的位置	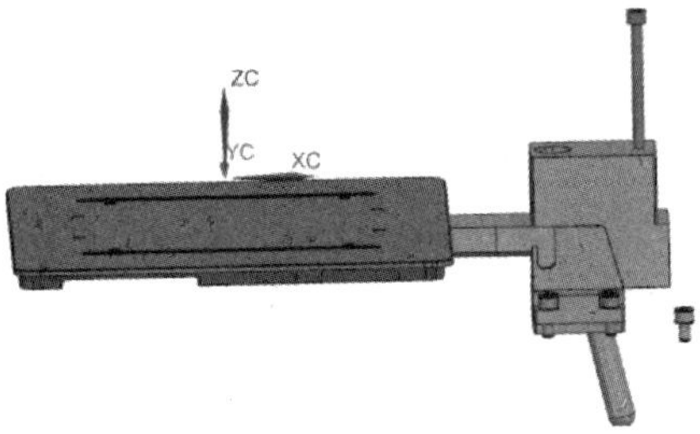
3	在【滑块和浮升销库】对话框中选择合适的斜顶,编辑 WCS 以确定斜顶的位置,使用【修边模具组件】修剪斜顶	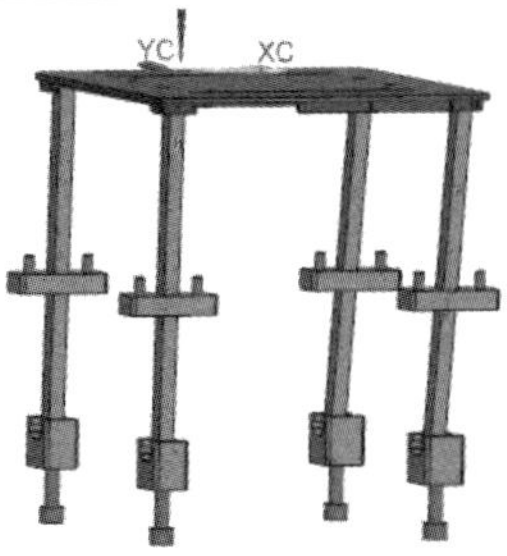
4	由于是 1+1 多产品,另一个产品需要进行同样的操作	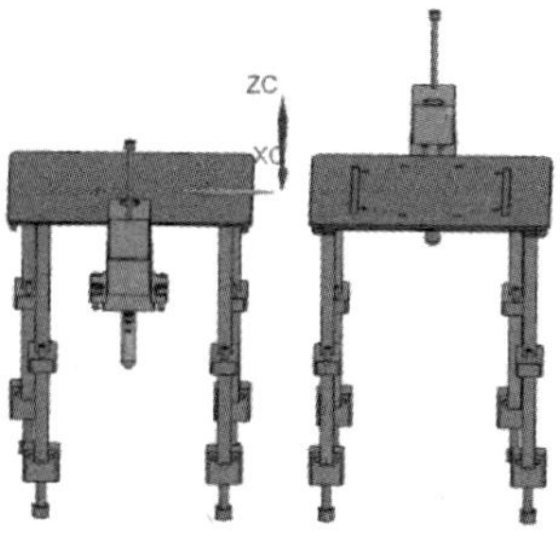

15.2.8　顶出设计

由于塑件结构简单，脱模推出机构可采用推件板加推杆的综合推出方式。边缘部分选用扁推杆,其他使用圆推杆。

使用【设计顶杆】和【顶杆后处理】功能,操作步骤见表 15-22。

表 15-22　顶出设计

序号	操作步骤	图示
1	在【设计顶杆】对话框中选择合适的推杆,确定推杆的位置,使【顶杆后处理】修剪推杆的长度	
2	由于是 1+1 多产品,另一个产品需要进行同样的操作	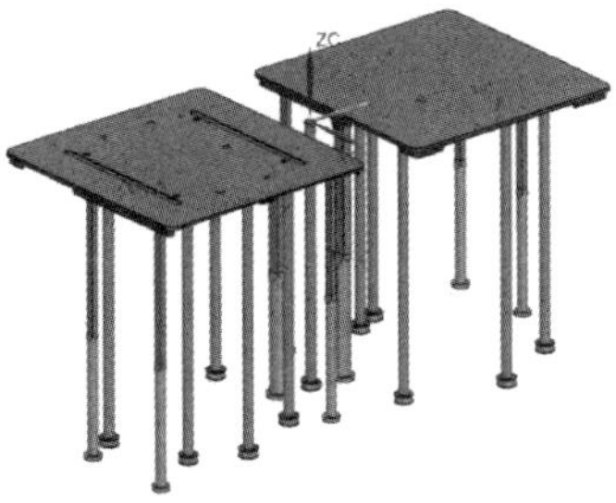

15.2.9 水路设计

由塑件特性可知，其大体结构为薄壁直板件，在尺寸上属于中小件，为了防止变形，应该强化冷却效果，模具温度取下限值，并延长冷却时间，以满足其表面质量要求。

使用【水路图样】和【冷却标准件库】等功能，操作步骤见表 15-23。

表 15-23　水路设计

操作步骤	图示
在【冷却标准件库】对话框中选择合适的水路，确定水路的位置	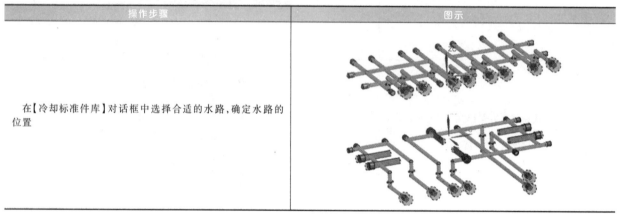

15.2.10 其他标准件设计

使用【标准件库】功能，具体操作可查看微课视频，见表 15-24。

表 15-24　其他标准件设计

操作步骤	图示
在【标准件库】对话框中，调用合适的标准件	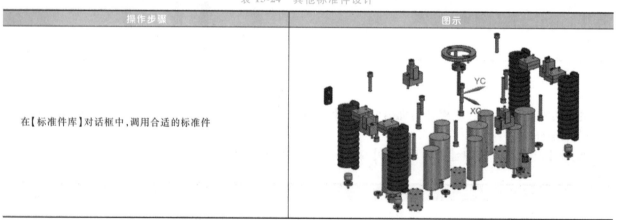

15.2.11 第二套模具设计

对另一个产品重复上述操作，结果如图 15-1 所示。

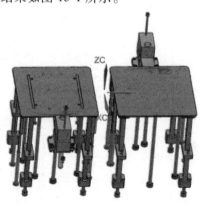

图 15-1　第二套模具设计

15.2.12 开腔设计

使用【腔】功能创建腔体，具体操作可查看微课视频，见表15-25。

表 15-25 开腔设计

操作步骤	图示
在【腔】对话框中选择目标体,选择工具体,单击【确定】	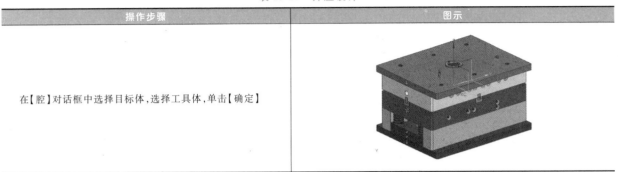

15.2.13 物料清单设计

使用【物料清单】功能，具体操作可查看微课视频，见表15-26。

表 15-26 物料清单设计

操作步骤	图示
在【物料清单】对话框中,可以设定各个组件的材料、属性等,也可以添加或隐藏组件	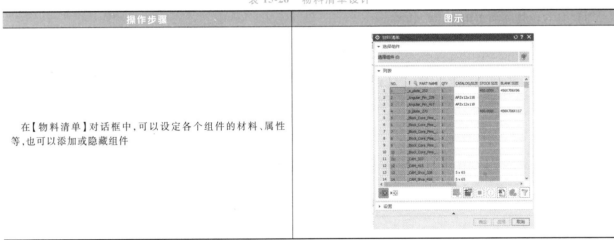

15.2.14 工程图设计

使用【装配图纸】等功能，具体操作可查看微课视频，见表15-27。

表 15-27 工程图设计

操作步骤	图示
在【装配图纸】对话框中创建图纸,定义零件属性,创建视图并标注尺寸	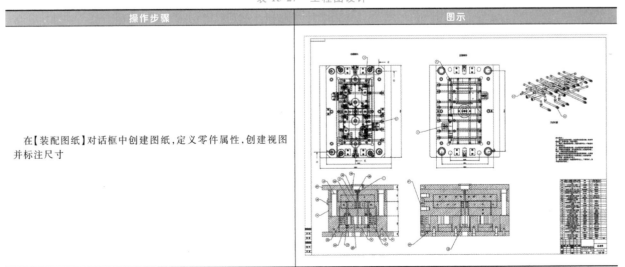

15.3　倒灌式热流道模具设计实例

采用倒灌式模具结构的原因：产品对外观面有美观性要求，采用倒灌式结构，将浇注系统和顶出机构放在同侧，使外观面没有浇注和顶出痕迹，满足表面质量要求。

本节案例模型和微课视频在教学资源包的 MW-Cases\CH15\15.3 目录中，详细操作过程可查看微课视频。

15.4　双色模模具设计实例

双色产品的作用如下：

1）优化产品外观，增加客户好感。

2）提高产品的使用寿命。

3）具有比较高的实用性。

本节案例模型和微课视频在教学资源包的 MW-Cases\CH15\15.4 目录中，详细操作过程可查看微课视频。

附录

附录 A 常用工程塑料的性能和应用领域

塑料	特性	应用领域
PA： PA6 PA66 PA12 PA46 PA610 PA612 PA1010 等	优点： 1) 具有高抗张强度 2) 韧性、耐冲击性特优 3) 自润性、耐磨性佳、耐药品性优 4) 低温特性佳 5) 具有自熄性 缺点：易吸水，吸水后力学强度、尺寸稳定性、电性能下降	1) 电子电气：连接器、卷线轴、计时器、护盖断路器、开关壳座、插座、接头、垫圈等 2) 汽车：散热风扇、门把手、油箱盖、进气隔栅、水箱护盖、灯座、滤油器、变速杆等 3) 工业零件：座椅、自行车轮框、溜冰鞋底座、纺织梭、踏板、滑轮、电动工具等 4) 其他：运动器材、玩具制品、扎带等
PC	优点：透明性好，有很高的韧性，悬臂梁缺口冲击强度为 600～900J/m，热变形温度大约为 130℃，树脂可加工制成大的刚性制品。低于 100℃ 时，在负载下的蠕变率很低。自身具有 V2 级的阻燃性 缺点：耐水解稳定性不够高，对缺口敏感，耐有机化学品，耐刮痕性较差，长期暴露于紫外线中会发黄，不耐强酸、强碱	1) 建筑领域 2) 汽车：主要集中在照明系统、仪表板、加热板、除霜器等 3) 医疗机械：高压注射器、外科手术罩、一次性牙科用具、备液分离器 4) 航空航天领域 5) 包装领域 6) 电子电气：电动工具外壳、机体、支架、手机外壳 7) 光学透镜 8) 光盘
POM	优点：耐疲劳强度高、耐磨性好、耐摩擦性能非常优异、吸水率低、表面硬度大、刚性好、尺寸稳定性好，产品的尺寸精度高等。聚甲醛为高度结晶的树脂，在热塑性树脂中是最坚韧的 缺点：很不耐酸，不耐强碱和不抗紫外线照射	1) 特别适合制作齿轮和轴承 2) 用于管道器件(管道阀门、泵壳体)、草坪设备等
PBT	优点： 1) 力学性能：强度高、耐疲劳性好、尺寸稳定、蠕变小(高温条件下也极少有变化) 2) 耐热老化性：户外长期耐老化性很好 3) 耐溶剂性：无应力开裂 4) 绝缘性能优良，在潮湿、高温环境中也能保持电性能稳定，是制造电子、电气零件的理想材料 5) 耐电弧性好、加工性能好 缺点：遇水易分解(高温、高湿环境下使用须谨慎)	1) 电子电气：连接器、开关零件、家用电器、配件零件、小型电动罩盖或(耐热性、阻燃性、电气绝缘性、成型加工性) 2) 汽车 ① 外部零件：主要有转角格板、发动机放热孔罩等 ② 内部零件：主要有内镜撑条、刮水器支架和控制系统阀 ③ 电气零件：汽车点火线圈胶管和各种电气连接器等 3) 机械设备：计算机机箱罩、水银灯罩、电熨斗罩、烘烤机零件以及大量的齿轮、凸轮、按钮、照相机的零件(有耐热、阻燃要求)

附录B 常用通用塑料的性能和应用领域

塑料	特性	应用领域
PE LDPE LLDPE HDPE UHMWPE	优点:具有优良的耐低温性能(最低使用温度可达-100~-70℃),化学稳定性好,能耐大多数酸、碱的侵蚀(不耐具有氧化性质的酸),常温下不溶于一般溶剂,吸水性小,电绝缘性能优良 UHMWPE:具有其他塑料无法比拟的优异的耐冲击、耐磨损、自润滑性、耐化学腐蚀等性能,耐低温性能优异,在-40℃时仍具有较高的冲击强度,甚至可在-269℃下使用 缺点:对环境应力(化学与机械作用)很敏感,耐热老化性差	LDPE:主要用作薄膜产品,还用于注塑制品、医疗器具、药品和食品包装材料、吹塑中空成型制品等 LLDPE:主要应用领域有包装膜、电线电缆、管材、涂层制品等 HDPE:包装材料、化学品、化妆品、药品容器 UHMWPE:机械、运输、纺织、造纸、矿业、农业、化工及体育运动器械等领域,其中以大型包装容器和管道的应用最为广泛。另外,由于超高分子量聚乙烯(UHMWPE)具有优异的生理惰性,已作为心脏瓣膜、矫正形外科零件、人工关节等在临床医学上使用
PP 均聚 共聚 无规	优点:无毒、无味,密度小,强度、刚度、硬度、耐热性均优于低压聚乙烯,可在100℃左右使用。具有良好的电性能和高频绝缘性,不受湿度影响,常见的酸、碱、有机溶剂对它几乎不起作用 缺点:低温时变脆,不耐磨,易老化	适合制作一般机械零件、耐腐蚀零件和绝缘零件等
PVC	PVC材料在实际使用中经常加入稳定剂、润滑剂、增塑剂、辅助加工剂、色料、抗冲击剂及其他添加剂 优点:具有不易燃性、高强度、耐候性以及优良的几何稳定性。PVC对氧化剂、还原剂和强酸都有很强的抵抗力,材料用途极广,具有加工性能良好、制造成本低、耐腐蚀、绝缘等特点 缺点:能够被浓氧化酸如浓硫酸、浓硝酸腐蚀,并且也不适用于与芳香烃、氯化烃接触的场合	PVC被用来制作各种仿皮革,用于行李包、运动制品,如篮球、足球和橄榄球等,还可用于制作制服和专用保护设备的传输带
PS 普通PS HIPS EPS	普通聚苯乙烯树脂为无毒、无臭、无色的透明颗粒,似玻璃状脆性材料,其制品具有极高的透明度,透光率可达90%以上,电绝缘性能好,易着色,加工流动性好,刚性好,耐化学腐蚀性好等。普通聚苯乙烯的不足之处在于性脆,冲击强度低,易出现应力开裂,耐热性差及不耐沸水等 高抗冲聚苯乙烯为苯乙烯和丁二烯的共聚物,丁二烯为分散相,提高了材料的冲击强度,但产品不透明 发泡聚苯乙烯为在普通聚苯乙烯中浸渍低沸点的物理发泡剂制成,加工过程中受热发泡,专用于制作泡沫塑料产品	普通PS:冰箱抽屉、日常用品、透明盒子 HIPS:家电领域 EPS:在建筑工程领域做保温层、包装领域做防振材料、食品领域做一次性餐具盒

附录C 技术术语中英文对照

英文	中文	英文	中文
Add Material	添加材料	Attributes	属性
Adjust Channel	调整通道	Auto	自动
Analysis	分析	Auto Center	自动对准中心
Apply	应用	Average Thickness	平均厚度
Assembly Navigator	装配导航器	Axial symmetric	轴对称
Associative	关联	Balance	平衡
Associative Position	关联位置	Bitmap	位图

（续）

英文	中文	英文	中文
Boolean	布尔型	Material	材料
Bottom-up	从底向上	Merge Cavities	合并腔
Boundary	边界	Method	方法
Bridge	桥接	Mode	模式
Browse	浏览	Model Compare	模型比较
Calculate	计算	Modify	修改
Calculate Thickness	计算厚度	Mold Base	模架库
Cancel	取消	Mold Base Management	模架设计
Catalog	目录	Mold Cooling Tools	模具冷却工具
Cavity Layout	型腔布局	Mold CSYS	模具 CSYS
Cavity	型腔	Mold Design Validation	模具设计验证
Cavity Region	型腔区域	Mold Parting Tools	模具分型工具
Core	型芯	Mold Tools	注塑模工具
Channel Diameter	流道直径	Molded Part Validation	区域
Close	关闭	Motion	运动
Add Material	添加材料	Movement	移动
Combine Workpiece	组合工件	Negative	负的
Configuration	配置	OK	确定
Connect Channels	连接通道	Open	打开
Core Region	型芯区域	Parameters	参数
Create New Region	创建新区域	Part Name Management	部件名管理
Create Parting Lines	创建分型线	Parting Lines	分型线
Create Parting Surface	创建分型面	Parting Segments	分型段
Create Regions	创建区域	Patch Surfaces	曲面补片
Crossover Faces	交叉面	Path	路径
Define Cavity and Core	定义型腔和型芯	Pattern Channel	图样通道
Define Regions	定义区域	Perpendicular Vector	垂直矢量
Definition Type	定义类型	Pin Point Gate System	细水口模架
Design Parting Surface	设计分型面	Pocket	开腔
Dimensions	尺寸	Point Constructor	点构造器
Direct Channel	直接通道	Positive	正的
Dynamics	动态	Product	产品
Edge Patch	边缘修补	Product Body Center	产品体中心
Edit Layout	编辑布局	Product Workpiece	产品工件
Edit Parting and Patch Surface	编辑分型面和曲面补片	Project	项目
Entire Assembly	整个装配	Project Settings	项目设置
Exit	退出	Project Units	项目单位
Extrude Sketch	拉伸草图法	Radial	径向
Family Mold	多模腔设计	Rectangle	矩形
Features Modeling	特征建模	Reference Point	参考点法
File	文件	Region Analysis	区域分析
Find Intersections	查找相交点	Remove	移除
Finish Sketch	完成草图	Remove Pocket	移除腔体
Format	格式	Rename Components	重命名组件
Gap Distance	缝隙距离	Replace Reference Set	引用集
Gate Design	浇口设计	Reuse Library	重用库
Gate Library	浇口库	Reverse Direction	反向
General	常规	Rolling Ball	滚动球
Initialize Project	初始化项目	Rotate Mold Base	旋转模架
Insert	插入	Runner	流道
Limits	限制	Save	保存
Lock X Position	锁定 X 位置	Search Region	搜索区域
Lock Y Position	锁定 Y 位置	Seed Faces	种子面
Lock Z Position	锁定 Z 位置	See-Thru	透视
Loop	环	Segments	分段

（续）

英文	中文	英文	中文
Set Region Color	设置区域颜色	Total	全部
Settings	设置	Transform	变换
Shrinkage	收缩率	Transition Parting Surface	过渡分型面
Side Gate System	大水口模架	Traverse Parting Lines	遍历分型线
Sketch Section	绘制截面	Trim	修剪
Slide and Lifter Library	滑块和浮升销库	Trim Mold Components	修边模具组件
Solid	实体	Trim Part	修边部件
Specify Draw Direction	指定脱模方向	Trim Region Patch	修剪区域补片
Specify Point	指定点	Trim Surface	修边曲面
Specify Vector	指定矢量	Type	类型
Split Solid	分割实体	Undefined Faces	未定义的面
Standard Part Management	标准件对话框	Undefined Region	未定义的区域
Start Layout	开始布局	Undercut Areas	削弱区域
Sub insert Library	子镶块库	Undercut Checker	削弱检查器
Subtract Material	减去材料	Uniform	均匀
Suppress Parting	抑制分型	User Defined Block	用户定义的块
Swap Model	模型交换	User Defined Features	用户定义特征
Swept	扫掠	Vertical	竖直
Three Plate Type System	简易细水口模架	WAVE Geometry Linker	几何链接器
Tooling Motion Simulation	模具运动仿真	Workpiece	工件
Top-down	自顶向下	Workpiece Library	工件库

参 考 文 献

［1］ 王静. 注塑模具设计基础 ［M］. 北京：电子工业出版社，2012.

［2］ 夏建生. 塑料成型工艺和三维模具设计 ［M］. 北京：电子工业出版社，2015.

［3］ 阮雪榆. 中国模具设计大典 ［M］. 南昌：江西科学技术出版社，2003.

［4］ 张维合. 注塑模具设计实用教程 ［M］. 北京：化学工业出版社，2011.